EUL VERLAG

PRODUKTIONSWIRTSCHAFT UND INDUSTRIEBETRIEBSLEHRE

Herausgegeben von Prof. Dr. Jörg Schlüchtermann, Bayreuth

Band 15
Markus Wagner
Rahmenbedingungen zur dezentralen Koordination logistischer Netzwerke
Lohmar – Köln 2005 • 290 S. • € 49,- • ISBN 3-89936-389-2

Band 16
Heike Rausch
Management von Unschärfen in der Produktentstehung – Dargestellt an einem Beispiel aus der Automobilindustrie
Lohmar – Köln 2006 • 266 S. • € 47,-
ISBN-13: 978-3-89936-484-2 • ISBN-10: 3-89936-484-8

Band 17
Stefan Völkl
Zwischenbetriebliche Koordination von Losgrößen in Supply Chains
Lohmar – Köln 2006 • 348 S. • € 53,-
ISBN-13: 978-3-89936-539-9 • ISBN-10: 3-89936-539-9

Band 18
Wolfgang Hacker
Funktionalstrategieformation
Lohmar – Köln 2007 • 304 S. • € 49,- • ISBN 978-3-89936-631-0

Band 19
Ulf Merschmann
Die Beziehung zwischen Unsicherheit, Supply-Chain-Flexibilität und Erfolg – Eine empirische Untersuchung für das deutsche produzierende Gewerbe
Lohmar – Köln 2007 • 244 S. • € 46,- • ISBN 978-3-89936-650-1

Band 20
Johannes Siebert
Modellierung komplementärer Interaktionen – Konzeption eines innovativen Ansatzes in der multiattributiven Nutzentheorie
Lohmar – Köln 2009 • 244 S. • € 56,- • ISBN 978-3-89936-858-1

JOSEF EUL VERLAG

Modellierung komplementärer Interaktionen

Konzeption eines innovativen Ansatzes in der multiattributiven Nutzentheorie

DISSERTATION

zur Erlangung des Grades eines Doktors der Wirtschaftswissenschaften
der Rechts- und Wirtschaftswissenschaftlichen Fakultät
der Universität Bayreuth

vorgelegt von

Dipl.-Kfm. Johannes Siebert
aus Braunschweig

Bayreuth
16. September 2009

Dekan:	Prof. Dr. Jochen Sigloch
Erstberichterstatter:	Prof. Dr. Jörg Schlüchtermann
Zweitberichterstatter:	Prof. Dr. Stefan Napel
Tag der mündlichen Prüfung:	21. Oktober 2009

Reihe: Produktionswirtschaft und Industriebetriebslehre · Band 20
Herausgegeben von Prof. Dr. Jörg Schlüchtermann, Bayreuth

Dr. Johannes Siebert

Modellierung komplementärer Interaktionen

Konzeption eines innovativen Ansatzes in der multiattributiven Nutzentheorie

Mit einem Geleitwort von Prof. Dr. Jörg Schlüchtermann,
Universität Bayreuth

EUL VERLAG

Bibliografische Information der Deutschen Nationalbibliothek

Die Deutsche Nationalbibliothek verzeichnet diese Publikation in der Deutschen Nationalbibliografie; detaillierte bibliografische Daten sind im Internet über <http://dnb.d-nb.de> abrufbar.

Dissertation, Universität Bayreuth, 2009

ISBN 978-3-89936-858-1
1. Auflage November 2009

JOSEF EUL VERLAG GmbH
Brandsberg 6
53797 Lohmar
Tel.: 0 22 05 / 90 10 6-6
Fax: 0 22 05 / 90 10 6-88
E-Mail: info@eul-verlag.de
http://www.eul-verlag.de

Bei der Herstellung unserer Bücher möchten wir die Umwelt schonen. Dieses Buch ist daher auf säurefreiem, 100% chlorfrei gebleichtem, alterungsbeständigem Papier nach DIN 6738 gedruckt.

Geleitwort

Die Diskussion über Entscheidungsprobleme mit mehrfachen Zielsetzungen gab es vermutlich von Anbeginn der Ökonomie, zumindest in der Betriebswirtschaftslehre. Es ist fast kein praktisches Entscheidungsproblem denkbar, bei dem die für eine Modellbildung erforderliche Reduktion auf eine einzelne operationale Zielfunktion nicht zumindest partiell eine wesentliche Einschränkung des eigentlichen Realproblems darstellt. Die Entscheidungstheorie hat sich daher zu allen Zeiten intensiv mit diesem Phänomen auseinandergesetzt. Heute kennen wir eine breite Palette von Vorschlägen, wie Entscheidungen bei multiplen Zielsetzungen getroffen werden können. Eine zentrale Säule dabei ist die Problemklasse der multiattributiven Nutzentheorie (MAUT), die auf die viel beachteten Autoren KEENEY und RAIFFA zurückgeht. Deren Kernelement ist es, unterschiedliche Ziele mithilfe von Gewichtungen in eine eindimensionale (Nutzen-)funktion zu überführen. Populärster aber gleichzeitig auch einfachster Vertreter dieser Herangehensweise ist die bekannte Nutzwertanalyse.

Eine zentrale Prämisse und damit gleichzeitig Schwachstelle dieser Konzepte ist die Prämisse der Präferenzunabhängigkeit der Zieldimensionen. Diese impliziert, dass die Bewertung einer Zieldimension unabhängig von der Bewertung einer anderen Zieldimension ist. In vielen Anwendungsfällen ist diese Voraussetzung aber nicht erfüllt, weil Interaktionen vorliegen. Bei der Beurteilung eines Wohnhauses kann beispielsweise die Summe der Bewertungen einer „attraktiven Architektur“ und eines „schönen Gartens“ kleiner sein als die Bewertung der Kombination beider Eigenschaften. Ein ansprechend gestalteter Garten kann demnach den positiven optischen Eindruck der Architektur verstärken. Diese Verstärkung stellt eine komplementäre Interaktion dar und verletzt die Prämisse der Präferenzunabhängigkeit. Wenn der Grenzbeitrag der Verbesserung eines Attributes zur Gesamtbewertung einer Handlungsoption in der Ausprägung anderer Attribute variiert, so dürfen die einzelnen Dimensionen nicht additiv separiert werden. Dies ist einerseits eine lange bekannte Schwachstelle der traditionellen Nutzwertanalyse. Andererseits konnten sich alternative Theorien insbesondere vor dem Hintergrund ihrer Komplexität und deutlich höheren Anforderungen an die praktische Umsetzung nicht wirklich durchsetzen.

Die Arbeit von Herrn Siebert bietet eine praxistaugliche Erweiterung der multiattributiven Nutzentheorie, die die Probleme der klassischen linear-additiven Verknüpfung von unterschiedlichen Zieldimensionen insbesondere im Hinblick auf Komplementaritätseffekte vermeidet. Es wird eine völlig neuartige Modellwelt der MAUT konzipiert, die ohne die

Prämisse der Präferenzunabhängigkeit auskommt. Das Gesamtnutzenfaktor-Modell (GNF-Modell) bildet die Präferenzen mithilfe von Faktoren ab, deren Produkt die Präferenzaggregation abbildet. Mathematisch fundiert wird der GNF mithilfe einer Taylorentwicklung als Summe ökonomisch interpretierbarer Terme dargestellt. Durch eine einfach zu handhabende Gewichtung dieser Terme kann der Entscheidungsträger seine Präferenzen und deren Interaktion abbilden. Anders als die traditionelle MAUT erlaubt das GNF-Modell eine in sich konsistente Modellierung präferenzunabhängiger und präferenzabhängiger Zielsysteme. Der multiplikative Ansatz des GNF-Modells führt zu einer ökonomisch einfacheren und dem menschlichen Entscheidungsverhalten angemesseneren Interpretation des Entscheidungskriteriums als die traditionelle MAUT. Daher erscheint das GNF-Modell der traditionellen MAUT konzeptionell überlegen.

Diese Arbeit ist dazu geeignet, einem gewisse Sättigungserscheinungen aufweisenden Forschungsgebiet einen interessanten neuen konzeptionellen Impuls zu geben.

Bayreuth, im Oktober 2009

Prof. Dr. Jörg Schlüchtermann

Vorwort

Diese Arbeit entstand während meiner Tätigkeit als wissenschaftlicher Mitarbeiter am Lehrstuhl für Produktionswirtschaft und Industriebetriebslehre der Universität Bayreuth. Sie wurde von der dortigen Rechts- und Wirtschaftswissenschaftlichen Fakultät im Wintersemester 2009/10 als Doktorarbeit angenommen.

Mein aufrichtiger Dank gilt meinem sehr verehrten akademischen Lehrer, Herrn Prof. Dr. Jörg Schlüchtermann, dessen vorbildliche und maßgebliche Unterstützung unverzichtbar war. Insbesondere seine Art und Weise wissenschaftliche Problemstellungen zu identifizieren und zu strukturieren haben mich stark geprägt und werden mich auf meiner beruflichen Laufbahn begleiten. Weiter danke ich ihm dafür und fühle mich sehr geehrt, meine Dissertation in seiner Schriftenreihe veröffentlichen zu dürfen.

Danken möchte aber auch dem Zweitgutachter Herrn Prof. Dr. Stefan Napel für die hilfreiche und sehr konstruktive Kritik sowie eine zügige Begutachtung.

Schließlich möchte ich meinen Eltern, Bernd R. L. Siebert und Madlen Jacobshagen, ganz herzlich danken. Sie haben mich während meiner Ausbildung und darüber hinaus in jeder erdenklichen Weise unterstützt, gefördert und begleitet. Ebenso möchte ich meinem Bruder Sebastian für seine besondere Unterstützung danken. Nicht unerwähnt bleiben darf an dieser Stelle der Dank an Kathrin Mehler, Reinhard Kunz und Lutz Horn. Sie haben mich nicht nur durch unermüdliches Korrekturlesen unterstützt, sondern auch in vielen Gesprächen sehr konstruktive Hinweise gegeben.

Herzlicher Dank gilt auch meinen Kollegen, Freunden und Sportskameraden. Sie haben meine Dissertationszeit nicht nur durch zahlreiche Diskussionen und Gespräche, sondern auch durch eine abwechslungsreiche Freizeitgestaltung sehr bereichert.

Bayreuth, im Oktober 2009

Johannes Siebert

Inhaltsverzeichnis

Abbildungsverzeichnis

Tabellenverzeichnis

Akronymverzeichnis

AHP	**A**nalytical **H**ierarchy **P**rocess
GNF	**G**esamt**n**utzen**f**aktor
MADM	**M**ulti **A**ttribute **D**ecision **M**aking
MAUT	Multiattributive Nutzentheorie (**M**ulti **A**ttribute **U**tility **T**heory)
MCDM	**M**ulti **C**riteria **D**ecision **M**aking
MODM	**M**ulti **O**bjective **D**ecision **M**aking
PA	**P**räferenz**a**ussage
PNF	**P**artieller **N**utzen**f**aktor

Symbolverzeichnis

A	Alternativenmenge $A=\{j_i,...,j_m\}$
A_j	Alternative j
$b_{i,x}$	Zahlenwert der Bandbreite der Ausprägungen x der Dimension X_i
$b_{i,p}$	Zahlenwert der Bandbreite des PNF p_i der Dimension X_i, $b_{i,p}=p_{i,\max}/p_{i,\min}$
$b_{i,v}$	Zahlenwert der Bandbreite der Höhenpräferenz v_i der Dimension X_i, er beträgt normalerweise eins
$b_{i,v,\mathrm{mod}}$	Zahlenwert der modifizierten Bandbreite der Höhenpräferenz v_i der Dimension X_i
b_g	Zahlenwert der Bandbreite des Zielsystems im GNF-Modell, $b_g=\prod_{i=1}^{n}\frac{p_{i,\max}}{p_{i,\min}}=\prod_{i=1}^{n}b_{i,p}$
$\boldsymbol{E}$	Paarvergleichsmatrix im Analytical Hierarchy Process
$e_{i,j}$	Element der Paarvergleichsmatrix in der i-ten Zeile und j-ten Spalte
G	Aggregationsvorschrift
$g(p_1,...,p_n)=\prod_{i=1}^{n}p_i$	Nicht-modifizierter Gesamtnutzenfaktor (GNF), er ist das Produkt aller PNF p_i
$g_{\mathrm{Anker}}=\prod_{i=1}^{n}p_{i,\mathrm{Anker}}=:1$	Zahlenwert des GNF im globalen Ankerpunkt, dieser Ankerwert beträgt normalerweise eins
g_j	Zahlenwert des nicht-modifizierten GNF der Alternative j
i	Dimensionsindex, $i\in[1,n]$ und im Analytical Hierarchy Process Zeilenindex eines Elements der Paarvergleichsmatrix
I	(Globaler) Interaktionskoeffizient im multiplikativen Aggregationsmodell; er besitzt gleichermaßen Gültigkeit für alle sekundären Anteile
$I_{i_1,i_2}=I_{1,2}$	Interaktionskoeffizient für zwei Dimensionen, i_1 und i_2, er beeinflusst sekundäre (quadratische) Anteile
$I_{i_1,i_2,i_3}=I_{1,2,3}$	Interaktionskoeffizient für die Dimensionen i_1, i_2 und i_3, er beeinflusst tertiäre (kubische) Anteile

$I_{i_1,i_2,\text{ver}} = I_{1,2,\text{ver}} =: 1$	In der Berechnung des GNF für über und unterdurchschnittliche PNF (Fall II) verwendeter, verrechneter Interaktionskoeffizient in Höhe von eins
j	Alternativenindex, $j \in [1,m]$ und im Analytical Hierarchy Process Spaltenindex der Paarvergleichsmatrix
k	Laufindex bei der Taylorreihe
l	Index der Wichtigkeitssummanden und Wichtigkeitsfaktoren, er steht für die einzelnen Präferenzaussagen
m	Anzahl der betrachteten Alternativen
n	Anzahl der betrachteten Dimensionen
$N_{i_1,i_2,j} = w_{i_{1,2}} v\left(x_{i_1,j}, x_{i_2,j}\right) = w_{i_{1,2}} v_{1,2,j}$	Sekundärer Anteil der Dimensionen i_1 und i_2 der Alternative j
$N_{i,j} = w_i v_{i,j} = w_i v(x_{i,j})$	(Teil-)Nutzen der Alternative j aufgrund der Ausprägung in der Dimension X_i.
$N_{i,j,\log}$	Logarithmisch transformierter Teilnutzen der Alternative j in der Dimension X_i
$N_j = \sum_{i=1}^{n} N_{i,j} = \sum_{i=1}^{n} w_i v(x_{i,j}) = \sum_{i=1}^{n} w_i v_{i,j}$	Zahlenwert des Nutzens der Alternative j, er ist gleich der Summe aller Teilnutzen, die sich aufgrund der mit w_i gewichteten Ausprägungen der zugehörigen Dimensionen für die Alternative j ergeben
$N_{j,\text{mod}}$	Modifizierter Nutzen der Alternative j
$p(x_i)$	Partieller Nutzenfaktor (PNF), er ist eine Funktion der Ausprägung x der Dimension X_i
p_i	Zahlenwert des PNF aufgrund der Ausprägung x der Dimension X_i, nimmt im Normalfall Werte zwischen $1/5$ und 5 an
$p_{i,\exp}$	Aus einem Wert v_i exponentiell transformierter PNF
$p(x_{i,\text{Anker}})$	Ankerpunkt des PNF in der Dimension X_i
$p_{i,\text{Anker}}$	Zahlenwert des PNF für die Dimension X_i im Ankerpunkt, $p_{i,\text{Anker}} =: 1$
$p_{i,\text{Anker,mod}}$	Zahlenwert des modifizierten PNF für die Dimension X_i im Ankerpunkt
$p_{i,j}$	Zahlenwert des PNF für die Alternative j aufgrund der Ausprägung x der Dimension X_i
$p(x_{i,j,\text{mod}})$	Modifizierter PNF, er ist eine Funktion der Ausprägung x der Dimension X_i der Alternative j
$p_{i,\max}$	Zahlenwert des maximalen PNF der Dimension X_i

$p_{i,\min}$	Zahlenwert des minimalen PNF der Dimension X_i
$p_{i,\mathrm{mod}}$	Zahlenwert des modifizierten PNF der Dimension X_i
$p_{i,\min,\mathrm{mod}}$	Zahlenwert des minimalen modifizierten PNF der Dimension X_i
$p_{i,\max,\mathrm{mod}}$	Zahlenwert des maximalen modifizierten PNF der Dimension X_i
R	Reeller Zahlenraum, R^n n-dimensionaler Zahlenraum
$s_{1,2}$	SAATY-Faktor
$s_{1,2,\mathrm{mod}}$	Modifizierter SAATY-Faktor
s_j	j-te Spaltensumme der Paarvergleichsmatrix $\boldsymbol{E}$ im Analytical Hierarchy Process
$v(x_i)$	Einzelpräferenzfunktion [Höhenpräferenz] der Dimension X_i
v_i	Zahlenwert der bewerteten Ausprägung [Höhenpräferenz] der Dimension X_i
$v_{i,j}$	Zahlenwert der Höhenpräferenz der Alternative j der Ausprägung der Dimension X_i
$v_{1,2} = v(v_1,v_2)$	Höhenpräferenz des Interaktionsterms in Abhängigkeit der bewerteten Ausprägungen v_1 und v_2
$v_{i,\log}$	Aus einem PNF p_i logarithmisch transformierte Höhenpräferenz
$v_{i,\min} = 0$	Zahlenwert der minimalen Höhenpräferenz der Dimension X_i, im Normalfall gilt $v_{i,\min} = 0$
$v_{i,\max} = 1$	Zahlenwert der maximalen Höhenpräferenz der Dimension X_i, im Normalfall gilt $v_{i,\max} = 1$
$v_{i,\varnothing}$	Zahlenwert der durchschnittlichen Höhenpräferenz der Dimension X_i, im Normalfall mit $v_{i,\min} = 0$ und $v_{i,\max} = 1$ gilt $v_{i,\varnothing} = 0{,}5$
$W_{F,l_1,l_2}(v_i)$	Wichtigkeitsfaktor der Präferenzaussagen l_1 und l_2 in Abhängigkeit von der bewerteten Ausprägung v der Dimension X_i
$W_{F,l_1,l_2,l_3,l_4}(v_1,v_2)$	Wichtigkeitsfaktor der Präferenzaussagen l_1 bis l_4 in Abhängigkeit von den bewerteten Ausprägungen v_1 und v_2 der Dimensionen i_1 und i_2
$W_{F,l,\max}$	Zahlenwert des maximalen Wichtigkeitsfaktors der Präferenzaussage l
$W_{F,l,\min}$	Zahlenwert des minimalen Wichtigkeitsfaktors der Präferenzaussage l
w_i	Gewicht der Dimension X_i, $\sum_{i=1}^{n} w_i =: 1$

$\boldsymbol{w}=(w_1,w_2,\ldots,w_n)^{\mathrm{T}}$	Vektor der Gewichte, T bedeutet transponiert, wird im Analytical Hierarchy Process ermittelt und als Haupteigenvektor der Paarvergleichsmatrix bezeichnet
$w_{i,\log}$	Gewicht bei einer logarithmischen Transformation des PNF
$w_{i,\mathrm{mod}}$	Modifiziertes Gewicht der Dimension X_i
w_{i_1,i_2}	Gewicht des sekundären Anteils (Interaktionsterms) bezüglich der Dimensionen i_1 und i_2
$w_1w_2Iv_1v_2$	Sekundärer Anteil der Dimensionen i_1 und i_2 im multiplikativen Aggregationsmodell
$w(w_1,w_2)$	Funktion des Gewichts des Interaktionsterms in Abhängigkeit der Gewichte w_1 und w.
$W_{F,l}$	Wichtigkeitsfaktor der Präferenzaussage l
$W_{F,l,\max}(v(x_i))=W_{F,l,\max}(v_i)=W_{F,l,i,\max}$	Zahlenwert des maximalen Wichtigkeitsfaktors der Präferenzaussage l in Abhängigkeit von der Ausprägung x der Dimension X_i
$W_{S,l}$	Wichtigkeitssummand der Präferenzaussage l
$W_{S,l,\max}$	Zahlenwert des maximalen Wichtigkeitssummanden der Präferenzaussage l
$W_{S,l,\min}$	Zahlenwert des minimalen Wichtigkeitssummanden der Präferenzaussage l
X_i	Dimension i
x_i	Ausprägung der Dimension X_i
$x_{i,\mathrm{Anker}}$	Zahlenwert der Ausprägung der Dimension X_i im Ankerpunkt
$x_{i,j}$	Zahlenwert der Ausprägung der Dimension X_i für die Alternative j
$x_{i,j,\mathrm{mod}}$	Zahlenwert der modifizierten Ausprägung der Dimension X_i für die Alternative j
$x_{i,\max}$	Zahlenwert der maximalen Ausprägung der Dimension X_i
$x_{i,\min}$	Zahlenwert der minimalen Ausprägung der Dimension X_i
$x_{i,\mathrm{mod,Anker}}$	Zahlenwert der Ausprägung x des modifizierten Ankerpunkts der Dimension X_i
$x_{i,ø}$	Zahlenwert der durchschnittlichen Ausprägung der Dimension X_i
$x_{v=\mathrm{Wert}}$	Stützwerte in der Medianmethode, $v(x_{v=\mathrm{Wert}})=\mathrm{Wert}$
Z	Oberziel(-Dimension) im Analytical Hierarchy Process

z	Maßeinheit bei der Medianmethode
z_i	i-te Zeilensumme der Paarvergleichsmatrix $\boldsymbol{E}$ im Analytical Hierarchy Process
$\alpha_{i_1,i_2} = \alpha_{1,2}$	Austauschrate von zwei Dimensionen X_1 und X_2 bei der Nutzwertanalyse, $\alpha_{1,2} = w_2 / w_1$
$\Delta b_{i,v}$	Differenz des Zahlenwerts der Bandbreite und der modifizierten Bandbreite der Dimension X_i, $\Delta b_{i,v} = b_{i,v,\text{mod}} - b_{i,v}$
Δp_i	Zahlenwert des primären Anteils des PNF aufgrund der Ausprägung x der Dimension X_i, es gilt: $\Delta p_i = p_i - 1$
$\Delta\tilde{p}_i = \left(\frac{1}{p_i} - 1\right)$	Zahlenwert des Kehrwerts des primären Anteils des PNF aufgrund der Ausprägung x der Dimension X_i, er findet in der verkürzten Schreibweise der Aggregation in Fall II Verwendung
$\Delta p_{i_1,i_2,I_{i_1,i_2}} = \Delta p_{i_1} I_{i_1,i_2} \Delta p_{i_2}$	Zahlenwert des sekundären Beitrags zum Gesamtnutzenfaktor der Alternative j aufgrund der Ausprägungen der Dimensionen i_1 und i_2
$\Delta p_{i,\max}$	Maximaler Zahlenwert des primären Anteils des PNF aufgrund der Ausprägung x der Dimension X_i
$\Delta p_{i,\min}$	Minimaler Zahlenwert des primären Anteils des PNF aufgrund der Ausprägung x der Dimension X_i
$\Delta p_{i,\text{mod}}$	Zahlenwert des modifizierten primären Anteils des PNF aufgrund der Ausprägung x der Dimension X_i
$\Delta p(x_i) = p(x_i) - p(x_{i,\text{Anker}})$	Primärer (linearer) Anteil des PNF der Dimension X_i
$\Delta p(x_1, x_2; I_{i_1,i_2}) = \Delta p\left(x_{i_1}\right) I_{i_1,i_2} \Delta p\left(x_{1_2}\right)$	Sekundärer (quadratischer) Anteil zum Gesamtnutzenfaktor der Alternative j aufgrund der Ausprägungen der Dimensionen i_1 und i_2
Δv_i	Differenz der Höhenpräferenz v der Dimension X_i
λ	Parameter im Eigenwertproblem des Analytical Hierarchy Process (AHP).
λ_i	i-ter Eigenwert der Matrix $\boldsymbol{E}$ im AHP
$\Sigma\Delta p(x_i)$	Summe der primären Anteile im GNF-Modell
$\Sigma\Delta p_{i,\max}$	Zahlenwert der Summe der maximalen primären Anteile
$=:$	per definitionem gleich, z.B. $p_{i,\text{Anker}} =: 1$
$\approx$	Fast gleich
$\cong$	Ungefähr gleich

$>$	Größer. (Strikt) präferieren
$\geq$	Größer gleich. Schwach präferieren
$\geq_d$	Größer gleich. Der Index d steht für differenzunabhängig
$a << b$	a ist deutlich kleiner b
$a \Leftrightarrow b$	Bijunktiv der Aussage a mit der Aussage b
$\rightarrow 0$	Strebt gegen null
$\leftrightarrow$	Symbolisiert einen Paarvergleich im Analytical Hierarchy Process (AHP); z.B. $X_i \leftrightarrow X_j$ symbolisiert den Vergleich der i-ten mit der j-ten Dimension (im AHP Unterziel).
$\in$	Element aus, z.B. $A_j \in A$: A_j ist ein Element aus A.

1 Einleitung

Menschen müssen jeden Tag Entscheidungen unterschiedlicher Art von teilweise existenzieller Bedeutung treffen.[1] Komplexe Entscheidungen können mehrere konfligierende Ziele beinhalten. Oftmals existiert dabei keine Alternative, die den anderen Alternativen eindeutig überlegen ist.[2] Für die Beurteilung solcher komplexen Entscheidungsprobleme sind daher die Entscheidungsalternativen hinsichtlich ihrer Ausprägung in einzelnen Zieldimensionen zu bewerten.[3] Für die Identifikation der optimalen Alternative bedarf es einer Bewertungssystematik, die die Präferenzen des Entscheidungsträgers in Form einzeln bewerteter Ausprägungen der relevanten Zieldimensionen zu einer eindimensionalen Zielfunktion verdichtet.[4]

Die vorliegende Arbeit beschäftigt sich mit der Systematik der Operationalisierung und Aggregation von Präferenzen. Damit ist sie in das Multi Attribute Decision Making, insbesondere in die Verfahrensklasse der multiattributiven Bewertungsverfahren, einzuordnen. Diese vereinfachen die komplexe Umwelt. Dabei wird das Präferenzsystem des Entscheidungsträgers mit möglichst wenigen, einfach zu erhebenden Zieldimensionen nachvollziehbar und transparent in Entscheidungsmodellen abgebildet.[5] Die zentrale Prämisse der multiattributiven Bewertungsverfahren ist die Präferenzunabhängigkeit der Zieldimensionen. Diese verlangt, dass die Bewertungen der Ausprägungen einer Zieldimension nicht von den Bewertungen der Ausprägungen anderer Dimensionen abhängig sind.[6]

Diese Forderung nach Präferenzunabhängigkeit bildet jedoch nur bedingt die Praxis ab. So können Interaktionen in einem Zielsystem vorliegen.[7] Zur Verdeutlichung von Interaktionen sollen folgende drei Beispiele dienen: Bei der Beurteilung eines Wohnhauses kann die Summe der Bewertungen einer „attraktiven Architektur“ und eines „schönen Gartens“ kleiner sein als die Bewertung der Kombination, also eines Wohnhauses mit einer „attraktiven Architektur“ und mit einem „schönen Garten“.[8] Ein ansprechend gestalteter Garten kann demnach den positiven optischen Eindruck der Architektur verstärken. Diese Verstärkung stellt

---

1 Vgl. Laux (1998), S. 1.

2 Vgl. Keeney und Raiffa (1976), S. 66.

3 Vgl. Adam (1996), S. 8.

4 Vgl. Ibid., S. 3 und S. 8.

5 Vgl. Schneeweiß (1991), S. 8.

6 Vgl. Keeney (1974), S. 23.

7 Vgl. Oesterdiekhoff (1993), S. 23; Adam (1996), S. 138.

8 Vgl. Goodwin und Wright (2004), S. 43.

eine komplementäre Interaktion dar, bei der keine Präferenzunabhängigkeit im Zielsystem gegeben ist.[9] Dasselbe Phänomen tritt beispielsweise bei der Beurteilung eines Managers auf. Für dessen Beurteilung ist es nicht ausreichend, die *fachlichen Fähigkeiten* und die *Führungseigenschaften* isoliert voneinander zu bewerten. Gerade wenn ein Manager über beide Eigenschaften verfügt, ist er besonders geeignet.[10] Ähnlich ist es bei der Beurteilung von Prozessen. Dabei ist beispielsweise die Prozess*geschwindigkeit* in Zusammenhang mit der *Fehlerrate* des Prozesses zu betrachten. Die Performance dieses Prozesses, die Anzahl pro Zeiteinheit produzierter fehlerfreier Stücke, ergibt sich aus *Prozessgeschwindigkeit* multipliziert mit (1 – *Fehlerrate*). Die fehlerfreie Ausbringungsmenge verhält sich proportional zu der Veränderung eines Faktors. Wenn sich beide Faktoren verändern, also beispielsweise die *Prozessgeschwindigkeit* ansteigt und die *Fehlerquote* sinkt, dann wächst die fehlerfreie Ausbringungsmenge sogar überproportional.[11] Demnach zeichnen sich Interaktionen durch multiplikative Zusammenhänge aus und können nicht ausschließlich linear-additiv modelliert werden.

Manchmal können Interaktionen mittels einer Redefinition des Zielsystems eliminiert werden. In vielen Fällen gelingt dies allerdings nicht. Demzufolge liegen häufig eine Interaktion oder mehrere Interaktionen in Zielsystemen vor. Diese Zielsysteme sind damit nicht präferenzunabhängig, sondern zumindest partiell präferenzabhängig.[12] Daraus resultiert eine Diskrepanz zwischen Theorie und Praxis. Während die existierenden multiattributiven Bewertungsverfahren für präferenzunabhängige Zielsysteme konzipiert wurden, liegen in der Praxis zumeist partiell präferenzabhängige Zielsysteme vor.[13]

Daher besteht das **Ziel** der vorliegenden Arbeit in der Konzeption einer Bewertungssystematik zur expliziten Modellierung von Interaktionen, die den Präferenzen des Entscheidungsträgers entspricht. Hierbei wird auf die restriktive Prämisse der Präferenzunabhängigkeit verzichtet, um auch partiell präferenzabhängige Zielsysteme darstellen zu können. Somit ist die **zentrale Forschungsfrage**, welche Implikationen sich aus dem Verzicht auf die Prämisse der Präferenzunabhängigkeit für die Konzeption eines multiattributiven Bewertungsverfahrens ergeben und wie diese umgesetzt werden können.

---

9 Vgl. Peters und Zelewski (2008), S. 475.

10 Vgl. von Nitzsch (1992), S. 64.

11 Die multiplikative Verknüpfung von *Fehlerrate*, *Prozeßkosten* und *Durchlaufzeit* zur *Prozessperformance* impliziert bei GAITANIDES das Vorhandensein komplementärer Interaktionen. Vgl. Gaitanides et al. (1994), S. 58 ff.

12 Vgl. die Ableitung der Definition partiell präferenzabhängiger Zielsysteme in Abschnitt 2.4.1.

13 Vgl. Adam (1996), S. 138; Goodwin und Wright (2004), S. 43.

Aufbauend auf dieser Fragestellung erfolgt im ersten Abschnitt des **zweiten Kapitels** eine Einführung in die präskriptive Entscheidungstheorie. Dabei werden die Anwendungsgebiete präskriptiver Entscheidungstheorie sowie Verfahrensgruppen bei Mehrfachzielentscheidungen skizziert. Für die Beurteilung eines Entscheidungsmodells werden die weitverbreiteten Anforderungen nach LITTLE vorgestellt.[14] Dabei handelt es sich um die Einfachheit, die Robustheit, die leichte Kontrollierbarkeit, die Anpassungsfähigkeit, die Vollständigkeit und die Kommunikationsfähigkeit eines Entscheidungsmodells. Um einen einheitlichen Bezugsrahmen für die Modellierung von Entscheidungen zu erhalten, erfolgt im Anschluss die Erläuterung der Grundstruktur der präskriptiven Entscheidungstheorie.

Im zweiten Abschnitt werden die multiattributiven Bewertungsverfahren Nutzwertanalyse, Analytical Hierarchy Process (AHP) und multiattributive Nutzentheorie (MAUT) vorgestellt. Der Fokus liegt diesbezüglich auf der theoretisch am besten fundierten MAUT von KEENEY und RAIFFA.[15] Die zentrale Prämisse der MAUT ist die bereits erwähnte Präferenzunabhängigkeit des Zielsystems. Diese impliziert zum einen die Notwendigkeit eines interaktionsfreien Zielsystems und zum anderen die Modellierung von Präferenzen in Form von Höhenpräferenzen (Wertfunktion) und Artenpräferenz (Zielgewicht). Damit bestimmt diese Prämisse auch die Konzeption der anschließend skizzierten gängigen Verfahren der Präferenzerhebung maßgeblich. Für eine integrierte Bewertung aller Dimensionen werden die erhobenen Präferenzen mithilfe von Aggregationsmodellen zu einem Entscheidungskriterium verdichtet. In der MAUT existieren dafür das in der Praxis weitverbreitete additive Aggregationsmodell sowie dessen allgemeine Varianten in Form des multiplikativen und des multilinearen Aggregationsmodells.

Zu Beginn des dritten Abschnitts wird mithilfe des bekannten Gourmet-Beispiels von BAMBERG und COENENBERG die für Interaktionen charakteristische verstärkende Wirkung herausgestellt. Anschließend werden die in der vorliegenden Arbeit im Fokus stehenden komplementären Interaktionen erläutert. Anhand des Beispiels zur Beurteilung eines Managers zeigt sich, dass das in der Literatur vorherrschende Verständnis einer komplementären Interaktion zu pauschal ausfällt. Daher wird eine differenzierte Definition komplementärer Interaktionen, die zwischen Bereichen mit verschiedenen Wirkungen von Interaktionen unterscheidet, erarbeitet und qualitative Anforderungen hinsichtlich deren Modellierung formal abgeleitet. Für eine Modellierung komplementärer Interaktionen werden neben primären An-

[14] Vgl. Little (1970), S. 466 ff.

[15] Vgl. Keeney und Raiffa (1976), S. 1 ff.

teilen, die jeweils nur von einer Dimension linear abhängen, auch sekundäre Anteile, die von zwei Dimensionen quadratisch abhängig sind und die Interaktion bewerten, berücksichtigt.

Die Aggregationsmodelle der MAUT nach KEENEY und RAIFFA sind für präferenzunabhängige Zielsysteme konzipiert worden. Das Vorliegen von Interaktionen impliziert in der Praxis jedoch zumindest partiell präferenzabhängige Zielsysteme. Um diese Diskrepanz zwischen Theorie und Praxis zu schließen, wird in dieser Arbeit eine Erweiterung der MAUT vorgeschlagen (Abschnitt 2.4). Dafür bietet sich eine Abgrenzung der Begriffe „additive Modellwelt“ der MAUT und „multiplikative Modellwelt“ der MAUT an. Der namensgebende Unterschied zwischen den Modellwelten liegt in der Operationalisierung und der Aggregation von Präferenzen. In der „additiven Modellwelt“ der MAUT nach KEENEY und RAIFFA dienen normierte Wertfunktionen zur Abbildung von Präferenzen auf den Wertebereich von null bis eins. Das Entscheidungskriterium ergibt sich aus einer **additiven Aggregation** der Präferenzwerte. Dahingegen werden in der „multiplikativen Modellwelt“ der MAUT Faktoren zur Abbildung von Präferenzen eingesetzt und mithilfe einer **multiplikativen Aggregation** zu dem Entscheidungskriterium verdichtet.

Kapitel drei beginnt mit der eigenständigen Konzipierung eines Modells, welches in die „multiplikative Modellwelt“ der MAUT einzuordnen ist. Als Entscheidungskriterium wird der Gesamtnutzenfaktor (GNF) zugrunde gelegt. Die Abbildung dimensionsspezifischer Präferenzen erfolgt im GNF-Modell mithilfe partieller Nutzenfaktoren (PNF). Ein PNF drückt die relative Bewertung der Ausprägung einer Dimension im Vergleich zu einer Referenzalternative, dem globalen Ankerpunkt des GNF-Modells, aus. Im einfachsten Fall handelt es sich bei dem globalen Ankerpunkt um die in allen Dimensionen als durchschnittlich bewertete Alternative. Das GNF-Modell basiert auf einer ankerpunktbasierten, unabhängigen Präferenzerhebung. Die Grundidee des GNF-Modells besteht in der ökonomischen Interpretation der Summanden der Taylorreihe der PNF. Die Taylorreihe der Multiplikation der PNF um den Ankerwert führt zu einer Summe von Ankerwert und Termen, die linearer, quadratischer, kubischer oder noch höherer Ordnung sind. Da jedoch die Verfahren der „additiven Modellwelt“ der MAUT aufgrund des Skalenniveaus der PNF nicht für deren Erhebung geeignet sein können, sind zu diesem Zweck neue Verfahren zu entwickeln (Abschnitt 3.2). Die Einführung von Interaktionskoeffizienten soll eine präferenzgerechte Gewichtung der Interaktionen gewährleisten. Die Berücksichtigung von Interaktionskoeffizienten bedingt allerdings eine Modifizierung der mathematisch exakten Taylorreihe zugunsten einer ökonomisch nachvollziehbaren Modellierung von Interaktionen. Dafür werden schlüssige Regeln zur Präferenzaggregation im GNF-Modell aufgestellt (Abschnitt 3.3).

Um die Leistungsfähigkeit des GNF-Modells zu belegen, erfolgt im **vierten Kapitel** eine Gegenüberstellung der „additiven Modellwelt“ der MAUT nach KEENEY und RAIFFA und der „multiplikativen Modellwelt“ der MAUT. Das in der Praxis weitverbreitete additive Aggregationsmodell dient dabei zumeist als Referenzmodell für die „additive Modellwelt“ der MAUT. Die Untersuchung wird nur auf die komplexeren Aggregationsmodelle ausgeweitet, wenn dies erforderlich ist. Die „multiplikative Modellwelt“ der MAUT wird durch das GNF-Modell vertreten.

Trotz der angesprochenen Diskrepanz zwischen Theorie und Praxis werden die Aggregationsmodelle der „additiven Modellwelt“ der MAUT angewendet. Daher wird im ersten Abschnitt untersucht, inwieweit die Aggregationsmodelle der „additiven Modellwelt“ den Anforderungen zur Modellierung von Interaktionen entsprechen. Im Vergleich zum GNF-Modell erfüllen die Aggregationsmodelle der „additiven Modellwelt“ der MAUT diese Anforderungen nur unzureichend. Aufgrund dessen wird abschließend erforscht, inwiefern mithilfe des GNF-Modells nicht nur den qualitativen Anforderungen an eine Modellierung von Interaktionen, sondern auch hinsichtlich ihrer quantitativen Wirkung auf die Rangfolge einer Alternativenmenge Rechnung getragen werden kann.

Im zweiten Abschnitt werden weitere Modelleigenschaften des additiven Aggregationsmodells und des GNF-Modells gegenübergestellt. Weil das GNF-Modell in der Praxis noch kaum erprobt werden konnte, wird auf theoretisch herleitbare Modelleigenschaften zurückgegriffen. Dafür werden die Aussagekraft und die Implikationen der Modellkonzeptionen mit Zahlenbeispielen fundiert und gegenübergestellt.

Für eine umfassende Beurteilung der Aggregationsmodelle der „additiven Modellwelt“ nach KEENEY und RAIFFA und des GNF-Modells erfolgt im dritten Abschnitt eine Untersuchung der Anforderungen an ein Entscheidungsmodell nach LITTLE. Die Einschätzung des Erfüllungsgrads der Anforderungen wird mithilfe der Eignung zur Modellierung von Interaktionen (Abschnitt 4.1) und den weiteren Modelleigenschaften (Abschnitt 4.2) fundiert. Das Kapitel schließt mit der Darstellung, der im Laufe der Arbeit aufgeworfenen, Forschungsfragen.

Das **fünfte Kapitel** fasst die wesentlichen Forschungsergebnisse der vorliegenden Arbeit zusammen und stellt die Notwendigkeit weiterer Forschungsarbeiten heraus.

2 Konzeptionelle Grundlagen

2.1 Präskriptive Entscheidungstheorie

2.1.1 Richtungen der Entscheidungstheorie

Die Entscheidungstheorie beschäftigt sich mit „logischen und empirischen Analysen des rationalen oder intendiert rationalen Entscheidungsverhaltens“[16]. Entscheidungstheoretische Analysen zielen insofern entweder auf die Ermittlung vorschreibender (präskriptiver, normativer) Aussagen oder die Ermittlung beschreibender (deskriptiver) Aussagen ab.[17] Die Entscheidungstheorie differenziert in Abhängigkeit vom Forschungsziel demnach zwischen deskriptiven, präskriptiven und normativen Anwendungsbereichen.[18]

Die psychologisch fundierte **deskriptive** Entscheidungstheorie beschäftigt sich mit der Beschreibung, Erklärung und Prognose tatsächlichen menschlichen Entscheidungsverhaltens.[19] Das Ziel der deskriptiven Entscheidungstheorie ist die Erforschung empirisch belegter Hypothesen über das Verhalten von Individuen und Gruppen im Entscheidungsprozess.[20] Bei einer Interpretation des Entscheidungsprozesses als eine Ableitung einer Entscheidung auf Basis von Entscheidungsprämissen sieht die deskriptive Entscheidungstheorie die faktischen und wertenden Entscheidungsprämissen als Untersuchungsgegenstand und nicht als Eingangsparameter.[21]

Der Untersuchungsgegenstand der **präskriptiven** Entscheidungstheorie ist hingegen die Ableitung rationaler Entscheidungen auf Basis faktischer und wertender Entscheidungsprämissen.[22] Ausgangspunkt für die Entwicklung der präskriptiven Entscheidungstheorie ist die begrenzte Rechen- und Informationsverarbeitungskapazität eines menschlichen Entscheidungsträgers.[23] In komplexen Entscheidungssituationen kann dieser nicht alle entscheidungs-

[16] Bamberg und Coenenberg (2006), S. 1.

[17] Vgl. Ibid., S. 1.; Bell et al. (1988), S. 1 ff.

[18] Vgl. Bamberg und Coenenberg (2006), S. 1. Eine prägnante Darstellung der präskriptiven und deskriptiven Entscheidungstheorie ist dort auf den S. 3 ff. zu finden.

[19] Vgl. Eisenführ und Weber (2003), S. 2; von Nitzsch (1992), S. 8; Schneeweiß (1991), S. 85;Trommsdorff (2004), S. 490.

[20] Vgl. Laux (1998), S. 2.

[21] Vgl. Bamberg und Coenenberg (2006), S. 2.

[22] Vgl. Trommsdorff (2004), S. 490; Bamberg und Coenenberg (2006), S. 2 f.

[23] Synonyme hierfür sind Entscheider oder Entscheidungseinheit. Aus Vereinfachungsgründen erfolgt keine Differenzierung nach dem Geschlecht oder ob es sich um einen Einzelnen oder eine Gruppe handelt.

relevanten Gesichtspunkte berücksichtigen und der Einsatz komplexitätsreduzierender Heuristiken kann zu irrationalen Entscheidungen führen.[24] Die präskriptive Entscheidungstheorie beschäftigt sich aus Vereinfachungsgründen mit dem Entscheidungsverhalten eines nutzenmaximierenden und in seiner Rechen- und Informationsverarbeitung unlimitierten Homo Oeconomicus.[25] Dafür sind für das Postulat rationalen Handelns genügende Standards zur Evaluierung der Aktionsresultate erforderlich.[26] Im Mittelpunkt der präskriptiven Entscheidungstheorie steht das „Streben nach einer möglichst rationalen Entscheidung“[27]. EISENFÜHR fordert dabei nicht eine „unerreichbare absolute Richtigkeit [...], sondern die systematische, nachvollziehbare und logisch fundierte Auswertung der verfügbaren Informationen, so unvollständig, subjektiv und veränderlich diese auch seien“[28]. Diese Definition zeigt die Notwendigkeit einer differenzierten Betrachtung des Rationalitätspostulats. Formale Rationalität ist die Voraussetzung in der präskriptiven Entscheidungstheorie und bezeichnet das Vorliegen eines widerspruchsfreien und eingehaltenen Zielsystems, wobei Anforderungen substanziellen Inhalts nicht relevant sind.[29] Substanzielle Rationalität liegt bei vom Entscheidungsträger unabhängigen und als Standard akzeptierten Zielsystemen vor.[30] Die vorliegende Arbeit ist in die präskriptive Entscheidungstheorie einzuordnen.

Demgegenüber fordert die **normative** Entscheidungstheorie substanzielle Rationalität und berücksichtigt keine subjektiven Präferenzen eines Entscheidungsträgers, sondern versucht auf Basis von Expertenwissen, Idealen und Standards Entscheidungen zu objektivieren.[31]

Die Instrumente und Methoden der präskriptiven Entscheidungstheorie sind insbesondere verbreitet bei mittel- bis langfristigen Entscheidungen mit bedeutenden Konsequenzen für die Entscheidungsträger.[32] Die präskriptive Entscheidungstheorie findet in vielen Bereichen Anwendung.[33] Exemplarisch seien die Energiewirtschaft, Sachproduktion, Dienstleistungen,

---

[24] Vgl. von Nitzsch (1992), S. 8.

[25] Vgl. Teichert (2001), S. 23; Rommelfanger und Eickemeier (2002), S. 2; von Nitzsch (2002), S. 146.

[26] Vgl. Rommelfanger und Eickemeier (2002), S. 2; Bamberg und Coenenberg (2006), S. 3.

[27] von Nitzsch (1992), S. 9.

[28] Eisenführ (1989), Sp. 397.

[29] Vgl. Bamberg und Coenenberg (2006), S. 3; Rommelfanger und Eickemeier (2002), S. 2.

[30] Vgl. von Nitzsch (1992), S. 11; Bamberg und Coenenberg (2006), S. 3.

[31] Vgl. von Nitzsch (1992), S. 9 ff.

[32] Vgl. Laux (1998), S. 1; von Nitzsch (1992), S. 9.

[33] EISENFÜHR und WEBER bieten eine gute Zusammenstellung über Arbeiten, die einen Überblick über Anwendungen der präskriptiven Entscheidungstheorie geben.Vgl. Eisenführ und Weber (2003), S. 13. Dabei handelt es sich um Corner und Kirkwood (1991), Brown (1970), Keeney und Raiffa (1976), Howard, Matheson und Miller (1976), Krischer (1980), Ulivia und Brown (1982), von Wintherfeldt und Edwards (1986) sowie Watson und Buede (1987).

medizinische Anwendungen und öffentliche Politik genannt. Trotz der weiten Verbreitung in den vergangenen Jahrzehnten sehen EISENFÜHR und WEBER das Potenzial der präskriptiven Entscheidungstheorie in der Praxis bei Weitem noch nicht ausgeschöpft.[34]

2.1.2 Verfahren zur Unterstützung von Mehrfachzielentscheidungen

In der Praxis sind fast alle wichtigen Entscheidungen durch mehrere, häufig konfligierende Zielsetzungen gekennzeichnet.[35] Im Falle eines Zielkonfliktes benötigt der Entscheidungsträger ein Kriterium zur Beurteilung der Alternativen, das jeweils die Vor- und Nachteile gegeneinander abwiegt.[36] In dem gesamten Entscheidungsprozess unterstützen Methoden und Instrumenten des Multi Criteria Decision Making (MCDM) den Entscheidungsträger.[37] Diese Unterstützung kann sich auf die Strukturierung und präzise Definition des Problems, die Informationsverarbeitung, die Generierung von Bewertungskriterien oder die Entwicklung begründeter Handlungsvorschläge beziehen.[38]

Das MCDM wird in der Literatur in Abhängigkeit der Struktur des Problems nach HWANG und MASUD (1979) sowie HWANG und YOON (1981) üblicherweise in zwei Klassen unterteilt.[39] Dafür ist die Unterscheidung in „Probleme mit diskretem Lösungsraum (abzählbar vielen Lösungen) und stetigem Lösungsraum wichtig."[40] Die Probleme in stetigen Lösungsräumen setzen größtenteils die Formulierung des Problems als mathematisches Programmierungsproblem voraus und werden dem Multi Objective Decision Making (MODM) zugeordnet.[41] Die Probleme mit einem diskreten Lösungsraum zeichnen sich durch einen kombinatorischen Charakter aus und werden dem Multi Attribute Decision Making (MADM) zugeordnet.[42]

Bei den **Verfahren des MODM** wird größtenteils eine unendliche, nicht explizit vorbestimmte Menge an Alternativen betrachtet, die bestimmte, wohldefinierte Nebenbedingungen

---

34 Vgl. Ibid., S. 13.

35 Vgl. Zionts (1985), S. 85; Zimmermann (2005), S. 28; Lu et al. (2007), S. 29.

36 Vgl. Zimmermann (2005), S. 29.

37 Im englischsprachigen Raum werden teilweise auch die Begriffe Multicriteria Decision Aid sowie Multicriteria Analysis synonym verwendet. Vgl. Vincke (1986), S. 160.

38 Vgl. Zimmermann (2005), S. 29.

39 Vgl. grundlegend Hwang und Masud (1979) und Hwang und Yoon (1981), Lu et al. (2007), S. 18; Zimmermann und Gutsche (1991), S. 25.

40 Zimmermann (2005), S. 29. Mithilfe dieser Unterscheidung sind nach HANNE bis auf Einzelfälle alle Entscheidungsprobleme dem MODM und dem MADM zurechenbar. Vgl. Hanne (1998), S. 13 f.

41 Vgl. Zimmermann (2005), S. 29; Lu et al. (2007), S. 18.

42 Vgl. Zimmermann (2005), S. 29; Lu et al. (2007), S. 18.

erfüllen.[43] Da die Menge der zulässigen Alternativen dadurch meist unendlich viele Elemente enthält, die zusammenhängenden Teilmengen des R^n zugeordnet werden können, wird auch von stetigen Lösungsräumen gesprochen; wobei R die Menge aller reellen Zahlen symbolisiert.[44] Die Verfahren der MODM sind speziell für das Herausfiltern effizienter Alternativen aus einer Vielzahl an Alternativen konzipiert und weniger geeignet für Auswahlprobleme mit einer geringen Anzahl an Alternativen.[45] Zur expliziten Berücksichtigung der Ziele der Entscheidung dienen quantifizierbare Zielfunktionen (Englisch: *objectives*).[46] Diese Zielfunktionen gewährleisten, dass jeder Alternative ein bestimmter Wert zugeordnet wird. Die optimale Alternative oder zumindest zufriedenstellende Alternativen werden damit aus dem Lösungsraum heraus berechnet und müssen nicht unbedingt im Vorfeld explizit bekannt sein.[47] Die Verfahren des MODM werden „sometimes viewed as natural extension of mathematical Programming, where several objective functions are considered simultaneously and the decision variables are bounded by mathematical constraints."[48] Aufgrund der vorgegebenen, simultan zu optimierenden Zielfunktionen wird auch von Vektoroptimierungsmodellen gesprochen.[49] In Hinblick auf die zeitliche Abfolge lassen sich Verfahren der Optimierung vor der Präferenzermittlung, der progressiven Präferenzermittlung und der Optimierung nach der Präferenzermittlung unterscheiden.[50]

Bei den **Verfahren des MADM** wird eine vorbestimmte und im Vorfeld explizit bekannte, zumeist relativ kleine Anzahl an Alternativen betrachtet.[51] Es handelt sich daher in der Regel um diskrete Lösungsräume.[52] Die Verfahren der MADM ordnen jeder Alternative auf Basis eines problembezogenen, vollständigen Modells der Präferenzstruktur einen Präferenzwert zu. Dafür werden in jeder Zieldimension die möglichen Ausprägungen vom Entscheidungsträger bewertet. Die gesuchte, optimale Alternative zeichnet sich durch den höchsten Präferenzwert aus.[53] Die Beurteilung der Alternativen erfolgt anhand ihrer Attribute, bzw. den Ausprägun-

---

43 Vgl. Mustafa und Goh (1996), S. 169.

44 Vgl. Zimmermann und Gutsche (1991), S. 25.

45 Vgl. Steuer (1989), S. 5; von Nitzsch (1992), S. 29.

46 Vgl. Zimmermann (2005), S. 29

47 Vgl. Zimmermann und Gutsche (1991), S. 25.

48 Mustafa und Goh (1996), S. 169; Vgl. auch Colson und De Bruyn (1989), S. 1201.

49 Vgl. Zimmermann und Gutsche (1991), S. 25.

50 Vgl. von Nitzsch (1992), S. 17 f.

51 Vgl. Lu et al. (2007), S. 29;Mustafa und Goh (1996), S. 169; Zimmermann und Gutsche (1991), S. 25; Zimmermann (2005), S. 29.

52 Vgl. Colson und De Bruyn (1989), S. 1201; Zimmermann und Gutsche (1991), S. 25; Zimmermann (2005), S. 29.

53 Vgl. Trommsdorff (2004), S 490; von Nitzsch (1992), S. 22.

gen der Zieldimensionen, die nicht unbedingt in Zahlen beschreibbar sein müssen.[54] Die Selektion der besten Alternativen erfolgt mithilfe von Vergleichen der Ausprägungen innerhalb eines Attributes und zwischen den Attributen.[55] Bei diesen Vergleichen ergeben sich normalerweise implizite oder explizite Trade-Offs, denen zufolge eine Alternative ein schlecht ausgeprägtes Attribut im Vergleich zu einer anderen Alternative mithilfe eines gut ausgeprägten Attributs kompensieren kann.[56] Die innerhalb des MADM am weitesten verbreiteten Verfahren sind Outranking Methods[57] und die multiattributiven Bewertungsverfahren in Form des Analytical Hierarchy Process und der multiattributiven Nutzentheorie.[58] Die vorliegende Arbeit beschäftigt sich mit multiattributiven Bewertungsverfahren, da diese für Ermittlung einer optimalen Alternative prädestiniert sind.[59]

2.1.3 Anforderungen an ein Entscheidungsmodell

Nach BRETZKE ist ein Entscheidungsmodell „das Ergebnis eines Versuchs, die für wesentlich gehaltenen Elemente und Beziehungen einer als ‚Problem' empfundenen Handlungssituation in einer formalisierten Sprache so zu definieren, dass aus dem resultierenden Strukturkomplex die Problemlösung als logische Implikation abgeleitet werden kann."[60] In der Praxis ist die Akzeptanz eines Entscheidungsmodells insbesondere von dem Erfüllungsgrad der Anforderungen an ein Entscheidungsmodell abhängig.[61] Es existieren zahlreiche in Abhängigkeit der Problemstellung geringfügig unterschiedliche Anforderungen an ein Entscheidungsmodell.[62] Der Großteil davon basiert auf LITTLE, dessen Artikel „Models and Managers: The Concept of a Decision", als einer der einflussreichsten Beiträge der ersten fünfzig Jahre der Zeitschrift

[54] Vgl. Zimmermann und Gutsche (1991), S. 25; Zimmermann (2005), S. 29.

[55] Vgl. Lu et al. (2007), S. 29.

[56] Vgl. Zimmermann und Gutsche (1991), S. 25; Zimmermann (2005), S. 29; Lu et al. (2007), S. 29.

[57] Outranking Methods oder Prävalenzverfahren versuchen aus einer endlichen Alternativenmenge die Präferenzstruktur des Entscheidungsträgers auf Basis von Paarvergleichen zweier Alternativen zu ermitteln. Das Ziel dieser Verfahren liegt in der „Aufstellung einer (unvollständigen) Ordnung der Alternativen oder in der Zuweisung zu bestimmten Güteklassen". Die beiden bedeutendsten Richtungen, der vorwiegend im französischsprachigen Raum bekannten Verfahren, bilden die PROMETHEE und die ELECTRE Verfahrensgruppen. Prägnante Beschreibungen der Verfahren bieten Belton und Stewart (2002), S. 233 ff.; Figueira et al. (2005), S. 133 ff.; Brans und Mareschal (2005), S. 163 ff.; Oesterdiekhoff (1993), S. 43 ff.; von Nitzsch (1992), S. 26 ff.

[58] Vgl. Mustafa und Goh (1996), S. 170; Lillich (1992), S. 3 f. von Nitzsch (1992), S. 22 f.

[59] Vgl. von Nitzsch (1992), S. 31.

[60] Bretzke (1980), S. 8.

[61] Vgl. Götze (2008), S. 41 f.

[62] Im deutschsprachigen Raum hat insbesondere PFOHL die Anforderungen von Little in leicht modifizierter Form verbreitet. Vgl. Pfohl (1981), S. 151 f.

Management Science gilt.[63] Aus diesem Grund finden die Anforderungen zur Beurteilung der Akzeptanz eines Entscheidungsmodells nach LITTLE in dieser Arbeit Anwendung. LITTLE leitet aus dem Decision-Calculus-Konzept die Anforderungen Einfachheit, Robustheit, leichte Kontrollierbarkeit, Anpassungsfähigkeit, Vollständigkeit und Kommunikationsfähigkeit ab.[64]

Einfachheit fördert das Verständnis des Entscheidungsträgers.[65] Nur die für die Entscheidungen wichtigen Phänomene sind zu berücksichtigen. Auch dem Druck, mehr und mehr Details zu modellieren, sollte widerstanden werden, wenn das Verständnis des Entscheidungsträgers hierfür nicht sichergestellt ist.[66] Dabei besteht allerdings nicht die Notwendigkeit, dass der Entscheidungsträger das Modell in allen formalen Details versteht. Im Vordergrund steht die „Möglichkeit des Verstehens der Logik, die der Modellkonstruktion zugrunde liegt“[67]. Bei der Beurteilung der Einfachheit eines Entscheidungsmodells sind die Vorbildung und Motivation des Anwenders zu beachten. Die Erlernbarkeit und Verständlichkeit eines Entscheidungsmodells beurteilen ein Entscheidungsanalyst und ein unerfahrener Anwender unterschiedlich.[68] Es gilt, je einfacher das Modell ist, desto geringer sind der Erhebungsaufwand und auch die Gefahr einer Fehlspezifikation des Entscheidungsmodells.[69]

Robustheit eines Entscheidungsmodells soll verhindern, dass aus den Präferenzen widersprechende, nicht plausible Ergebnisse resultieren. Nicht plausible Ergebnisse treten zumeist in Fällen auf, in denen geringfügige Änderungen der unabhängigen Variablen zu deutlichen Änderungen der abhängigen Variablen führen.[70] Daher sollte eine geringfügige Variation des Inputs den Output nicht signifikant verändern.[71] Des Weiteren sollte sich die Rangfolge bestimmter Alternativen untereinander nicht durch die Erweiterung der Alternativenmenge verändern.[72]

Leichte **Kontrollierbarkeit** erfordert, dass der Entscheidungsträger das Verhalten des Modells seinen Präferenzen entsprechend steuern kann. Dafür muss die Transparenz hinsichtlich

---

[63] Vgl. Little (2004), S. 1854.
[64] Vgl. Little (1970), S. 470.
[65] Vgl. Ibid., S. 467.
[66] Vgl. Ibid., S. 470.
[67] Pfohl (1981), S. 151.
[68] Vgl. Zimmermann und Gutsche (1991), S. 277.
[69] Vgl. Bamberg und Coenenberg (2006), S. 64.
[70] Vgl. Pfohl (1981), S. 152.
[71] Vgl. Little (1970), S. 470; Pfohl (1981), S. 152.
[72] Vgl. Schneeweiß (1991), S. 152.

der Wirkungsmechanismen zwischen Input und Output gegeben sein.[73] Ein zu großes Ausmaß an zu erhebenden Informationen kann in Kombination mit einer geringen Transparenz der Wirkungsmechanismen im Entscheidungsmodell bei dem Entscheidungsträger sogar zur Ablehnung der vorgeschlagenen Entscheidung führen.[74]

Anpassungsfähigkeit bedeutet die Möglichkeit, in einem Entscheidungsmodell neue Informationen zu berücksichtigen. Dieses bezieht sich sowohl auf die eingehenden Daten als auch auf Teile der Modellstruktur.[75] Eine Veränderung der Daten ist deutlich einfacher durchzuführen als eine Veränderung der Modellstruktur. Ein modularer Aufbau des Gesamtmodells mithilfe mehrerer Teilmodelle kann strukturelle Anpassungen vereinfachen.[76]

Vollständigkeit und Einfachheit eines Entscheidungsmodells konfligieren. Es sind möglichst viele relevante Phänomene zu modellieren, ohne jedoch die Operationalisierbarkeit zu gefährden. Hierzu ist eine Integration subjektiver Einschätzungen zusätzlich zu den quantitativen Daten in das Entscheidungsmodell dienlich.[77] Die Vollständigkeit eines Modells ist vom Zweck der Modellanalyse abhängig.[78] LITTLE berücksichtigt bei der Untersuchung der Vollständigkeit eines Entscheidungsmodells ausschließlich dessen Input. In der vorliegenden Arbeit wird hingegen auch auf die Vollständigkeit des Outputs abgestellt. Somit soll das Ergebnis eines Entscheidungsmodells die Präferenzen des Entscheidungsträgers vollständig berücksichtigen, inklusive aller Phänomene in der Präferenzstruktur, wie beispielsweise dem Vorliegen einer Interaktion.[79]

Die **Kommunikationsfähigkeit** eines Entscheidungsmodells bezeichnet die relativ einfache Kommunikation des Entscheidungsträgers mit dem Entscheidungsmodell.[80] Dies erfordert die Möglichkeit des Entscheidungsträgers, relativ einfach den Input variieren zu können, um den Output zu erhalten, ohne dabei einen Experten für Entscheidungsmodelle konsultieren zu müssen.[81]

---

73 Vgl. Little (1970), S. 470.

74 Vgl. Weber (1983), S. 87.

75 Vgl. Little (1970), S. 470; Pfohl (1981), S. 152.

76 Vgl. Pfohl (1981), S. 152.

77 Vgl. Little (1970), S. 468 ff.

78 Vgl. Pfohl (1981), S. 152.

79 In Abschnitt 2.3 finden sich mehrere, ausführlich dargestellte Beispiele für Interaktionen in einer Präferenzstruktur.

80 Vgl. Little (1970), S. 470.

81 Vgl. Pfohl (1981), S. 152 ff. In der anglo-amerikanischen Literatur wird von „decision analysts“ gesprochen.

2.1.4 Grundstruktur der präskriptiven Entscheidungstheorie

Die Komplexität der Entscheidungsprobleme impliziert hohe Anforderungen an die Informationsverarbeitungskapazität der Entscheidungsträger.[82] Die Zerlegung eines umfassenden Entscheidungsproblems in einzelne Komponenten[83] kann die Komplexität einer Entscheidung stark reduzieren.[84] Dafür sind eine separate, systematische Analyse und Modellierung der Komponenten sowie eine anschließende Zusammensetzung zu einem Gesamtmodell erforderlich.[85] EISENFÜHR und WEBER unterscheiden die vier Komponenten Alternativen, Umweltzustände, Konsequenzen von Alternativen und Umweltzuständen sowie Ziele und Präferenzen des Entscheidungsträgers.[86]

Eine Entscheidungssituation impliziert das Vorhandensein von **Alternativen**[87] $A_1, A_2,..., A_m$ und eine Auswahlmöglichkeit des Entscheidungsträgers.[88] Eine Alternative steht für eine oder mehrere für die Lösung des Entscheidungsproblems geeignete und vom Entscheidungsträger (zumindest in einem vorgegebenen Rahmen) beeinflussbare Maßnahmen.[89] Alternativen unterscheiden sich durch unterschiedliche Ausprägungen[90] in einer oder mehreren Dimensionen. Nach dem Prinzip der **vollkommenen Alternativenstellung** sind für eine zieladäquate Lösung des Entscheidungsproblems zwei Anforderungen zu erfüllen.[91] Zum einen muss der Entscheidungsträger zur Ergreifung einer Alternative gezwungen sein. Wenn es die Möglichkeit gibt, nichts zu unternehmen, ist explizit eine Unterlassensalternative zu modellieren. Zum anderen müssen sich die Alternativen gegenseitig ausschließen.[92] Die Menge $A=\{A_1, A_2,..., A_m\}$ der relevanten Alternativen heißt **Alternativenmenge**[93]. Während in einigen Entscheidungssituationen die relevanten Alternativen a priori bekannt sind, stellt in

[82] Vgl. Stocké (2002), S. 36.

[83] Synonyme hierfür sind Teilaspekte, Partialprobleme oder Teilmodelle.

[84] Vgl. Eisenführ und Weber (2003), S. 9.

[85] Vgl. Keeney und Raiffa (2003), S. xvii; Eisenführ und Weber (2003), S. 16, Lillich (1992), S. 23.

[86] Vgl. Eisenführ und Weber (2003), S. 10. Eine alternative begriffliche Abgrenzung bietet ADAM, der zwischen Daten, Variablen und Zielen unterscheidet. Vgl. Adam (1996), S. 7 f.

[87] Synonyme hierfür sind Handlungsalternativen, Aktionen, Optionen oder Strategien.

[88] Vgl. Eisenführ und Weber (2003), S. 16; Rommelfanger und Eickemeier (2002), S. 18.

[89] Vgl. Klein und Scholl (2004), S. 8 f.

[90] KEENEY spricht synonym von „specific consequences". Vgl. Keeney (1974), S. 23.

[91] Vgl. Bamberg und Coenenberg (2006), S. 16.

[92] Vgl. Ibid., S. 16; Klein und Scholl (2004), S. 9.

[93] Vgl. Bamberg und Coenenberg (2006), S. 16. Synonyme hierfür sind Aktionenraum, Aktionsraum, Entscheidungsraum oder beeinflussbarer Teil des Entscheidungsfelds.

anderen Entscheidungssituationen das Auffinden bzw. Erfinden von Alternativen eine wesentliche Herausforderung dar.[94]

In Abhängigkeit von der Anzahl der Alternativen differenziert die multikriterielle Entscheidungstheorie zwischen MADM bei einer **endlichen** Anzahl an Alternativen und MODM im Rahmen der Optimierung einer Zielfunktion bei einer **unendlichen** Anzahl an Alternativen.[95] Im Gegensatz zu **einstufigen** berücksichtigen **mehrstufige** Entscheidungen[96] mehr als eine zeitliche Planungsstufe.[97] Die vorliegende Arbeit beschäftigt sich mit **einstufigen**, **bereits vollständig formulierten** und **endlichen Alternativenmengen**. In der Literatur hat sich eine Systematik für die Aufgaben im Rahmen eines Entscheidungsprozesses entwickelt. Es handelt sich um die Problemformulierung, die Präzisierung des Zielsystems, die Erforschung möglicher Handlungsalternativen, die Auswahl einer Alternative und die Entscheidungen in der Realisationsphase.[98] Der Fokus auf bereits vollständig formulierte Alternativenmengen impliziert, dass die ersten drei Phasen schon abgeschlossen sind und die Auswahl der Alternative im Vordergrund steht.[99]

Die Wahl einer Alternative führt in Abhängigkeit von Umweltzuständen[100], wie beispielsweise Aussagen hinsichtlich der Marktstruktur, der konjunkturellen Entwicklung, der Steuergesetzgebung oder möglicher Konkurrenzreaktionen, zu einer Konsequenz.[101] Der Entscheidungsträger kann Umweltzustände nicht oder nur teilweise beeinflussen und somit lediglich Erwartungen formulieren.[102] Die Ausprägung der Umwelt ist eine vom Entscheidungsträger nicht zu verändernde Determinante der Konsequenz einer Alternative.[103] Bei verschiedenen

---

94 Vgl. Laux (1998), S. 10; Eisenführ und Weber (2003), S. 17.

95 Vgl. Abschnitt 2.1.2; Lillich (1992), S. 15; Ossadnik (1998), S. 22.

96 Ein Synonym hierfür ist Strategie.

97 Vgl. Eisenführ und Weber (2003), S. 19.

98 LAUX stellt das Phasenkonzept prägnant dar. Vgl. Laux (1998), S. 8 ff. In der Literatur finden sich auch alternative Phasenkonzepte. PFOHL identifiziert für die Analyse des Entscheidungsprozesses die Phasen Problemstellung, Lösungsfindung, Optimierung und Implementierung. Vgl. Pfohl (1981) S. 61 ff. IRLE unterscheidet die Phasen Identifizierung eines Problems, Informationssuche, Produktion alternativer Problemlösungen, Vergleich sowie Bewertung der Alternativen, Auswahl der Alternativen, Anregung zur Ausführung der gewählten Alternative, Ausführung einer Entscheidung und Kontrolle. Vgl. Irle (1971), S. 45 ff. ZIMMERMANN und GUTSCHE skizzieren den Entscheidungsprozess mithilfe von fünf Stufen und visualisieren diesen anschaulich. Vgl. Zimmermann und Gutsche (1991), S. 22 ff.

99 Diese thematische Eingrenzung orientiert sich an KEENEY und RAIFFA, die in ihrem grundlegenden Werk im Hauptteil auf bereits vollständig formulierte Alternativen fokussieren und damit insbesondere auf die Auswahl der Alternative abstellen. Vgl. Keeney und Raiffa (1976).

100 EISENFÜHR und WEBER verwenden synonym hierzu den Begriff Umwelteinflüsse. Vgl. Eisenführ und Weber (2003), S. 19 ff.

101 Vgl. Weber (1983), S. 20; Rommelfanger und Eickemeier (2002), S. 23.

102 Vgl. Eisenführ und Weber (2003), S. 16.

103 Vgl. Bamberg und Coenenberg (2006), S. 23 ff.

Umweltzuständen kann Unsicherheit auftreten.[104] Zu unterscheiden sind **Risikosituationen** bei Bekanntheit subjektiver oder objektiver Wahrscheinlichkeiten für das Eintreten unterschiedlicher Umweltzustände und **Ungewissheitssituationen**, in denen keine Informationen hinsichtlich der Eintrittswahrscheinlichkeiten gegeben sind.[105] Eine **eindeutige** Konsequenz ist gekennzeichnet durch einen bereits eingetretenen Umweltzustand.[106] Eine **Sicherheitssituation** hinsichtlich der Konsequenzen liegt vor, wenn für jede Alternative die Konsequenz determiniert ist.[107] Aus Gründen der Komplexitätsreduktion werden nur Entscheidungssituationen unter Sicherheit untersucht werden.

Präferenzen sind definiert als die Einstellungen des Entscheidungsträgers hinsichtlich der Alternativen bzw. deren Konsequenzen.[108] Es gibt drei unterschiedliche Relationen zwischen den zwei Alternativen A_1 und A_2 aus der Alternativenmenge A. Der Entscheidungsträger kann A_1 gegenüber A_2 (strikt) präferieren ($A_1 > A_2$), indifferent zwischen den Alternativen sein ($A_1 \sim A_2$) oder A_1 gegenüber A_2 schwach präferieren ($A_1 \geq A_2$), wobei der Entscheidungsträger entweder A_1 gegenüber A_2 präferiert oder indifferent zwischen den Alternativen ist.[109] Entscheidungsträger streben eine subjektive Nutzenmaximierung an.[110] Nach KLEIN und SCHOLL repräsentiert der **Nutzen** „dabei eine abstrakte Größe, die den Grad der aus der Realisierung der gewählten Alternative resultierenden Bedürfnisbefriedigung erfasst".[111] Der (Gesamt-) Nutzen einer Alternative resultiert aus den Bewertungen der Ausprägungen aller Dimensionen und ist ein Maß für die globale Bedürfnisbefriedigung. Der Teilnutzen fungiert als Maß für die lokale Vorziehungswürdigkeit einer Ausprägung x_i der i-ten Dimension.[112] Eine empirische Messung der abstrakten Größe „Nutzen" ist mit Problemen behaftet, da dieser nicht direkt beobachtbar ist, sondern „lediglich hieraus artikulierte Präferenzurteile"[113]. Eine Präferenz steht damit nicht für Nutzen an sich, sondern für das „abgeleitete Ergebnis eines Nutzenvergleiches zwischen Alternativen"[114]. Darüber hinaus existiert für die abstrakte Größe Nutzen kein absoluter Referenzpunkt, wie beispielsweise das Ur-Kilogramm in den

---

[104] Vgl. Eisenführ und Weber (2003), S. 19.

[105] Vgl. Bamberg und Coenenberg (2006), S. 19.

[106] Vgl. Eisenführ und Weber (2003), S. 30.

[107] Vgl. Ibid., S. 19.

[108] Vgl. Ibid., S. 31.

[109] Vgl. Evans (1984), S. 1270; Eisenführ und Weber (2003), S. 31; von Nitzsch (1992) S. 40 f.

[110] Vgl. Klein und Scholl (2004), S. 92.

[111] Ibid., S. 92. Eine ausführliche Diskussion des Nutzenbegriffs findet sich bei PFOHL und BRAUN. Vgl. Pfohl und Braun (1981) Abschnitt 2.C.I.2.1.1.

[112] Vgl. von Nitzsch (1992), S. 44.

[113] Teichert (2001), S. 25.

[114] Ibid., S. 25.

Naturwissenschaften.[115] Für NEUMANN und MORGENSTERN ergibt sich daraus das inhärente Problem der Nutzenmessung: „every measurement – or rather every claim of measureability – must ultimately be based on some immediate sensation, which possibly cannot and certainly need not be analysed any further. In the case of utitily the immediate sensation of preference – one object or aggregate of objects as against another – provides this basis. But this permits us only to say when for one person one utility is greater than another. It is not itself a basis for numerical comparision of utilities for one person nor of any comparison between different persons."[116] Die abstrakte Größe Nutzen ist somit „vom Wesen her eine relative Meßgröße."[117]

Bevor eine Präferenz hinsichtlich einer Alternative vorliegen kann, sind die Alternative und ihre Konsequenzen systematisch mit entscheidungsrelevanten Eigenschaften[118] zu beschreiben.[119] EISENFÜHR und WEBER verstehen unter einem Ziel „eine Eigenschaft (Zielvariable) in Verbindung mit einer Angabe über die Präferenz des Entscheiders bezüglich dieser Eigenschaft"[120]. Ein **Zielsystem** ist definiert als die „Gesamtheit der [...] Ziele in einer bestimmten Entscheidungssituation"[121]. Grundsätzliche Anforderungen an ein Zielsystem sind Vollständigkeit, Messbarkeit (Operationalisierbarkeit), Einfachheit (Minimalität), Redundanzfreiheit und Dekomponierbarkeit.[122] Im Durchschnitt weisen Zielsysteme bei komplexen Entscheidungen zwischen fünf und zehn Einzelziele auf.[123] Bei der Formulierung eines Zielsystems ist zu beachten, dass der Kern des Entscheidungsproblems nicht verändert wird.[124] Es gibt nicht-hierarchisch und hierarchisch aufgebaute Zielsysteme.

Nicht-hierarchische Zielsysteme stellen in der Anwendung relativ hohe kognitive Anforderungen an den Entscheidungsträger.[125] Wie Abbildung 2-1 zeigt, muss der Entscheidungsträger für die Optimierung des Oberziels in einem nicht-hierarchisch aufgebauten Zielsystem

---

[115] Vgl. von Neumann und Morgenstern (1947), S. 16, Teichert (2001), S. 25.

[116] von Neumann und Morgenstern (1947), S. 16.

[117] Teichert (2001), S. 25.

[118] HAUSCHILD spricht synonym von Zieleigenschaften oder Zielvariablen. Vgl. Hauschildt (1977), S. 11. EISENFÜHR und WEBER verwenden synonym die Begriffe Attribute und Zielgröße. Vgl. Eisenführ und Weber (2003), S. 31. KEENEY und RAIFFA differenzierten zwischen „objectives" und „their associated attributes". Vgl. Keeney und Raiffa (1976), S. 49 ff.

[119] Vgl. Eisenführ und Weber (2003), S. 31.

[120] Ibid., S. 31.

[121] Ibid., S. 60.

[122] Vgl. Keeney und Raiffa (1993), S. 50 ff.; Eisenführ und Weber (2003), S. 60 ff.; von Nitzsch (1992), S. 70 f.; Eisenführ und Weber (2003), S. 60 f.

[123] Vgl Dreyer (1974), S. 261.

[124] Vgl. Keeney und Raiffa (1993), S. 3.

[125] Vgl. Rommelfanger und Eickemeier (2002), S. 149.

bei der Zielgewichtung beispielsweise insgesamt acht Ziele simultan gegeneinander abwiegen.

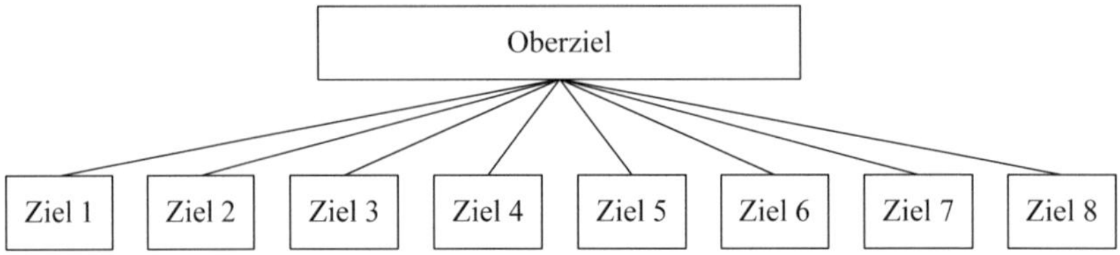

Abbildung 2-1: Nicht-hierarchisch aufgebautes Zielsystem.

Ein hierarchisches Zielsystem hingegen gewährleistet eine der beschränkten Informationsverarbeitungskapazität Rechnung tragende Modellierung eines komplexen Zielsystems.[126] In Abbildung 2-2 ist ein hierarchisch aufgebautes achtdimensionales Zielsystem dargestellt.

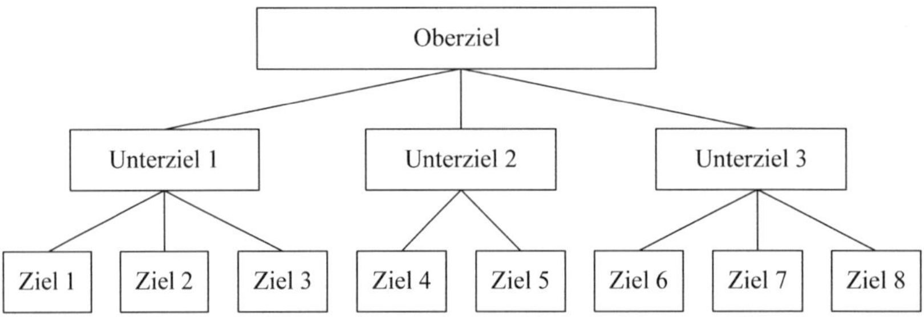

Abbildung 2-2: Hierarchisch aufgebautes Zielsystem.

Die Ziele einer höheren Hierarchieebene erklären, warum die untergeordneten Ziele verfolgt werden sollen. Die untergeordneten Ziele wiederum stellen dar, wie die übergeordneten Ziele umzusetzen sind.[127] Zwischen Zielen verschiedener Hierarchieebenen dürfen keine Zielkonflikte bestehen.[128] In dem beispielhaften hierarchischen Zielsystem sind die kognitiven Anforderungen an die Entscheidungsträger geringer, da nur noch eine Betrachtung von vier überschaubaren Teilsystemen, den drei Subsystemen und dem Hauptsystem erforderlich ist, in denen nur zwei bis drei Ziele gleichzeitig zu betrachten sind.[129]

Die präskriptive Entscheidungstheorie modelliert Präferenzen mithilfe von Funktionen und differenziert zwischen Wertfunktionen (*value functions*) in Sicherheitssituationen und Nut-

[126] Vgl. Ibid., S. 149.

[127] Vgl. Ossadnik (1998), S. 15 f.

[128] Vgl. Adam (1996), S. 100.

[129] Vgl. Rommelfanger und Eickemeier (2002), S. 149.

zenfunktionen (*utility functions*) in Risikosituationen.[130] Da in der vorliegenden Arbeit keine Risikosituationen untersucht werden, stehen Wertfunktionen im Vordergrund. Diese Unterscheidung wird allerdings nicht konsequent durchgehalten, da es die Argumentation vereinfacht, dennoch teilweise im Hauptteil von Nutzen und Nutzenfaktoren zu sprechen.[131] Eine Übertragung des in der vorliegenden Arbeit konzipierten Modells auf Risikosituationen ist allerdings grundsätzlich möglich.

Wertfunktionen sind in messbare und nicht-messbare Funktionen zu unterscheiden. **Nicht-messbare** Wertfunktionen ordnen Alternativen ohne eine Aussage über die Intensität der Präferenz zu treffen (ordinales Skalenniveau).[132] **Messbare** Wertfunktionen können darüber hinaus Aussagen über Ausprägungsdifferenzen und damit die Präferenzstärke treffen (kardinales Skalenniveau).[133] Die Modellierung dimensionsspezifischer Präferenzen erfolgt mithilfe der Einzelpräferenzfunktionen.[134] Im weiteren Verlauf werden zur Vereinfachung zumeist stetige Einzelpräferenzfunktionen betrachtet.[135] Der Punkt- oder Nutzwert ist der „zahlenmäßige Ausdruck für die subjektive Vorziehungswürdigkeit eines Vorhabens“[136]. Um die globale Vorteilhaftigkeit einer Alternative in mehrdimensionalen Zielsystemen zu ermitteln, sind die von der Ausprägung x_i abhängigen Einzelpräferenzfunktionen $v(x_i)$ [v von Englisch *value*] mit einer Aggregationsvorschrift G zu einem Präferenzfunktional zusammenzufassen.[137] Für die anschließenden Überlegungen spielt es keine Rolle, aufgrund welcher Ausprägung eine Einzelpräferenzfunktion ihren Wert hat. Der Ausdruck v_i bezeichnet den Zahlenwert der bewerteten Ausprägung $v(x_i)$. Für jede Alternative $A_j \in A$ erfolgt in Abhängig-

---

130 Vgl. Dyer (2005), S. 269; Eisenführ und Weber (2003), S. 33.

131 Vgl. Abschnitt 3.1.1.

132 Vgl. Lillich (1992), S. 2.

133 Vgl. Dyer und Sarin (1979), S. 810 ff.; Dyer (2005), S. 269 f.; Lillich (1992), S. 3. Eine formale Bedingung für das Vorliegen einer kardinalen Nutzenfunktion findet sich bei KLEIN und SCHOLL. Vgl. Klein und Scholl (2004), S. 94. SCHNEEWEIß bietet eine prägnante Darstellung nominalen, ordinalen und kardinalen Skalenniveaus. Vgl. Schneeweiß (1991), S. 40 ff.

134 Vgl. von Nitzsch (1992), S. 44. BAMBERG und COENENBERG verwenden hierfür synonym den Begriff partielle Nutzenfunktion. Vgl. Bamberg und Coenenberg (2006), S. 62.

135 Damit wird unterstellt, dass Entscheidungsträger auch bei diskreten quantitativen oder qualitativen Zielgrößen die Zwischenwerte sinnvoll interpretieren können. Im Rahmen der Präferenzerhebung in den Abschnitten 2.2.3.2 sowie 3.2 und in der quantitativen Eignungsprüfung des GNF-Modells in Abschnitt 4.1.2.3 sind stetige Werte hilfreich. Diese übliche Vereinfachung ist beispielsweise auch zu finden bei KLEIN und SCHOLL. Vgl. Klein und Scholl (2004), S. 347.

136 Adam (1996), S. 412.

137 Vgl. von Nitzsch (1992), S. 44. SCHNEEWEIß spricht synonym von Wertaggregation oder Amalgamation. Vgl. Schneeweiß (1991), S. 98. ZANGEMEISTER spricht von Wertsynthese. Vgl. Zangemeister (1976), S. 70 ff.

keit von den bewerteten Ausprägungen v_i der einzelnen Dimensionen eine Zuordnung eines Präferenzwerts N_j als Beurteilungsmaßstab.[138]

$$N_j = G\left(v_{1,j}, v_{2,j}, v_{3,j} \dots, v_{n,j}\right). \tag{2-1}$$

Die Aggregation der Einzelpräferenzfunktion zu einem Präferenzfunktional kann mithilfe unterschiedlicher Aggregationsvorschriften G erfolgen.[139] Nach BAMBERG und COENENBERG existiert dafür kein „Patentrezept“[140]. Die Instrumente und Methoden einer Nutzentheorie auf Basis eines solchen Präferenzfunktionals haben im Wesentlichen zwei zentrale Aufgaben. Zum einen sind die Einzelpräferenzfunktionen möglichst genau zu erheben (Abschnitt 2.2.3.2) und zum anderen ist eine möglichst präferenzgerechte Aggregation der Einzelpräferenzen zu gewährleisten. In Abschnitt 2.2.3.3 werden die in der multiattributiven Nutzentheorie eingesetzten Aggregationsmechanismen vorgestellt. Dabei handelt es sich um das additive, das multiplikative und das multilineare Aggregationsmodell.

2.2 Multiattributive Bewertungsverfahren

Multiattributive Bewertungsverfahren ordnen jeder Alternative auf Basis eines problembezogenen, vollständigen Modells der Präferenzstruktur einen Präferenzwert zu. Die Alternative mit dem höchsten Präferenzwert ist die bestmögliche Alternative.[141] Es sollen die am weitesten verbreiteten Verfahren vorgestellt werden. Dabei handelt es sich um die Nutzwertanalyse von ZANGEMEISTER (1976), den Analytical Hierarchy Process von SAATY (1977) und die im Fokus der vorliegenden Arbeit stehende, multiattributive Nutzentheorie von KEENEY und RAIFFA (1976).[142] Die Nutzwertanalyse und der Analytical Hierarchy Process werden nur skizziert, um Redundanzen mit der ausführlichen Darstellung der multiattributiven Nutzentheorie zu vermeiden.

---

[138] Vgl. Lillich (1992), S. 10.

[139] Vgl. Ibid., S. 35.

[140] Bamberg und Coenenberg (2006), S. 61.

[141] Vgl. Abschnitt 2.1.2 und von Nitzsch (1992), S. 22.

[142] Vgl. Lillich (1992), S. 3 f. Auf das ORESTE-Verfahren wird im Weiteren nicht abgestellt, da es lediglich zur Modellierung von Mehrzielproblemen mit Präferenzinformationen auf ordinalem Niveau geeignet ist. Vgl. die Grundlagen des ORESTE-Verfahrens bei Roubens (1982) sowie Pastijn und Leysen (1989).

2.2.1 Nutzwertanalyse

Die Verfahrensgruppe Nutzwertanalyse umfasst eine Vielzahl an Varianten, die sich in den unterschiedlichen Möglichkeiten der Punktezuweisungen für Ausprägungen unterscheiden.[143] Nutzwertanalysen sind in der Praxis äußerst beliebte formalisierte Verfahren einer mehrdimensionalen, auf subjektiven Einzelurteilen beruhenden Alternativenbewertung.[144] In der Grundvariante ordnet die Nutzwertanalyse mithilfe der Direct-Rating-Methode[145] in den relevanten Dimensionen den Ausprägungen der Alternativen Punktwerte v_i zu. Das Präferenzfunktional ergibt sich als Linearkombination der Ziele.[146] Die Verknüpfung von Punktwerten (Höhenpräferenz) und Zielgewichten (Artenpräferenz) geschieht in Form einer linear-additiven Aggregation:[147]

$$N_j = \sum_{i=1}^{n} N_{i,j} = \sum_{i=1}^{n} w_i v_{i,j} = \sum_{i=1}^{n} w_i v(x_{i,j})$$

mit **(2-2)**

$$0 \leq v_{i,j} \leq 1 \text{ und } \sum_{i=1}^{n} w_i = 1.$$

Der Nutzwert N_j der Alternative j ergibt sich als die mit w_i gewichtete Summe der Punktwerte $v_{i,j}$.[148] Die resultierenden Punktwerte repräsentieren in einer dimensionslosen Zahl verdichtet die subjektive globale Vorziehungswürdigkeit der Alternativen.[149] Die Nutzwertanalyse ist eine nachvollziehbare und überprüfbare heuristische Systematik zur Entscheidungsfindung, die im Vergleich zu einer intuitiven Globalbewertung besser abgesicherte Urteile liefert.[150] Für singuläre kurzfristige Entscheidungen, in denen mit begrenztem Aufwand nur relativ grobe Resultate gefragt sind, ist die Nutzwertanalyse durchaus geeignet.[151]

---

143 ADAM nennt als Synonyme das Punktbewertungsmodell oder das Scoringmodell. Vgl. Adam (1996), S. 413.

144 Vgl. Ibid., S. 412; Schneeweiß (1991), S. 120.

145 Vgl. Abschnitt 2.2.3.2.1.

146 Vgl. Schanz (1979), S. 1 ff.

147 Es existieren auch multiplikative Nutzwertanalysen. Diese basieren allerdings ebenfalls auf der Prämisse der Präferenzunabhängigkeit und unterliegen insofern den gleichen zentralen Kritikpunkten. Vgl. Adam (1996), S. 413; Dinkelbach (1982), S. 189. Der Ausdruck $v_{i,j}$ bezeichnet den Zahlenwert der bewerteten Ausprägung $v(x_{i,j})$. Vgl. Abschnitt 2.1.4. Eine Darstellung der linear-additiven Aggregation findet sich auch im Rahmen der MAUT in Abschnitt 2.2.3.3.

148 Vgl. Adam (1996), S. 413.

149 Vgl. Ibid., S. 412; Beyer (2006), S. 292.

150 Vgl. Dichtl und Issing (1994), Sp. 1542 ff.

151 Vgl. Oesterdiekhoff (1993), S. 25.

Allerdings kann es im Rahmen der Erhebung der Zielgewichte w_i mithilfe von Paarvergleichen zu Inkonsistenzen kommen.[152] Um diese herauszustellen, sind die Austauschraten von zwei Dimensionen zu betrachten. Diese sind definiert als das das reziproke Verhältnis zweier Gewichte.[153] Wenn die Austauschrate $\alpha_{1,2} = w_2 / w_1$ und die Austauschrate $\alpha_{2,3} = w_3 / w_2$ betragen, ergibt sich die Austauschrate $\alpha_{1,3}$ als Produkt der genannten Austauschraten:

$$\alpha_{1,3} = \alpha_{1,2} \times \alpha_{2,3} = \frac{w_2}{w_1} \times \frac{w_3}{w_2} = \frac{w_3}{w_1}. \qquad \textbf{(2-3)}$$

Es hat sich gezeigt, dass dieser rechnerische Zusammenhang nicht zwangläufig für empirisch ermittelte Austauschraten gilt. Wenn das additive Aggregationsmodell adäquat ist, dann sind diese Inkonsistenzen auf beschränkte Rationalität oder beschränkte Informationsverarbeitungskapazität zurückzuführen.[154]

2.2.2 Analytical Hierarchy Process

Der **Analytical Hierarchy Process** (AHP) von SAATY (1977) setzt an den, in der Nutzwertanalyse empirisch festgestellten, Inkonsistenzen an.[155] Die Grundidee besteht in der Aufspaltung eines komplexen Entscheidungsproblems mit einem abstrakten, globalen Oberziel in sukzessiv zu lösende, überschaubare Partialprobleme.[156] Das Resultat der Dekomponierung des Oberziels ist ein widerspruchsfreies, hierarchisches Zielsystem.[157] Zur Ermittlung der relativen Wichtigkeit der Elemente einer Ebene für das Element der übergeordneten Zielebene muss der Entscheidungsträger alle Ziele einer Hierarchieebene untereinander paarweise vergleichen.[158] Paarvergleiche sind im Gegensatz zur simultanen Beurteilung aller Ziele zuverlässiger und lassen sich besser reproduzieren.[159] SAATY hat für diesen Zweck eine 9-Punkte-Skala entwickelt, die linguistische Variable in numerische Werte transformiert.[160] Die Skalen-

[152] Vgl. Bamberg und Coenenberg (2006), S. 63. In Abschnitt 2.2.3.2.2 werden im Rahmen der Präferenzerhebung in der multiattributiven Nutzentheorie auch Verfahren zur Erhebung der Artenpräferenz in der Nutzwertanalyse dargestellt.

[153] Vgl. Fandel (1972), S. 34. Die Austauschrate spielt insbesondere im Rahmen der Trade-Off Methode die zentrale Rolle. Vgl. Abschnitt 2.2.3.2.2.

[154] Vgl. Bamberg und Coenenberg (2006), S. 64 f.; Schneeweiß (1991), S. 157.

[155] Vgl. Saaty (1977), S. 234 ff.; Bamberg und Coenenberg (2006), S. 64.

[156] Vgl. von Nitzsch (1992) S. 25; Prill (2007), S. 123.

[157] Vgl. Prill (2007), S. 123. In Abschnitt 2.1.4 ist ein hierarchisches Zielsystem dargestellt.

[158] Vgl. Bamberg und Coenenberg (2006), S. 64; Prill (2007), S. 123.

[159] Vgl. Lusti (2002), S. 21.

[160] Vgl. Prill (2007), S. 127.

werte 1, 3, 5, 7 und 9 stehen für gleiche Bedeutung (1), etwas größere Bedeutung (3), erheblich größere Bedeutung (5), sehr viel größere Bedeutung (7) und absolute Dominanz (9) des wichtigeren Ziels gegenüber dem unwichtigeren Ziel. Die geraden Zwischenwerte werden zum Zweck differenzierterer Abstufungen eingesetzt.[161] Das jeweils unwichtigere Ziel bekommt den Kehrwert zugewiesen. Die Ableitung der relativen Gewichte erfolgt beispielsweise auf Basis des komplexen Iterationsverfahrens von VON MISES[162] oder einem vereinfachten Näherungsverfahren.[163] An dieser Stelle erscheint es für ein grundlegendes Verständnis der Wirkungsweise des AHP als ausreichend, das in der Literatur dominierende, vereinfachte Näherungsverfahren zur Berechnung des Haupteigenvektors zu skizzieren.[164] Das Verfahren wird anhand eines Beispiels zur mehrdimensionalen Bewertung von Arbeit demonstriert und kurz begründet. Dabei stellt die *Arbeitsperformance* das Oberziel dar und die Unterziele *Arbeitsdauer* (X_1), *Arbeitsqualität* (X_2) und *Arbeitsgeschwindigkeit* (X_3) sind gegeneinander abzuwägen.

Die Paarvergleichsmatrix $\boldsymbol{E}$ wird vom Entscheidungsträger erstellt, indem er anhand der 9-Punkte-Skala von SAATY die für das betrachtete Oberziel zur Verfügung stehenden Unterziele paarweise beurteilt. Im hier gewählten Beispiel liegen für das Oberziel drei Unterziele vor, die der Kürze halber durch die ihnen zugeordnete Dimension bezeichnet werden. Die Elemente der Paarvergleichsmatrix $\boldsymbol{E}$ werden mit $e_{i,j}$ bezeichnet, wobei der erste Index die Zeile und der zweite Index die Spalte bezeichnet. Die Zahlenwerte der Elemente werden durch Paarvergleiche ermittelt. Der Paarvergleich $X_i \leftrightarrow X_j$ bestimmt also das Element $e_{i,j}$ der Paarvergleichsmatrix $\boldsymbol{E}$. Da jede Dimension mit sich und allen andern verglichen wird, ist $\boldsymbol{E}$ eine quadratische Matrix. Wenn der Entscheider die Gewichte der Dimensionen schon genau kennen würde, dann könnte er das Verhältnis der Gewichte der entsprechenden Dimensionen, hier also w_i / w_j, als Wert für $e_{i,j}$ einsetzen. Da er diese Gewichte aber noch nicht genau kennt, nutzt er die Skala von SAATY. Dabei weist der Entscheider der niedriger bewerteten Dimension (Unterziel) ein fiktives Gewicht mit dem Wert 1 zu. Als Wert für das fiktive Gewicht der höher bewerteten Dimension (Unterziel) wählt er den Zahlenwert der sich aus der linguistischen Variablen nach SAATY ergibt. Der Wert des Elements $e_{i,j}$ folgt dann aus der Division der im Paarvergleich $X_i \leftrightarrow X_j$ zugewiesenen fiktiven Gewichte. Aus dieser Vorgehensweise folgen

[161] Die Originalskala findet sich bei Saaty (1977), S. 246 oder Saaty (1980), S. 54.

[162] Vgl. grundlegend von Mises und Pallczek-Geiringer (1929).

[163] Vgl. von Nitzsch (1992) S. 25.

[164] Vgl. Prill (2007), S. 128 ff. Bei WEBER ist ein sehr prägnantes Beispiel für ein zweidimensionales Zielsystem dargestellt. Vgl. Weber (1993), S. 94 f.

zwei wichtige Eigenschaften der Paarvergleichsmatrix $\boldsymbol{E}$. Die erste dieser Eigenschaften ist, dass alle Diagonalelemente den Wert 1 haben, weil die i-te Dimension mit sich selbst verglichen wird.[165] Diagonalelemente einer quadratischen Matrix sind die Elemente, bei denen Zeilen- und Spaltenindex gleich sind. Sie werden mit $e_{i,i}$, bezeichnet. Die zweite Eigenschaft ist, dass die Paarvergleichsmatrix $\boldsymbol{E}$ reziprok ist, d.h. $e_{i,j} = 1/e_{j,i}$.[166] Für die Paarvergleichsmatrix $\boldsymbol{E}$ müssen daher für n Alternativen lediglich $n(n-1)/2$ Paarvergleiche durchgeführt werden.[167] Im gewählten Beispiel sind also nur drei Paarvergleich zu erheben.

Das Element in der erste Spalte und ersten Zeile hat den Wert 1, weil es ein Diagonalelement ist. Das Element der zweiten Zeile der ersten Spalte ergibt sich aus dem Paarvergleich $X_2 \leftrightarrow X_1$. Der Entscheidungsträger misst der *Arbeitsdauer* (X_1) eine „etwas größere" Bedeutung (entspricht dem Skalenwert 3) gegenüber der *Arbeitsqualität* (X_2) bei. Daher weist er der niedriger bewerteten Dimension X_1 das fiktive Gewicht 1 zu und die höher bewertete Dimension erhält das fiktive Gewicht 3. Folglich hat das Element $e_{2,1}$ den Wert 1/3. Das Element der dritten Zeile der ersten Spalte ergibt sich aus dem Paarvergleich $X_3 \leftrightarrow X_1$. Die *Arbeitsqualität* (X_3) hat für den Entscheider eine „etwas größere" Bedeutung als die *Arbeitsdauer* (X_1). Daher weist er X_3 das fiktive Gewicht 3 zu und die niedriger bewertete Dimension X_1 erhält das fiktive Gewicht 1. Damit hat das Element $e_{3,1}$ den Wert 3/1. Im zweiten Spaltenvektor gilt aufgrund der Reziprozitätsbedingung $e_{1,2} = 1/e_{2,1}$ und das Diagonalelement $e_{2,2} = 1$. Der Entscheider misst der *Arbeitsgeschwindigkeit* (X_3) eine „erheblich größere Bedeutung" gegenüber der *Arbeitsqualität* (X_2) zu, daraus folgt $e_{2,3} = 5$. Die Werte für die erste und die zweite Zeile des dritten Spaltenvektors sind aufgrund der Reziprozitätsbedingung durch $e_{3,1} = 1/e_{1,3} = 3$ und $e_{3,2} = 1/e_{2,3} = 1/5$ gegeben. Das Diagonalelement $e_{3,3}$ hat den Wert 1.

Wie schon oben bei der Ableitung der Rechenregeln für die Paarvergleiche benutzt, können nach SAATY die Elemente der Paarvergleichsmatrix $\boldsymbol{E}$ als Verhältnisse der für die Dimensionen (Unterziele) gesuchten Gewichte aufgefasst werden: $w_i / w_j \triangleq e_{i,j}$. SAATY zeigt auch, dass der Vektor $\boldsymbol{w} = (w_1, w_2, w_3)^T$ durch Lösung eines Eigenwertproblems ermitteln werden kann, indem die Eigenwerte und die dazugehörigen Eigenvektoren der Matrix $\boldsymbol{E}$ bestimmt werden.[168] Dies wird in Gleichung (2-4) verdeutlicht:

---

[165] Vgl. Prill (2007), S. 128.

[166] Vgl. Meixner und Haas (2002), S. 117.

[167] Vgl. Belton (1986), S. 9.

[168] Vgl. Saaty (2008), S. 261 f.

$$E = \begin{pmatrix} 1 & 3 & 1/3 \\ 1/3 & 1 & 1/5 \\ 3 & 5 & 1 \end{pmatrix} \Rightarrow E = \begin{pmatrix} w_1/w_1 & w_1/w_2 & w_1/w_3 \\ w_2/w_1 & w_2/w_2 & w_2/w_3 \\ w_3/w_1 & w_3/w_2 & w_3/w_3 \end{pmatrix} \Rightarrow Ew = \lambda w \qquad \text{(2-4)}$$

In Gleichung (2-4) ist λ ein Parameter. Das Eigenwertproblem führt hier auf ein Polynom dritten Grades von λ, wobei die Eigenwerte λ_1, λ_2 und λ_3, die Nullstellen dieses Polynoms sind. Die exakte Lösung des Eigenwertsproblems wird hier nicht weiter verfolgt, da in der Praxis, wie oben erwähnt, überwiegend ein Näherungsverfahren angewendet wird.

Das Produkt der Paarvergleichsmatrix $\boldsymbol{E}$ mit dem gesuchten Vektor $\boldsymbol{w}$ führt formal auf eine Matrix, deren Spalten alle durch $\boldsymbol{w}$ gegeben sind. Für diese Matrix existieren daher nur ein Eigenwert und entsprechend nur ein Eigenvektor. Dies gilt dann und nur dann exakt, wenn die zugrunde liegenden Paarvergleiche konsistent erfolgen. Die Praxis zeigt aber, dass anhand der 9-Punkte-Skala von SAATY durchgeführte Paarvergleiche im Allgemeinen ziemlich konsistent sind. Deshalb kann angenommen werden, dass es genügt, den Haupteigenwert (Englisch: *principal eigenvalue*) und den zugehörigen Haupteigenvektor (Englisch: *principal eigenvector*) zu bestimmen und davon auszugehen, dass die beiden anderen Eigenwerte im Vergleich zum Haupteigenvektor vernachlässigbar klein sind. Die Potenzmethode oder MISES-Iteration ist ein geeignetes iteratives numerisches Verfahren zur Berechnung des Haupteigenwertes, das ist der betragsgrößte Eigenwert, und des dazugehörigen Haupteigenvektors der Paarvergleichsmatrix $\boldsymbol{E}$.[169] Der Name kommt daher, dass Matrixpotenzen $\boldsymbol{E}^k\boldsymbol{x}$ gebildet werden. Es gibt weitere Verfahren, die aber im Allgemeinen aufwendig sind. In der ökonomischen Praxis wird häufig ein vereinfachtes Näherungsverfahren benutzt, dessen Anwendung gerechtfertigt ist, wenn die Zuordnung $w_i/w_j \triangleq e_{i,j}$ in etwa gegeben ist. Dieses Verfahren entspricht nahezu der Potenzmethode, wenn diese bei $k = 1$ abgebrochen wird.

In der ökonomischen Praxis ist es viel zu aufwendig, das in Gleichung (2.4) dargestellte Eigenwertproblem zu lösen. Stattdessen wird ein vereinfachtes Näherungsverfahren benutzt, dessen Anwendung gerechtfertigt ist, wenn die Zuordnung $w_i/w_j \triangleq e_{i,j}$ in etwa gegeben ist. Gleichung (2.5) stellt dieses Verfahren kompakt dar:

$$s_j = \sum_{i=1}^{3} e_{i,j} \Rightarrow \begin{pmatrix} s_1^{-1}e_{1,1} & s_2^{-1}e_{1,2} & s_3^{-1}e_{1,3} \\ s_1^{-1}e_{2,1} & s_2^{-1}e_{2,2} & s_3^{-1}e_{2,3} \\ s_1^{-1}e_{3,1} & s_2^{-1}e_{3,2} & s_3^{-1}e_{3,3} \end{pmatrix} \cong \begin{pmatrix} w_1 & w_1 & w_1 \\ w_2 & w_2 & w_2 \\ w_3 & w_3 & w_3 \end{pmatrix} \Rightarrow z_i = \sum_{j=1}^{3} \frac{e_{i,j}}{s_j} \Rightarrow \frac{z_i}{\sum_i^3 z_i} \cong w_i; \qquad \text{(2-5)}$$

169 Vgl. grundlegend von Mises und Pallczek-Geiringer (1929).

wobei die s_j die Spalten- und die z_i die Zeilensummen sind und die Indices i und j die Werte 1, 2 oder 3 haben können. Das in Gleichung (2-5) formal beschriebene Verfahren lässt sich leicht umsetzen. Zunächst werden die Spaltensummen s_j ermittelt und „Normierte Spaltenwerte" erzeugt, indem jedes Spaltenelement durch die zugehörige Spaltensumme dividiert wird. In der so manipulierten Matrix werden dann die Zeilensummen z_i und die Summe der Zeilensummen gebildet. Die Werte für die Gewichte w_i ergeben sich aus der Division der i-ten Zeilensumme durch die Summe der Zeilensummen. Die jeweiligen Normierungen sind dadurch begründet, dass die Summe aller Gewichte der Dimensionen immer den Wert 1 haben muss.

Die vollständig ausgefüllte Paarvergleichsmatrix ist der Ausgangspunkt der Berechnung des normierten Haupteigenvektors, die in Tabelle 2-1 dargestellt ist.

	Ergebnisse aus der Paarvergleichsmatrix			**Normierte Spaltenwerte**			**Zeilen-summe**	**Normierter Haupteigen-vektor**
Dimension	X_1	X_2	X_3	X_1	X_2	X_3		
X_1	1	3	1/3	0,231	0,333	0,217	0,781	0,260
X_2	1/3	1	1/5	0,077	0,111	0,130	0,318	0,106
X_3	3	5	1	0,692	0,556	0,652	1,900	0,633
Spalten-summe	4,333	9,000	1,533	1,000	1,000	1,000	3,000	1,000

Tabelle 2-1: Näherungsweise Berechnung des Haupteigenvektors im Analytical Hierarchy Process.

Eine Normierung der Spalten geschieht durch die Division der Elemente durch die jeweilige Spaltensumme. Das erste Element der Tabelle „Normierte Spaltenwerte" in Höhe von 0,231 ist das Ergebnis der Division des ersten Elements der Tabelle „Ergebnisse aus der Paarvergleichsmatrix" in Höhe von 1,0 durch deren erste Spaltensumme in Höhe von 4,333. Die zeilenweise Addition und anschließende Normierung durch die Spaltensumme ergibt den normierten Eigenvektor. Die Summe der ersten Zeile in der Tabelle „Normierte Spaltenwerte" beträgt 0,781 (=0,231+0,333+0,217). Der normierte Eigenvektor *Arbeitsdauer* (X_1) in Höhe von 0,260 ergibt sich aus der Division der ersten Zeilensumme in Höhe von 0,781 durch die Spaltensumme der Zeilensummen.[170] Eine Ermittlung der Wertfunktionen kann durch paarweise Vergleiche von Ausprägungen erfolgen.[171] Die Nutzenaggregation geschieht dann wie bei einer gewöhnlichen Nutzwertanalyse.[172] Trotz der mathematischen Fundierung bestehen in der Transformation der natürlich sprachlichen Paarvergleiche ein Ermessensspielraum und

[170] Vgl. Dyer (1990), S. 254.

[171] Vgl. Bamberg und Coenenberg (2006), S. 64.

[172] Vgl. Ibid., S. 64 und Abschnitt 2.2.1.

damit Möglichkeiten zur Manipulation.[173] Es ist zu beachten, dass es sich bei der hohen Präzision der numerischen Werte aufgrund der linguistischen Erhebung mittels Paarvergleichen nur um eine Scheinpräzision handelt.[174]

Der AHP und die nachfolgend beschriebene multiattributive Nutzentheorie sind die am meisten in der Praxis angewendeten und in der Theorie am intensivsten diskutierten multiattributiven Bewertungsverfahren.[175] Ob und inwieweit eine Übereinstimmung zwischen dem AHP und der multiattributiven Nutzentheorie existiert, ist in der Literatur noch nicht abschließend geklärt.[176] SAATY sieht insbesondere in der axiomatischen Begründung des AHP deutliche Unterschiede zur multiattributiven Nutzentheorie.[177] Währenddessen sieht DYER bei einer Zusammenführung des AHP und der multiattributiven Nutzentheorie im Vergleich zu einer separierten Forschung und Anwendung Synergiepotenziale.[178] Die Unterschiede liegen insbesondere in der Art und Weise der Erhebung der Präferenzen und in der Präferenzaggregation.[179] Der AHP verknüpft die Präferenzen mit einer linear-additiven Funktion.[180] Die multiattributive Nutzentheorie sieht hingegen darüber hinaus auch eine multiplikative und multilineare Präferenzaggregation vor, die es ermöglichen sollen, Interaktionen abzubilden. Daher fungiert in dieser Arbeit nicht der AHP, sondern die multiattributive Nutzentheorie als theoretische Basis.

2.2.3 Multiattributive Nutzentheorie

Die **multiattributive Nutzentheorie** (MAUT) von KEENEY und RAIFFA ist ein nutzentheoretisch fundiertes Konzept zur Abbildung von Höhen- und Artenpräferenzen im Rahmen einer zumeist additiven, multiplikativen oder multilinearen Gesamtnutzenfunktion.[181] Die Einsatzvoraussetzung für die MAUT sind Präferenzunabhängigkeit zwischen den Zielen, eine gegenseitige Substituierbarkeit der Ziele und eine schwache Präferenzordnung bei der Produktmenge der Ziele.[182] Im Falle von bereits vollständig formulierten Alternativen sind zunächst

[173] Vgl. Zelewski und Peters (2006), S. 1070.
[174] Vgl. Peters und Zelewski (2004), S. 298 f.
[175] Vgl. Belton (1986), S. 8.
[176] Vgl. Lillich (1992), S. 103.
[177] Vgl. Saaty (1990), S. 259 ff.
[178] Vgl. Dyer (1990), S. 257 f.
[179] Vgl. Belton (1986), S. 9; von Nitzsch (1992), S. 22.
[180] Vgl. Belton (1986), S. 9; Bamberg und Coenenberg (2006), S. 64.; Lillich (1992), S. 102.
[181] Vgl. grundlegend Keeney und Raiffa (1976); Klein und Scholl (2004) S. 346; Lillich (1992), S. 4.
[182] Vgl. von Nitzsch (2002), S. 158.

das Aggregationsmodell zu bestimmen und die daran geknüpften Unabhängigkeitsbedingungen der Ziele zu überprüfen. Im Anschluss daran erfolgt die Ermittlung der Höhenpräferenz und der Artenpräferenz. Abschließend werden mithilfe des Aggregationsmodells die Eingangsparameter in Nutzwerte für die betrachteten Alternativen transformiert und die Alternativen in eine Rangfolge der Vorziehungswürdigkeit gebracht.[183] Die MAUT ist insbesondere dazu geeignet, die Kompensation zwischen den Dimensionen abzubilden.[184] Nach dieser kurzen Einführung werden die Prämisse der Präferenzunabhängigkeit (Abschnitt 2.2.3.1), die Präferenzerhebung (Abschnitt 2.2.3.2) und die Präferenzaggregation (Abschnitt 2.2.3.3) der MAUT ausführlich dargestellt.

2.2.3.1 Präferenzunabhängigkeit

In der MAUT dienen Wertfunktionen dazu, die Präferenzen eines Entscheidungsträgers hinsichtlich der Bewertung der Ausprägungen der Dimensionen auszudrücken. Um die Wertfunktionen zu einem Entscheidungskritierium zu verdichten oder ein Entscheidungskriterium in Wertfunktionen zu dekomponieren, müssen die Dimensionen voneinander unabhängig sein.[185] Je nachdem, ob es sich um messbare oder nicht-messbare Wertfunktionen handelt, sind unterschiedlich strenge Prämissen zu erfüllen.

Bei dem Kauf eines Autos sind beispielsweise die *Farbe* und die *Marke* relevant. Wenn der Entscheidungsträger bei jedem Modell die *Farbe* Schwarz der *Farbe* Rot vorzieht, dann ist die *Farbe* unabhängig von der *Marke*. Wenn der Entscheidungsträger allerdings den Ferrari in roter *Farbe* und den Porsche in schwarzer *Farbe* präferiert, dann ist keine Unabhängigkeit der Dimensionen *Farbe* und *Marke* gegeben.[186]

VON NITZSCH definiert Präferenzunabhängigkeit formal in Anlehnung an KEENEY und RAIFFA wie folgt:

Definition 2-1: Präferenzunabhängigkeit

„X beschreibe den Alternativenraum über n Kriterien. Das Kriterium X_i ist *präferenzunabhängig* von den Kriterien X_j $(1 \leq j \leq n,\ i \neq j)$, falls die bedingten Präferenzen in dem

[183] Vgl. Weber (1983), S. 86 ff. und S. 106 ff.

[184] Vgl. Labreuche und Grabisch (2007), S. 93.

[185] Vgl. von Nitzsch (1992), S. 44 und Formel (2-1).

[186] Vgl. Eisenführ und Weber (2003) S. 120 f.

Kriterium X_i nicht von den Ausprägungen der übrigen Kriterien abhängen, d. h. falls für alle $a_{\{i\}^c}, b_{\{i\}^c} \in X_{\{i\}^c}$, und alle a_i, $b_i \in X_i$ gilt:

$$\left(a_{\{i\}c}, a_i\right) \geq \left(a_{\{i\}c}, b_i\right) \Leftrightarrow \left(b_{\{i\}c}, a_i\right) \geq \left(b_{\{i\}c}, b_i\right).\text{“}^{187}$$

wobei die im Zitat verwendet Symbolkombination „$\{i\}^c$“ bedeutet $j \in (1,..,i-1,i+1,..,n)$ oder in Worten alle Kriterien außer *i*. Die Alternativenteilräume X_i und $X_{\{i\}^c}$ können als komplementär aufgefasst werden, dies wird durch den Symbolteil *c* widergespiegelt, der das englische Wort *complement* abkürzt.

Wenn Präferenzunabhängigkeit gegeben ist, dann kann jede Dimension mit einer nicht-messbaren Wertfunktion abgebildet und zu einem nicht-messbaren Präferenzwert aggregiert werden.[188] Um messbare Wertfunktionen zu erhalten, die auch Aussagen über als Präferenzstärke interpretierte Wertdifferenzen treffen, ist das Vorliegen von Präferenzunabhängigkeit hingegen nicht ausreichend. Es ist eine „noch stärkere Anforderung an die Präferenzen“[189] zu stellen. Dabei handelt es sich um die Differenzunabhängigkeit, die VON NITZSCH in Anlehnung an DYER und SARIN wie folgt formal definiert:

Definition 2-2: Differenzunabhängigkeit

„*X* beschreibe den Alternativenraum über *n* Kriterien. Das Kriterium X_i ist *differenzunabhängig* von den Kriterien X_j ($1 \leq j \leq n$, $i \neq j$), falls die bedingte Ordnung der Präferenzunterschiede in den Kriterien ist, d. h. falls für alle $a_{\{i\}^c}$, $b_{\{i\}^c} \in X_{\{i\}^c}$ und alle a_i, b_i, c_i, $d_i \in X_i$ gilt:

$$\left[\left(a_{\{i\}c}, a_i\right); \left(a_{\{i\}c}, b_i\right) \geq_d \left(a_{\{i\}c}, c_i\right); \left(a_{\{i\}c}, d_i\right)\right]$$

genau dann, wenn

$$\left[\left(b_{\{i\}c}, a_i\right); \left(b_{\{i\}c}, b_i\right) \geq_d \left(b_{\{i\}c}, c_i\right); \left(b_{\{i\}c}, d_i\right)\right]\text{“}^{190}$$

Wobei das Semikolon zwischen zwei Alternativen deren Differenz bedeutet und der Index *d* des Symbols $\geq_d$ den Zusammenhang der Differenzunabhängigkeit verdeutlichen soll.

---

187 von Nitzsch (1992), S. 44. In Anlehnung an Keeney und Raiffa (1976), S. 109. Die Notation dieser und der folgenden Definitionen ist der in der vorliegenden Arbeit verwendeten Notation angepasst. Der Begriff „Kriterium“ wird synonym zu dem Begriff „Dimension“ verwendet.

188 Vgl. Eisenführ und Weber (2003), S. 121; von Nitzsch (1992), S. 50; Abschnitt 2.1.4.

189 Eisenführ und Weber (2003) S. 121.

190 von Nitzsch (1992), S. 45. In Anlehnung an Dyer und Sarin (1979), S. 814. Die Notation dieser und der folgenden Definitionen ist der in der vorliegenden Arbeit verwendeten Notation angepasst.

Das Vorliegen von Differenzunabhängigkeit impliziert messbare Einzelpräferenzfunktionen und gewährleistet damit eine Dekomponierung des Zielsystems.[191] Wenn Differenzunabhängigkeit für jede Dimension gegeben ist, dann liegt automatisch Präferenzunabhängigkeit vor.[192] Nach DYER und SARIN kann die Differenzunabhängigkeit mithilfe von Paarvergleichen überprüft werden.[193]

Die hier vorgestellten Defintionen stehen im Vordergrund in den nutzentheoretischen Überlegungen in der MAUT. Darüber hinaus existieren noch weitere, rigidere Spezialfälle wie die Unterscheidung in eine additive und multiplikative Differenzunabhängigkeit sowie in eine additive und multiplikative Nutzenunabhängigkeit.[194] Aus Gründen der Vereinfachung wird im Folgenden allgemein von Präferenzunabhängigkeit gesprochen und nur, wenn es inhaltlich erforderlich ist, zwischen Präferenzunabhängigkeit und Differenzunabhängigkeit unterschieden.

KEENEY und RAIFFA leiten aus der Existenz von Präferenzunabhängigkeit (und einigen hier nicht weiter relevanten Zusatzprämissen) eine **additive Entscheidungsregel** ab.[195] Neben der Präferenzunabhängigkeit existieren weitere Anforderungen an eine additive Verknüpfung.[196] Dabei handelt es sich um das Vorliegen einer vollständigen und transitiven Präferenzordnung[197], eine einheitliche Nutzenskala und die Kompensierbarkeit. Die **Kompensierbarkeit** bezeichnet die Möglichkeit, bei Verschlechterung einer Ausprägung durch die Verbesserung einer anderen Ausprägung den ursprünglichen Gesamtnutzen wiederherzustellen.[198] In der Praxis basiert der Großteil der Modelle der multiattributiven Bewertungsverfahren auf einer additiven Aggregation der entscheidungsrelevanten Einzelpräferenzfunktionen zum Gesamtpräferenzfunktional.[199]

---

191 Vgl. von Nitzsch (1992), S. 45.

192 Vgl. Eisenführ und Weber (2003), S. 122.

193 Vgl. Dyer und Sarin (1979), S: 818 ff.

194 Eine gute Übersicht findet sich in VON NITZSCH. Vgl. von Nitzsch (1992), S. 44 ff. Eine prägnante Darstellung unterschiedlicher Unabhängigkeiten findet auch sich in DYER und SARIN. Vgl. Dyer und Sarin (1979), S. 810 ff.

195 Vgl. Keeney und Raiffa (1976), S. 229 ff.; French (1986), S. 109 ff.; Bamberg und Coenenberg (2006), S. 61.

196 Vgl. Klein und Scholl (2004), S. 346.

197 Vgl. Schneeweiß (1991), S. 90.

198 Vgl. Labreuche und Grabisch (2007), S. 93; Klein und Scholl (2004), S. 104.

199 Vgl. von Nitzsch (1992), S. 3. Nach EISENFÜHR und WEBER haben additive Modelle die „bei Weitem größte praktische Bedeutung". Vgl. Eisenführ und Weber (2003), S. 116.

2.2.3.2 Präferenzerhebung

Die Prämisse der Präferenzunabhängigkeit erlaubt eine Unterscheidung von Höhenpräferenz (Einzelpräferenzfunktion) und Artenpräferenz (Gewicht).[200] Die **Höhenpräferenz** ist ein subjektives Maß und gibt Auskunft über den Grad der lokalen Vorziehungswürdigkeit unterschiedlich bewerteter Ausprägungen x_i der Dimension X_i.[201] Die Wertvorstellungen hinsichtlich des jeweils betrachteten Ziels beschreiben eine Wertfunktion, die diese mathematisch abbildet und jeder Ausprägung x der i-ten Dimension einen reellen Wert $v(x_i)$ zuordnet.[202] Für die Berechnung des Gesamtnutzens ist es nützlich, mithilfe einer linearen Transformation die Bandbreite[203] der Nutzenfunktion auf das Intervall von null bis eins zu normieren.[204] Um die Komplexität zu reduzieren, stellt die vorliegende Arbeit in der Präferenzerhebung auf kontinuierliche Präferenzfunktionen ab. Die vorgestellten Methoden und Verfahren können aber für nominal- oder ordinalskalierte Dimensionen modifiziert werden.

Die **Artenpräferenz** drückt im Rahmen einer additiven Aggregation den Einfluss einer Dimension auf den Gesamtnutzen im Verhältnis zu den anderen Dimensionen aus.[205] Die Operationalisierung der Artenpräferenz erfolgt mit Zielgewichten.[206] Die Zielgewichte sind kontextunabhängig, d. h. unabhängig von den Ausprägungen.[207] Bei dem Vorliegen von Präferenzunabhängigkeit führt die Veränderung einer Ausprägung unabhängig von den anderen Ausprägungen jeweils zur gleichen Veränderung des Gesamtnutzens. Damit impliziert Präferenzunabhängigkeit die **Separierbarkeit von Höhen- und Artenpräferenz**, also die Möglichkeit einer getrennten Ermittlung der Höhenpräferenzen.[208] Die meisten Methoden ermitteln daher die Höhenpräferenz und Artenpräferenz getrennt voneinander.[209]

---

[200] Vgl. Teichert (2001), S. 33. SCHNEEWEIß spricht anstelle von Gewichten von Skalenfaktoren. Vgl. Schneeweiß (1991), S. 130.

[201] Vgl. Lillich (1992), S. 4.

[202] Vgl. Evans (1984), S. 1270; Klein und Scholl (2004), S. 92.

[203] ZIMMERMANN und GUTSCHE verwenden die Begriffe Bandbreite und Spannbreite (englisch: „range“) synonym. Vgl. Zimmermann und Gutsche (1991), S. 63.

[204] Vgl. Klein und Scholl (2004), S. 94.

[205] Vgl. Lillich (1992), S. 5; Klein und Scholl (2004), S. 99.

[206] Vgl. Bamberg und Coenenberg (2006), S. 55 ff. KLEIN und SCHOLL verwenden synonym den Begriff Skalenfaktoren. Vgl. Klein und Scholl (2004), S. 351.

[207] Vgl. Klein und Scholl (2004), S. 103; von Nitzsch (1992), S. 61. Eine Diskussion dieser Eigenschaft findet sich im Rahmen der kritischen Analyse der MAUT in Abschnitt 4.2.2.

[208] Vgl. Klein und Scholl (2004), S. 103; Lillich (1992), S. 35; Adam (1996), S. 134.

[209] Vgl. von Nitzsch (1992), S. 82.

2.2.3.2.1 *Höhenpräferenz (Wertfunktion)*

Neben der Zielstrukturierung und -operationalisierung sowie der Wahl des Aggregationsmodells ist die zieladäquate, korrekte Erhebung der Präferenzfunktionen eine Hauptaufgabe der präskriptiven Entscheidungstheorie.[210] Dieses Unterfangen kann sich als schwierig erweisen, da „Erwartungen und Ziele [...] nicht abrufbereit in den Köpfen von Menschen gespeichert“[211] sind. Die Entscheidungstheorie verfügt über unterschiedliche Verfahren, die Entscheidungsträger darin unterstützen, ihre Erwartungen und Präferenzen zu artikulieren.[212] Die vorliegende Arbeit thematisiert weitverbreitete Verfahren zur Ermittlung messbarer, [0,1]-bandbreitennormierter, monotoner[213] Wertfunktionen[214], die auch modifiziert im Rahmen des in der vorliegenden Arbeit konzipierten Modells im dritten Kapitel zum Einsatz kommen werden. Dabei handelt es sich um die Direct-Rating-Methode, die Median- oder Halbierungsmethode und die Methode gleicher Wertdifferenzen.

Bei der **Direct-Rating-Methode** ordnet der Entscheidungsträger jeder Ausprägung x_i der Dimension X_i direkt einen Nutzwert zu.[215] Die am besten (schlechtesten) bewertete Ausprägung x_i erhält dabei den Wert eins (null).[216] In dem Intervall von null bis eins muss der Entscheidungsträger anschließend den anderen Ausprägungen präferenzgerecht Punktwerte zuordnen.[217] Um eine messbare Wertfunktion zu erhalten, sind neben der Rangfolge auch die Präferenzdifferenzen der Ausprägungen durch entsprechende Punktdifferenzen abzubilden.[218] Bei einer Vielzahl an Alternativen ist nicht zwangläufig eine Bewertung jeder einzelnen Ausprägung erforderlich. Es ist ausreichend, eine Kurve durch die Bewertungen auf Basis einzelner, relativ gleichmäßig im Intervall verteilter Ausprägungen zu legen.[219] Neben einer verbalen Präferenzartikulation besteht auch die Möglichkeit, die Einzelwertfunktion direkt mithilfe einer Zeichnung zu erheben.[220] Eine Auswahl zwischen unterschiedlichen vorgegebenen

---

[210] Vgl. Eisenführ und Weber (2003), S. 11 und S. 103.

[211] Ibid., S. 11.

[212] Vgl. Ibid., S. 11, von Nitzsch (1992), S. 3.

[213] Die Fokussierung auf monotone Wertfunktionen stellt eine Vereinfachung dar und impliziert das $x_1 < x_2 \Leftrightarrow v(x_1) < v(x_2)$ Vgl. Ferschl (1975), S. 31.

[214] BAMBERG und COENENBERG verwenden synonym hierfür den Begriff normierte partielle Nutzenfunktion. Vgl. Bamberg und Coenenberg (2006), S. 62.

[215] Vgl. Eisenführ und Weber (2003), S. 105, von Winterfeldt und Edwards (1986), S. 226 ff.; Klein und Scholl (2004), S. 354; von Nitzsch (1992), S. 83.

[216] Vgl. Eisenführ und Weber (2003), S. 105.

[217] Vgl. Klein und Scholl (2004), S. 105 und S. 354.

[218] Vgl. Ibid., S. 105.

[219] Vgl. Ibid., S. 106.

[220] Vgl. von Nitzsch (1992), S. 83.

Verläufen (z. B. konkav, monoton steigend oder konvex monoton steigende Funktion) zur Bestimmung der Wertfunktion gewährleistet hingegen nicht die notwendige präferenzbasierte Vorgehensweise.[221]

Die **Median- oder Halbierungsmethode** erfordert Ausprägungen in kontinuierlicher Form. Sie beginnt wie die Direct-Rating-Methode mit der Bestimmung der am besten und der am schlechtesten bewerteten Ausprägung einer Dimension. Anschließend ist der wertmäßige Mittelpunkt der Ergebnisbandbreite zu ermitteln.[222] Dieser Median repräsentiert genau die Hälfte des Nutzens der Dimension. Der Entscheidungsträger betrachtet die Wertdifferenz zwischen der schlechtesten Ausprägung und dem Median als Äquivalent zur Wertdifferenz zwischen dem Median und der besten Ausprägung. Diese Intervallhalbierung ist so oft einzusetzen, bis die gewünschte Präzision der Wertfunktion erreicht ist.[223] Zur anschaulichen Darstellung dient folgendes Beispiel, das in Abbildung 2-3 dargestellt ist.

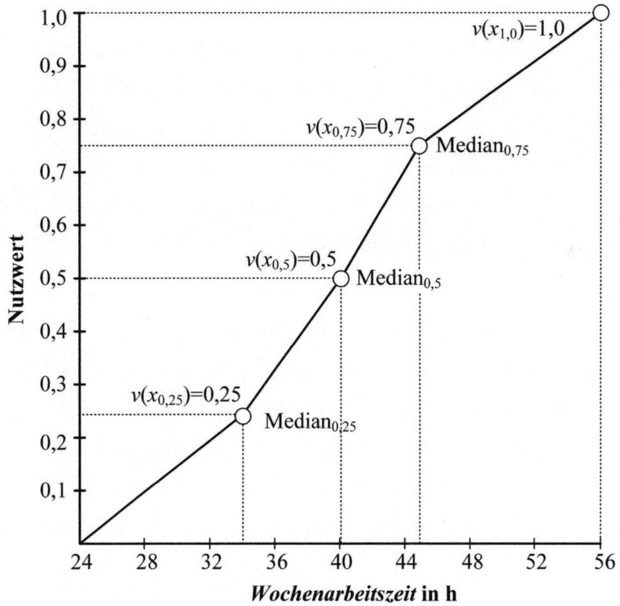

Abbildung 2-3: Medianverfahren in der MAUT.

[221] Vgl. Eisenführ und Weber (2003), S. 104.

[222] Vgl. Klein und Scholl (2004), S. 348.

[223] Vgl. Ibid., S. 349.

Die maximale (minimale) *Wochenarbeitszeit* eines Angestellten bewertet ein Unternehmen mit eins (null). Der Median der Bewertung in Höhe von $v_i = 0{,}5$ liegt bei $x_{0,5} = 40$ Stunden *Wochenarbeitszeit*. Der Median im oberen Nutzenintervall zwischen 40 und 56 Stunden *Wochenarbeitszeit* $v_i = 0{,}75$ liegt aus Sicht des Entscheidungsträgers bei $x_{0,5} = 45$ Stunden *Wochenarbeitszeit*. Den Median im unteren Nutzenintervall $v_i = 0{,}25$ verortet der Entscheidungsträger an der Stelle $x_{0,25} = 34$ Stunden *Wochenarbeitszeit*. Anschließend erfolgt eine Interpolation zwischen den ermittelten Punkten.[224]

Es ist möglich, den approximierten Nutzenverlauf auf Konsistenz hin zu überprüfen. Dazu ist die Erhebung eines Medians zwischen zwei Ausprägungen erforderlich, die nicht dem gleichen Intervall einer Mediansetzung einzuordnen sind. Die einfachste und wichtigste Möglichkeit ist die Frage nach der Ausprägung $x_{0,5}$ zwischen den Bewertungen $v(x_{0,25})$ und $v(x_{0,75})$. Diese muss in dem Beispiel bei 40 Stunden *Wochenarbeitszeit* liegen.

Die **Methode gleicher Wertdifferenzen** versucht, wie die Halbierungsmethode, identische Präferenzunterschiede implizierende Ausprägungsintervalle kontinuierlicher Ausprägungen zu eruieren.[225] Ausgangspunkt ist im Gegensatz zur Direct-Rating-Methode und der Halbierungsmethode nur die mit $v(x_{min}) = 0$ bewertete schlechteste Ausprägung.[226] Anschließend ist der Entscheidungsträger gefordert, Nutzenübergänge in einem äquidistant zerlegten Gesamtintervall zu bewerten.[227] Zur anschaulichen Darstellung dient wieder die *Wochenarbeitszeit* eines Angestellten aus Sicht eines Unternehmens.

Der Ausgangspunkt ist die geringste *Wochenarbeitszeit* in Höhe von $x_{min} = 24$ Stunden. Der Nutzenübergang zu einer *Wochenarbeitszeit* in Höhe von 32 Stunden normiert die Maßeinheit z. Der Entscheidungsträger ist danach gefragt, bei welcher *Wochenarbeitszeit* der Nutzenübergang genau so groß wie die Maßeinheit z ist. Dieses ist bei 37,5 Stunden *Wochenarbeitszeit* der Fall und wird mit z‘ bezeichnet. Diese Vorgehensweise ist bis zum Erreichen der maximalen Ausprägung x_{max} durchzuführen. An dieser Stelle liegt das z‘‘‘‘, das in diesem Beispiel genau fünfmal so groß wie die Maßeinheit z ist. Jeder Wertdifferenz wird daher ein

---

224 Vgl. Eisenführ und Weber (2003), S. 104 f. Nach KLEIN und SCHOLL besteht eine Möglichkeit darin, einen allgemeinen Funktionsverlauf, der in etwa zu den einzeln erhobenen Punkten passt, zu bestimmen und anschließend die Parameter so zu adjustieren, dass die Kurve die einzelnen Punkte möglichst gut repräsentiert. Eine weitere Möglichkeit bietet die stückweise lineare Interpolation. In Abhängigkeit der gewählten Methoden ergeben sich leicht unterschiedliche Verläufe. In der Praxis wird zumeist auf die Methode der stückweisen linearen Interpolation zurückgegriffen. Vgl. Klein und Scholl (2004), S. 346 ff.

225 Vgl. von Nitzsch (1992), S. 82.

226 Vgl. Klein und Scholl (2004), S. 350.

227 Vgl. von Nitzsch (1992), S. 84.

Nutzwert in Höhe von $\Delta v_i = 0{,}2$ zugewiesen und zwischen den fixen Punkten interpoliert.[228] Die resultierenden Werte sind in Abbildung 2-4 dargestellt.

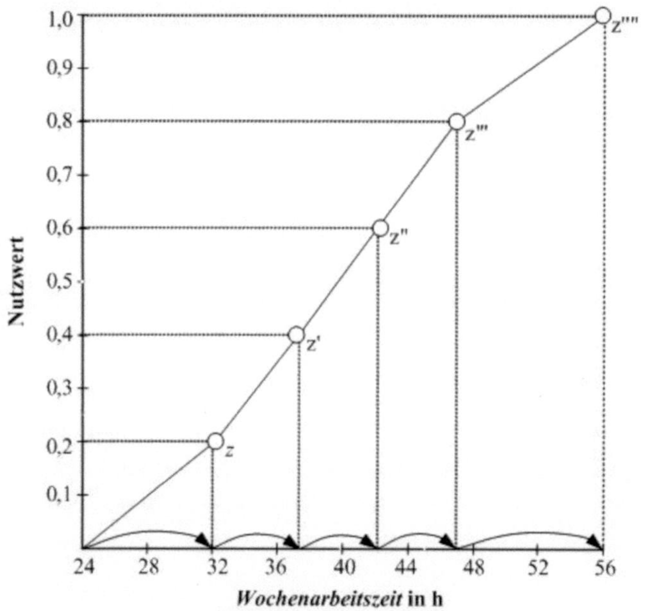

Abbildung 2-4: Methode gleicher Wertdifferenzen in der MAUT.

Durch die Wahl unterschiedlicher Maßeinheiten ist eine Konsistenzprüfung möglich. Wenn der Nutzenübergang von 24 auf 27 Stunden *Wochenarbeitszeit* die Maßeinheit z normiert, dann muss sich bis auf die auf die Interpolation zurückzuführenden geringfügigen Abweichungen der gleiche Verlauf ergeben.

Alle drei Verfahren erfordern eine Konsistenzüberprüfung.[229] Eine Möglichkeit dafür besteht darin, nach einer Untersuchung der widersprüchlichen Aussagen den Entscheidungsträger aufzufordern, seine Präferenzaussagen in einem interaktiven Prozess so zu variieren, dass die Inkonsistenz verschwindet. Wenn dieses nicht möglich ist, dann ist entweder das Entscheidungsmodell nicht-präferenzgerecht formuliert oder der Entscheidungsträger besitzt keine exakte, vollständige Präferenz.[230]

---

[228] Die geringfügigen Unterschiede im Vergleich zu der mit der Medianmethode erhobenen Wertfunktion in Abbildung 2-3 ergeben sich aus der Interpolation zwischen unterschiedlichen Punkten. Bei steigender Anzahl der explizit erhobenen Punkte nehmen diese Abweichungen ab.

[229] Vgl. Klein und Scholl (2004), S. 106; Eisenführ und Weber (2003), S. 104.

[230] Vgl. Eisenführ und Weber (2003), S. 110.

2.2.3.2.2 Artenpräferenz (Gewicht)

In der Praxis erachten die Entscheidungsträger äußerst selten alle Zieldimensionen als gleich wichtig. Daher ist eine explizite Berücksichtigung der Artenpräferenz erforderlich.[231] Nach der Erhebung der Höhenpräferenzen ist in mehrdimensionalen Zielsystemen die Artenpräferenz, d. h. die Gewichte w_i [*w* von Englisch *weight*] der Dimensionen X_i, zu bestimmen, um Höhenpräferenzen auf Basis unterschiedlicher Dimensionen durch eine entsprechende Skalierung vergleichbar zu machen.[232] Für die Ermittlung der Artenpräferenz existiert eine große Anzahl an Verfahren.[233] Es folgt eine kurze Darstellung der in der Literatur und Praxis am weitesten verbreiteten Verfahren. Dabei handelt es sich um das Trade-Off-Verfahren, die Swing-Methode und das Direct-Ratio-Verfahren. Darüber hinaus besteht noch die Möglichkeit die Artenpräferenz, wie gezeigt, mithilfe des AHP zu ermitteln.[234]

Einsatzvoraussetzung für **Trade-Off-Verfahren** sind messbare, [0,1]-bandbreitennormierte Einzelpräferenzfunktionen sämtlicher Dimensionen sowie die paarweise Kompensierbarkeit zwischen den Dimensionen.[235] Das Trade-Off-Verfahren basiert auf der Suche nach in zwei Dimensionen verschiedenen und vom Entscheidungsträger als gleichwertig erachteten Alternativen.[236] Die Bezeichnung Trade-Off oder relative Austauschrate resultiert aus den Zielkonflikten bei der Fragestellung, inwieweit die Verbesserung in der einen Dimension eine Verschlechterung in der anderen Dimension kompensiert.[237] Der Entscheidungsträger ist zumeist nicht zur Angabe dieses Trade-Offs in der Lage.[238] Eine indirekte Erhebung des Trade-Offs kann mithilfe eines iterativen Prozesses erfolgen.[239] Dazu betrachtet der Entscheidungsträger beispielsweise zwei Alternativen, die sich in zwei von fünf Dimensionen unterscheiden.[240] Während eine Alternative in allen fünf Dimensionen definiert ist, liegen bei der anderen Alternative nur Informationen hinsichtlich von vier Dimensionen vor.[241] Die fehlende Ausprägung der fünften Dimension muss der Entscheidungsträger variieren bis Indifferenz

231 Vgl. von Winterfeldt und Edwards (1986), S. 289.

232 Vgl. Klein und Scholl (2004), S. 351.

233 Vgl. Eisenführ und Weber (2003), S. 124.

234 Vgl. Abschnitt 2.2.2 und insbesondere Tabelle 2-1.

235 Vgl. Klein und Scholl (2004), S. 351.

236 Vgl. von Nitzsch (1992), S. 96.

237 Vgl. Bamberg und Coenenberg (2006), S. 62. Lillich (1992), S. 5 spricht in diesem Zusammenhang von Substitutionsraten und orientiert sich dabei eng an KEENEY und RAIFFA, die von „substitution rate" sprechen. Vgl. Keeney und Raiffa (1976), S. 85 f.

238 Vgl. von Nitzsch (1992), S. 96.

239 Vgl. Ibid., S. 96.

240 Vgl. Klein und Scholl (2004), S. 331.

241 Vgl. Ibid., S. 331.

zwischen den Alternativen vorliegt.[242] Auf Basis solcher Paarvergleiche kann mithilfe linearer Gleichungssysteme die Berechnung der Gewichte als relative Austauschraten zwischen den Dimensionen erfolgen.[243]

Im Gegensatz zu den Trade-Off-Verfahren ist bei der **Swing-Methode** nicht die Kenntnis der Einzelnutzenfunktionen vorausgesetzt.[244] Die Swing-Methode basiert auf hypothetischen Alternativen.[245] Ausgangspunkt ist die theoretisch schlechteste Alternative.[246] Der Entscheidungsträger muss bei Konstanthaltung der anderen Dimensionen die Dimension auf den Maximalwert erhöhen, die ihm den größten Nutzenzuwachs generiert.[247] Dieser Vorgang ist sukzessive für die Dimensionen mit dem nächstgeringeren Nutzenzuwachs durchzuführen. Es ergeben sich fallende Gewichte. Insgesamt resultiert eine Reihenfolge der Dimensionen hinsichtlich der Größe ihres Gewichts.[248] Eine präferenzgerechte Quantifizierung der Wertunterschiede der Gewichte erfolgt dann nach der Direct-Rating-Methode, die auch für Höhenpräferenzen verwendet wird.[249]

Im **Direct-Ratio-Verfahren** artikulieren die Entscheidungsträger Verhältnisangaben hinsichtlich der Wichtigkeit eines Ziels gegenüber einem anderen Ziel.[250] Die Berechnung der Gewichte erfolgt bei *n* Zieldimensionen aus (*n*-1) Verhältnisangaben.[251] Das in der Praxis weitverbreitete Direct-Ratio-Verfahren stößt in der Theorie allerdings aufgrund der hohen Unzuverlässigkeit kaum auf Akzeptanz.[252] Der Entscheidungsträger ist jedoch nicht bei allen praktischen Anwendungen in der Lage, exakte Angaben hinsichtlich reell wertiger Teilnutzenwerte oder Austauschraten zu machen. In solchen Fällen können Fuzzy-Größen eingesetzt werden.[253]

---

242 Vgl. Ibid., S. 331.

243 Vgl. Ibid., S. 331.

244 Vgl. Eisenführ und Weber (2003), S. 129.

245 Vgl. Klein und Scholl (2004), S. 355.

246 Vgl. Eisenführ und Weber (2003), S. 129.

247 Vgl. Ibid., S. 129.

248 Vgl. Klein und Scholl (2004), S. 355; Eisenführ und Weber (2003), S. 129.

249 Vgl. von Nitzsch (1992), S. 102; Eisenführ und Weber (2003), S. 129.

250 Vgl. von Nitzsch (1992), S. 94.

251 Vgl. Ibid., S. 94.

252 Vgl. Shoemaker und Waid (1982), S. 184; Eisenführ und Weber (2003), S. 130.

253 Vgl. Rommelfanger (1988), S. 1 ff. sowie Rommelfanger und Eickemeier (2002), S. 151 und S. 163. Bei ADAM findet sich eine prägnante Einführung in die Fuzzy-Logik. Vgl. Adam (1996), S. 421 ff. ÖZTÜRK und VINCKE stellen eine Fuzzy-Notation vor. Vgl. Öztürk et al. (2005), S. 35. GRABISCH und LABREUCHE thematisieren Fuzzy-Maße und Intergrale in der MAUT. Vgl. Grabisch und Labreuche (2005), S. 563 ff.

2.2.3.3 Präferenzaggregation

Die Höhen- und Artenpräferenzen werden zum Präferenzfunktional N_j aggregiert.[254] Die MAUT diskutiert für die Aggregation der Einzelpräferenzfunktionen das weitverbreitete additive, das multiplikative und das multilineare Aggregationsmodell.[255] Die folgenden Ausführungen beschränken sich auf die im Rahmen der vorliegenden Arbeit relevanten messbaren Einzelpräferenzfunktionen. Bei messbaren Einzelpräferenzfunktionen ist das additive Aggregationsmodell ein Spezialfall des multiplikativen Aggregationsmodells und dieses wiederum ein Spezialfall des multilinearen Aggregationsmodells.[256] Nachfolgend sind die unterschiedlichen Aggregationsmodelle nach KEENEY und RAIFFA dargestellt.[257]

Am weitesten verbreitet ist die additive Aggregation der Einzelpräferenzfunktionen in präferenzunabhängigen, n-dimensionalen Zielsystemen.[258] Das Präferenzfunktional N_j der Alternative j ergibt sich als die Summe der Produkte der Werte $v_{i,j}$ und den auf $\sum_{i=1}^{n} w_i = 1$ normierten Gewichten w_i:[259]

$$N_j = \sum_{i=1}^{n} w_i v_{i,j}. \qquad \textbf{(2-6)}$$

Die Darstellung des multiplikativen Aggregationsmodells erfordert den Einsatz eines **globalen Interaktionskoeffizienten** I, der ein Maß für die Wirkung einer Interaktion[260] darstellt.[261] Der Zusatz „global" soll dabei verdeutlichen, dass dieser Interaktionskoeffizient zwischen allen Dimensionen gleichermaßen gilt. Für $w_i > 0$ $(1 \leq i \leq n)$ sowie $\sum_{i=1}^{n} w_i = 1$ und ein $I > -1$ mit $I \neq 0$ berechnet sich das Präferenzfunktional N_j der Alternative j wie folgt:

---

[254] Vgl. Adam (1996), S. 8; Beyer (2006), S. 292 sowie die Synonyme für Präferenzaggregation in Fußnote 137.

[255] Vgl. von Nitzsch (1992), S. 47.

[256] Vgl. Ossadnik (1998), S. 19; von Nitzsch (1992), S. 49.

[257] Vgl. Keeney und Raiffa (1976), S. 288 ff. VON NITZSCH bietet eine prägnante Darstellung der Aggregationsmodelle. Vgl. von Nitzsch (1992), S. 47 ff. Die Notation der Modelle ist der in der vorliegenden Arbeit verwendeten Notation angepasst.

[258] Vgl. Goodwin und Wright (2004), S. 43; Belton (1986), S. 9. Nach KLEIN und SCHOLL haben multiplikative Verknüpfungen nur „eine geringe praktische Bedeutung, da es zumeist gelingt, die Artenpräferenz durch die intuitive additive Verknüpfung genau genug abzubilden. Klein und Scholl (2004), S. 103.

[259] Vgl. Gleichung (2.2) in Abschnitt 2.2.1. Formal sind die additive Präferenzaggregation in der Nutzwertanalyse und das additive Aggregationsmodell der MAUT identisch. Die Unterschiede liegen in der Erhebung der Präferenzen und der Interpretation der Ergebnisse.

[260] In Abschnitt 2.3 finden sich mehrere, ausführlich dargestellte Beispiele für Interaktionen in einer Präferenzstruktur.

[261] VON WINTERFELD und EDWARDS sprechen von „interactive parameter". Vgl. von Winterfeldt und Edwards (1986), S. 292.

$$N_j = \frac{\prod_{i=1}^{n}\left(1 + I w_i v_{i,j}\right) - 1}{I}. \tag{2-7}$$

Dabei ist die Bedingung $I > -1$ mit der Forderung nach strenger Monotonie des Präferenzfunktionals N_j hinsichtlich der Einzelpräferenzfunktion v_i gleichzusetzen.[262] Für eine bessere Interpretation des multiplikativen Aggregationsmodells kann das Produkt in Formel (2-7) aufgelöst werden. Es ergibt sich für globale Interaktionskoeffizienten $I > -1$ folgende explizite Darstellung des multiplikativen Aggregationsmodells:

$$\begin{aligned} N_j = &\sum_{i=1}^{n} w_i v_{i,j} + \\ &I \cdot \sum_{i_1=1}^{n} \sum_{i_2=i_1+1}^{n} w_{i_1} v_{i_1,j} w_{i_2} v_{i_2,j} + \\ &I^2 \cdot \sum_{i_1=1}^{n} \sum_{i_2=i_1+1}^{n} \sum_{i_3=i_2+1}^{n} w_{i_1} v_{i_1,j} w_{i_2} v_{i_2,j} w_{i_3} v_{i_3,j} + \\ &\ldots \\ &I^{n-1} \prod_{k=1}^{n} w_{i_k} v_{i_k,j}. \end{aligned} \tag{2-8}$$

In dieser Schreibweise sind konkrete Interpretationen einzelner Nutzenbestandteile des multiplikativen Aggregationsmodells möglich. Der erste Term ist identisch mit dem additiven Aggregationsmodell. Der zweite Term beschreibt die Interaktionen zwischen je zwei Dimensionen, der dritte Term Interaktionen zwischen je drei Dimensionen und schließlich der n-te Term Interaktionen zwischen allen n Dimensionen.[263] Für einen globalen Interaktionskoeffizienten in Höhe von $I = 0$ ergibt sich das additive Aggregationsmodell als ein Sonderfall des multiplikativen Aggregationsmodells.[264] Die Einzelpräferenzfunktion v_i und die Gewichte w_i werden wie im additiven Aggregationsmodell erhoben.[265] Die relative Gewichtung der Interaktionsterme ist nicht zusätzlich zu erheben, sondern resultiert automatisch aufgrund der multiplikativen Verknüpfung der Gewichte w_i.[266] Um die Normierung der

[262] Vgl. von Nitzsch (1992), S. 48.

[263] Vgl. von Winterfeldt und Edwards (1986), S. 291.

[264] Vgl. Keeney (1974), S. 31 f.; von Nitzsch (1992), S. 49.

[265] Vgl. von Winterfeldt und Edwards (1986), S. 292.

[266] Vgl. Ibid., S. 292. Für Gewichte $w_1 = 0{,}2$, $w_2 = 0{,}3$ und $w_3 = 0{,}5$ ergeben sich beispielsweise die unterschiedlichen Gewichte $w_{1,2} = 0{,}06$, $w_{2,3} = 0{,}15$ und $w_{1,3} = 0{,}1$. Diese werden mit dem globalen Interaktionskoeffizienten I pauschal gewichtet. Eine kritische Analyse der pauschalen Gewichtung findet sich in Abschnitt 4.1.2.1.2.

Einzelpräferenzfunktionen v_i sowie des Präferenzfunktionals N_j auf den Wertebereich von null bis eins zu gewährleisten, muss für den angegebenen globalen Interaktionskoeffizienten I gelten:

$$1+I=\prod_{i=1}^{n}(1+Iw_i). \tag{2-9}$$

Nach KEENEY wird der globale Interaktionskoeffizient I nicht durch Befragung des Entscheidungsträgers ermittelt, sondern berechnet. Der globale Interaktionskoeffizient I ist abhängig von den Gewichten w_i und weist genau den Wert auf, bei dem sich die linke und die rechte Seite der Gleichung entsprechen.[267]

Das multiplikative Aggregationsmodell ist wiederum ein Spezialfall des multilinearen Aggregationsmodells.[268] Der globale Interaktionskoeffizient I gilt im multiplikativen Aggregationsmodell für alle Interaktionen. Dahingegen berücksichtigt das multilineare Aggregationsmodell für jede Interaktion einen **spezifischen Interaktionskoeffizienten**, beispielsweise für die Interaktion zwischen den Dimensionen X_1 und X_2 den mit Indizes gekennzeichneten spezifischen Interaktionskoeffizienten $I_{1,2}$.[269] In dieser Arbeit haben die spezifischen Interaktionskoeffizienten eine erheblich höhere Relevanz. Daher werden diese im weiteren Verlauf der Arbeit aus Gründen der Vereinfachung als Interaktionskoeffizienten ohne einen Zusatz bezeichnet und es wird nur im Rahmen einer direkten Gegenüberstellung zwischen globalen und spezifischen Interaktionskoeffizienten explizit unterschieden.

Das Präferenzfunktional N_j der Alternative j ist durch folgenden Ausdruck gegeben:

$$N_j=\sum_{i=1}^{n}w_i v_{i,j}+\sum_{i_1=1}^{n}\sum_{i_2=i_1+1}^{n}I_{i_1,i_2}w_{i_1}v_{i_1,j}w_{i_2}v_{i_2,j}+\sum_{i_1=1}^{n}\sum_{i_2=i_1+1}^{n}\sum_{i_3=i_2+1}^{n}I_{i_1,i_2,i_3}w_{i_1}v_{i_1,j}w_{i_2}v_{i_2,j}w_{i_3}v_{i_3,j}+\ldots+ I_{i_1,\ldots,i_n}\prod_{k=1}^{n}w_{i_k}v_{i_k,j}. \tag{2-10}$$

Wobei das Präferenzfunktional N_j hinsichtlich aller Einzelpräferenzfunktionen v_i $(1\leq i\leq n)$ streng monoton ist. Für eine Normierung des Präferenzfunktionals wird darüber hinaus gefordert, dass

[267] Vgl. Keeney (1974), S. 26 f.

[268] In zweidimensionalen Zielsystemen treffen das multiplikative und das multilineare Aggregationsmodell die gleichen Aussagen, da nur ein Interaktionskoeffizient existiert, sodass $I=I_{1,2}$ gilt.

[269] Vgl. von Winterfeldt und Edwards (1986), S. 307.

$$N_j = \sum_{i=1}^{n} w_i + \sum_{i_1=1}^{n} \sum_{i_2=i_1+1}^{n} I_{i_1,i_2} w_{i_1} w_{i_2} + \sum_{i_1=1}^{n} \sum_{i_2=i_1+1}^{n} \sum_{i_3=i_2+1}^{n} I_{i_1,i_2,i_3} w_{i_1} w_{i_2} w_{i_3} + \ldots + I_{i_1,\ldots,i_n} \prod_{k=1}^{n} w_{i_k}. \quad \text{(2-11)}$$

Der Aufwand der Präferenzerhebung ist im multilinearen Aggregationsmodell sehr hoch. In einem zehndimensionalen Zielsystem sind beispielsweise 1.022 Interaktionskoeffizienten zu erheben.[270]

Das von VON NITZSCH eingeführte bilineare Aggregationsmodell setzt an diesem Kritikpunkt an und berücksichtigt nur die Einzelpräferenzfunktionen und die Interaktionen zwischen zwei Dimensionen. Das Präferenzfunktional N_j der Alternative j berechnet sich wie folgt:[271]

$$N_j = \sum_{i_1=1}^{n} \left[w_{i_1} v_{i_1} + \sum_{i_2=i_1+1}^{n} w_{i_1,i_2} v_{i_1} v_{i_2} \right]. \quad \text{(2-12)}$$

Die drei vorgestellten Aggregationsmodelle nach KEENEY und RAIFFA unterscheiden sich zwar hinsichtlich der Anzahl und Gewichtung der berücksichtigten Terme. Dennoch basieren sie alle auf einem **additiven Grundansatz der Präferenzaggregation.** Für das additive Aggregationsmodell ist das offenkundig. Beim multiplikativen und im mulitilinearen Aggregationsmodell muss jeweils deren explizite Darstellung betrachtet werden, um den additiven Grundansatz zu erkennen. Dieser wird zunächst dadurch verdeckt, weil hier teilweise Höhenpräferenzen auch multipliziert werden. Im Hauptteil dieser Arbeit wird ein Modell vorgestellt, das sich von den Aggregationsmodellen nach KEENEY und RAIFFA wesentlich unterscheidet, weil es nicht auf einem additiven sondern auf einem **multiplikativen Grundansatz der Präferenzaggregation** beruht.

Aufgrund der hohen Verbreitung und Anschaulichkeit nimmt das additive Aggregationsmodell einen besonderen Stellenwert in der Argumentation der vorliegenden Arbeit ein. Im folgenden Abschnitt dient es als Bezugsrahmen, um Präferenzaussagen im Hinblick auf Interaktionen anschaulich darzustellen und ihre Wirkung plausibel zu quantifizieren. In diesem Bezugsrahmen können die Eigenschaften von Interaktionen theoriegeleitet herausgearbeitet und Anforderungen an eine Modellierung von Interaktionen abgeleitet werden. Das additive Aggregationsmodell dient als zentraler Ausgangspunkt in Abschnitt 4.1, in dem untersucht wird, inwieweit sich Aggregationsmodelle nach KEENEY und RAIFFA zur Modellierung von Interaktionen eignen. Mithilfe von pausiblen Ergänzungen wird das additive Aggregations-

[270] Vgl. Ibid., S. 306.

[271] Vgl. von Nitzsch (1992), S. 168 ff.

modell dabei schrittweise so modifiziert, dass sich daraus das multiplikative und weiterhin das multilineare Aggregationsmodell als logische Erweiterungen ergeben. Schließlich wird auch in der Analyse der Modelleigenschaften in Abschnitt 4.2 auf das additive Aggregationsmodell als Vertreter der Aggregationsmodelle nach KEENEY und RAIFFA aufgrund des Bekanntheitsgrades und der Anschaulichkeit zurückgegriffen.

2.3 Interaktionen

Die Problemstellung dieser Arbeit besteht in der Modellierung von Interaktionen. Bisher wurde immer abstrakt vom Vorliegen von Interaktionen gesprochen, wobei die Bewertung einer Dimension von der Bewertung einer anderen Dimension tangiert wird. Für ein besseres Verständnis des Vorliegens einer Interaktion dient zunächst das bekannte Gourmet-Beispiel von BAMBERG und COENENBERG. Da nicht nur die Existenz einer Interaktion, sondern auch deren Höhe bzw. deren Auswirkung auf die Bewertung einer Alternative von Interesse ist, wird im Anschluss daran ein Beispiel zur Personalauswahl eines Unternehmens von VON NITZSCH vorgestellt. An diesem Beispiel zeigt sich auch das in der Literatur vorherrschende pauschale Verständnis einer komplementären Interaktion. Demzufolge existiert ausschließlich eine verstärkende Wirkung. Um die Präferenzen des Unternehmens in dem Beispiel vollständig abzubilden, bedarf es allerdings eines differenzierteren Verständnisses einer Interaktion, das neben einer verstärkenden auch eine abschwächende Wirkung berücksichtigt. Auf Basis dessen werden anschließend Anforderungen für eine Modellierung von komplementären Interaktionen abgeleitet. Abschließend werden Möglichkeiten der Vermeidung von Interaktionen in einem Zielsystem eruiert.

2.3.1 Gourmet-Beispiel

Wenn die Prämisse der Präferenzunabhängigkeit nicht erfüllt ist und präferenzbezogene Abhängigkeiten existieren, dann beeinflusst die Ausprägung einer Dimension die Bewertung der Ausprägung einer anderen Dimension. Es liegen eine Interaktion oder mehrere Interaktionen im Zielsystem vor.[272] Andere Abhängigkeiten zwischen den bewerteten Ausprägungen zweier Dimensionen, wie etwa das Vorliegen einer Korrelation, sind nicht unter dem Begriff Interaktion zu subsumieren.[273] Folgendes Beispiel dient in Anlehnung an BAMBERG

[272] Vgl. Ibid., S. 3.

[273] Vgl. Ibid., S. 3 sowie S. 67. Korrelationen zwischen Dimensionen führen zu nicht gleichmäßig verteilten Alternativen im Alternativenraum. Die in dieser Arbeit im Mittelpunkt stehende Bewertung bereits vollständig formulierter Alternativen wird durch Korrelationen nicht tangiert.

und COENENBERG der Verdeutlichung einer Interaktion in einem ordinal skalierten Zielsystem.[274]

Bei der Zusammenstellung einer Mahlzeit stehen *Rot-* oder *Weißwein* sowie *Rindfleisch* oder *Fisch* zur Auswahl. Im Falle einer eindeutigen Präferenz von *Rotwein* gegenüber *Weißwein* zieht beispielsweise ein Weinliebhaber unabhängig von der dazu gereichten Speise *Rotwein* dem *Weißwein* vor.

(***Rotwein***, *Fisch*) > (*Weißwein*, *Fisch*)

(***Rotwein***, *Rindfleisch*) > (*Weißwein*, *Rindfleisch*)

Es liegen keine Interaktionen in den Präferenzen eines Weinliebhabers vor. Im Gegensatz dazu zeichnet sich ein Gourmet durch ein präferenzabhängiges Zielsystem aus, in dem Interaktionen vorliegen. Ein Gourmet zieht nach den klassischen Anstandsregeln eine Weinsorte nicht grundsätzlich, sondern in Abhängigkeit der dazu gereichten Speise, vor. Zu einem *Fisch* präferiert der Gourmet *Weißwein* gegenüber *Rotwein* und zu einem *Rindfleisch Rotwein* gegenüber *Weißwein.*

(*Rotwein*, *Fisch*) < (***Weißwein***, *Fisch*)

(***Rotwein***, *Rindfleisch*) > (*Weißwein*, *Rindfleisch*)

Der Gourmet erfährt aus beiden Weinsorten und beiden Speisen jeweils einen Nutzen. Die Änderung des Gesamtnutzens wird als *proportional* zur Änderung der Ausprägung einer Dimension bezeichnet, wenn der Gesamtnutzen eine lineare Funktion der Ausprägung dieser Dimension ist. Die Beachtung von Interaktionen führt dazu, dass der Gesamtnutzen auch nicht linear von der Änderung einer Ausprägung abhängen kann. Im Folgenden wird ein Nutzen als *überproportional* bezeichnet, wenn er stärker als proportional mit zunehmender Ausprägung anwächst. Das Gegenteil wird mit *unterproportional* bezeichnet. In den präferierten Kombinationen und einem gemeinsamen Konsum von Getränk und Speise erzielt der Gourmet einen überproportionalen Nutzen.

Ein isolierter Vergleich der Weinsorten ist nicht möglich, da der resultierende Nutzen kontextabhängig ist. Der Gesamtnutzen dieser Kombinationen ist demnach höher einzuschätzen als die Summe der Teilnutzen des Getränks und der Speise. Währenddessen sind bei den nicht-präferierten Kombinationen keinerlei Interaktionen und kein überproportionaler Nutzen zu konstatieren. An dieser Stelle wird aus Vereinfachungsgründen von unterproportionalem

[274] Vgl. Bamberg und Coenenberg (2006), S. 49 ff.

Nutzen aufgrund besonders schlechter Kombinationen von Speise und Getränk abgesehen. Zur systematischen Darstellung der möglichen Kombinationen dient die Fallunterscheidung in Abbildung 2-5.

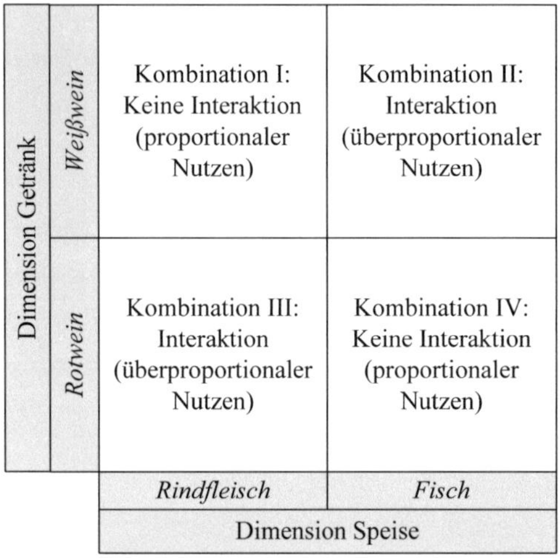

Abbildung 2-5: Interaktionen des Gourmets.

Das Präferenzsystem des Gourmets beinhaltet in zwei von vier Fällen einen überproportionalen Nutzen. Für eine explizite Modellierung von Interaktionen ist dieses von entscheidender Bedeutung. Interaktionen sind nicht pauschal für das gesamte Zielsystem zu modellieren, sondern nur in den Bereichen, in denen sie tatsächlich auftreten. In der Literatur erfolgen jedoch nur eine pauschale Betrachtung eines präferenzabhängigen Zielsystems und keine Fallunterscheidung. Die Fallunterscheidung erlaubt differenziertere Aussagen über das Zielsystem, wie beispielsweise eine Identifikation von Bereichen im Zielsystem, in denen Interaktionen vorliegen.

Das Gourmet-Beispiel ist ordinal skaliert und verfügt jeweils nur über zwei Klassen. Die Ausprägung „halb *Fisch* halb *Fleisch*" existiert nicht. In den einzelnen Kombinationen liegt entweder eine Interaktion vor oder nicht. Aussagen hinsichtlich des relativen sowie absoluten Ausmaßes der Interaktion werden nicht getroffen. In der Praxis treten allerdings weitaus häufiger Zielsysteme mit einer deutlich höheren Anzahl an Klassen oder sogar kontinuierlichen Ausprägungen auf, beispielsweise bei in Geld- oder Zeiteinheiten operationalisierten Dimensionen. Eine binäre Feststellung, ob eine Interaktion vorliegt, ist in solchen Zielsystemen nicht ausreichend. Daher ist es erforderlich, auch Aussagen hinsichtlich des relativen sowie absoluten Ausmaßes einer Interaktion zu treffen.

2.3.2 Komplementäre Interaktionen mit kontinuierlichen Ausprägungen

Komplementäre Interaktionen zeichnen sich dem herrschenden Verständnis nach durch Synergieeffekte[275] bei dem Zusammentreffen relativ gut bewerteter Ausprägungen aus.[276] Neben komplementären gibt es substitutionale[277] Interaktionen, die einen unterproportionalen Nutzen implizieren.[278] Substitutionale Interaktionen haben allerdings in Theorie und Praxis einen weit geringeren Stellenwert und finden daher in der vorliegenden Arbeit keine weitere Berücksichtigung.[279] In der Einleitung dieser Arbeit sind bereits drei Beispiele für eine komplementäre Interaktion gegeben worden. Dabei handelt es sich um die Beurteilung eines Gartens, eines Managers und eines Prozesses. Für eine Darstellung der Eigenschaften komplementärer Interaktionen eignet sich insbesondere die Beurteilung eines Managers, da VON NITZSCH in diesem Beispiel intuitiv schlüssige Eigenschaften der Präferenzstruktur des Entscheidungsträgers mithilfe von Präferenzaussagen explizit konkretisiert und damit eine besonders anschauliche Argumentation ermöglicht.[280]

2.3.2.1 Präferenzstruktur

Für ein Unternehmen sind bei der Einstellung eines Managers ausschließlich die zwei Eigenschaften *fachliche Fähigkeiten* (X_1) und *Führungseigenschaften* (X_2) entscheidungsrelevant. Das Unternehmen misst beiden Eigenschaften den gleichen Stellenwert bei. Die Ausprägungen der Eigenschaften x_i sind für die Argumentation nicht relevant, sondern die bewerteten operationalisierten Ausprägungen $v(x_i)$. Diese reichen von $v_{i,\min} = 0$, für die am schlechtesten bewertete Ausprägung, bis $v_{i,\max} = 1$, für die am besten bewertete Ausprägung. Das Unterneh-

[275] ADAM gibt ein sehr anschauliches Beispiel für Synergieeffekte im Zusammenhang mit der Prämienlohngestaltung. Die Prämie für den Arbeiter entspricht dem Produkt der Ausbringungsmenge und dem Prozentsatz der fehlerfreien Ausbringung. Wenn sowohl die Ausbringungsmenge als auch die Qualität in Form einer Reduktion hoch sind, ergeben sich Synergieeffekte. Eine Steigerung der Qualität der Fehlerquote auf null ist nur möglich unter Inkaufnahme eines Rückgangs der Ausbringung. Der Arbeiter muss daher eine gute, lohnmaximierende Kombination von Qualität und Arbeitstempo anstreben. Vgl. Adam (1996), S. 5.

[276] Vgl. von Nitzsch (1992), S. 64.

[277] EISENFÜHR und WEBER sprechen synonym von substitutiven Interaktionen. Vgl. Eisenführ und Weber (2003), S. 276.

[278] Bei substitutionalen Interaktionen macht die Erfüllung eines Ziels die Erfüllung eines anderen Ziels unbedeutender. Ein deutsches Unternehmen möchte beispielsweise einen Bewerber je nach Fähigkeit entweder im englischsprachigen oder französischsprachigen Ausland einsetzen. Die entscheidungsrelevanten Kriterien sind die Französisch- und Englischkenntnisse der Bewerber. Wenn ein Bewerber neben der einen die andere Sprache auch noch beherrscht, führt dieses nicht zu einem proportionalen, sondern eindeutig unterproportionalen Nutzenzuwachs. Vgl. von Nitzsch (1992), S. 65.

[279] Ein Indiz hierfür ist die mangelnde, konzeptionelle Eignung der MAUT zur Abbildung der substitutionalen Interaktionen.

[280] Vgl. von Nitzsch (1992), S. 64 f.

men zeichnet sich in seiner Präferenz gegenüber Bewerbern durch zwei Phänomene aus. Bei guten Bewerbern legt das Unternehmen Wert auf die Kombination gut bewerteter Eigenschaftsausprägungen und schätzt damit Generalisten in besonders hohem Maße. Bei schlechten Bewerbern hingegen zieht das Unternehmen Spezialisten vor, die zumindest in einer Eigenschaft überzeugen. Die Präferenzstruktur des Unternehmens lässt sich zusätzlich anhand folgender vier Präferenzaussagen PA_1 bis PA_4 beschreiben:[281]

PA_1: Umso besser die *fachlichen Fähigkeiten*, umso wichtiger sind die *Führungseigenschaften.*

PA_2: Umso schlechter die *fachlichen Fähigkeiten*, umso unwichtiger sind die *Führungseigenschaften.*

PA_3: Umso besser die *Führungseigenschaften*, umso wichtiger sind die *fachlichen Fähigkeiten.*

PA_4: Umso schlechter die *Führungseigenschaften*, umso unwichtiger sind die *fachlichen Fähigkeiten.*

Die Präferenzaussagen PA_1 und PA_2 beschreiben die Wirkung der *fachlichen Fähigkeiten* auf die Wichtigkeit der *Führungseigenschaften* und die Präferenzaussagen PA_3 und PA_4 die Wirkung der *Führungseigenschaften* auf die Wichtigkeit der *fachlichen Fähigkeiten.*

Im Gegensatz zu dieser Präferenzstruktur nach VON NITZSCH ist es in der Literatur üblich, nur auf die erhöhte Präferenz des Unternehmens von Generalisten abzustellen. Das Phänomen der Bevorzugung von Spezialisten bei schlechten Bewerbern wird dabei, trotz betriebswirtschaftlicher Relevanz, nicht berücksichtigt. In Abschnitt 2.3.2.4 werden dafür weitere Beispiele in einem dreidimensionalen Zielsystem erläutert, die auch an dieser Stelle herangezogen werden könnten. Um die Besonderheit dieser Präferenzstruktur klar herausstellen zu können, werden zunächst überdurchschnittliche und anschließend unterdurchschnittliche Bewerber betrachtet.

2.3.2.1.1 Bewertung überdurchschnittlicher Bewerber

Dem Unternehmen stehen die vier Bewerber A, B, C und D zur Wahl. Bewerber A ist ein Spezialist und zeichnet sich durch hervorragende *fachliche Fähigkeiten*, jedoch relativ schlechte *Führungseigenschaften* aus. Auf einer Skala von null bis eins misst der Entscheidungsträger den hervorragenden *fachlichen Fähigkeiten* den Wert $v_{1,A} = 1$ und den relativ

[281] Vgl. Ibid., S. 64. Die Präferenzaussagen von VON NITZSCH sind sprachlich korrigiert und der Textgestaltung der vorliegenden Arbeit angepasst.

schlechten *Führungseigenschaften* den Wert $v_{2,A} = 0{,}2$ bei.[282] Bewerber B ist ebenfalls ein Spezialist, verfügt jedoch über hervorragend bewertete *Führungseigenschaften* in Höhe von $v_{2,B} = 1$ sowie nur relativ schlecht bewertete *fachliche Fähigkeiten* in Höhe von $v_{1,B} = 0{,}2$. Die Generalisten Bewerber C und D weisen jeweils ein in gleicher Weise leicht überdurchschnittliches Leistungspotenzial auf, wobei Bewerber C Bewerber D dominiert. Bewerber C zeichnet sich durch eine Bewertung in beiden Dimensionen von $v_{1,C} = v_{2,C} = 0{,}6$ und Bewerber D von $v_{1,D} = v_{2,D} = 0{,}56$ aus.[283]

Ohne einen Bezugsrahmen ist eine differenzierte Betrachtung dieses Beispiels nicht möglich. Um die Bewerber vergleichen zu können, sind daher die vom Entscheidungsträger bewerteten Ausprägungen mithilfe eines Aggregationsmodells als Nutzwert zu formulieren. Das additive Aggregationsmodell ist das einfachste und am weitesten verbreitete Aggregationsmodell in der MAUT.[284] Daher legt die folgende Argumentation das in Gleichung (2-6) eingeführte, additive Aggregationsmodell zugrunde:

$$N_j = \sum_{i=1}^{n} N_{i,j} = \sum_{i=1}^{n} w_i v(x_{i,j}) = \sum_{i=1}^{n} w_i v_{i,j}. \qquad \textbf{(2-13)}$$

Der Nutzwert N_j ist definiert als die Summe der Teilnutzen aller Dimensionen der Alternative j. Der Teilnutzen $N_{i,j}$ der i-ten Dimension ergibt sich als die mit w_i gewichtete, bewertete Ausprägung $v_{i,j}$. In einem zweidimensionalen Zielsystem mit den Dimensionen X_1 und X_2 berechnet sich der Nutzwert N_j wie folgt:

$$N_j = w_1 v\left(x_{1,j}\right) + w_2 v\left(x_{2,j}\right) = w_1 v_{1,j} + w_2 v_{2,j}. \qquad \textbf{(2-14)}$$

Der Nutzwert der Alternative j berechnet sich als Summe der mit w_1 und w_2 gewichteten, bewerteten Ausprägungen $v_{1,j}$ und $v_{2,j}$. In diesem Beispiel sind beide Eigenschaften gleich

---

282 Die folgenden Ausführungen setzen die Bewertung der Ausprägungen der Dimensionen seitens des Entscheidungsträgers voraus. Abschnitt 2.2.3.2 gibt einen Überblick hinsichtlich der Möglichkeiten zur Erhebung solcher Bewertungen (Höhenpräferenzen).

283 Die relative Lage der Bewerber entspricht der aus dem Beispiel von VON NITZSCH. Die bewerteten Ausprägungen der Dimensionen sind in dem hier dargestellten Beispiel jeweils höher als bei VON NITZSCH. Der Grund dafür liegt in der Formulierung der erhöhten Präferenz bei der Kombination guter Eigenschaften. Bei VON NITZSCH zeichnet sich Bewerber D in beiden Dimensionen durch bewertete Ausprägungen in Höhe von ca. $v_{1,D} = v_{2,D} = 0{,}34$ aus. Diese Werte sind auf einer Skala von null bis eins nicht als gut oder überdurchschnittlich zu bezeichnen. Die durchschnittliche Bewertung ist mathematisch als das arithmetische Mittel in Höhe von $v_i = 0{,}5$ gekennzeichnet. Insofern handelt es sich bei VON NITZSCH nicht um eine Kombination guter Eigenschaften. Im Folgenden werden bewertete Ausprägungen $v_i > 0{,}5$ als überdurchschnittlich und analog dazu $v_i < 0{,}5$ als unterdurchschnittlich definiert.

284 Vgl. von Nitzsch (1992), S. 3 f.

wichtig.[285] In einem zweidimensionalen additiven Aggregationsmodell betragen die Gewichte daher $w_1 = w_2 = 0{,}5$. Die folgenden Überlegungen haben allerdings unabhängig von der Höhe der Gewichte Gültigkeit.

Für die Bewerber A, B und C ergeben sich die Nutzwerte in Höhe von $N_A = 0{,}6$ $(= 0{,}5 \times 1 + 0{,}5 \times 0{,}2)$, $N_B = 0{,}6$ $(= 0{,}5 \times 0{,}2 + 0{,}5 \times 1)$ sowie $N_C = 0{,}6$ $(= 0{,}5 \times 0{,}6 + 0{,}5 \times 0{,}6)$. Der gleiche Wert des Entscheidungskriteriums impliziert eine Indifferenz des Entscheidungsträgers hinsichtlich der Bewerber A, B und C. Für Bewerber D resultiert ein geringerer Nutzwert in Höhe von $N_D = 0{,}56$ $(= 0{,}5 \times 0{,}56 + 0{,}5 \times 0{,}56)$.

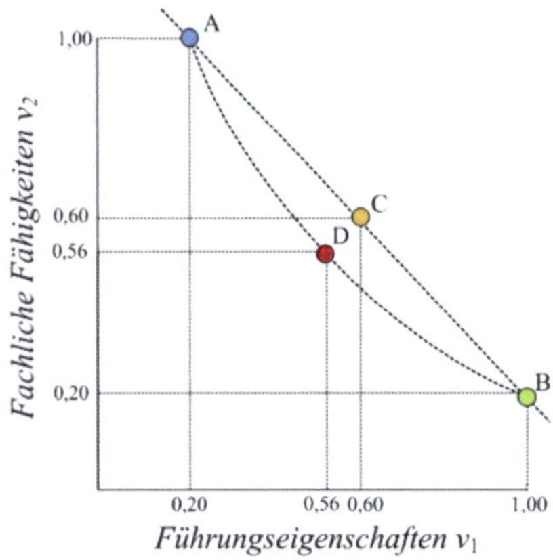

Bewerber	Wert $v_{1,j}$	Wert $v_{2,j}$	Nutzen N_j*
A	0,2	1,0	0,60
B	1,0	0,2	0,60
C	0,6	0,6	0,60
D	0,56	0,56	0,56
* für $w_1 = w_2 = 0{,}5$			

Abbildung 2-6: Charakterisierung relativ guter Bewerber.

In Abbildung 2-6 sind die vier Bewerber A, B, C und D, die aus einer additiven Aggregation resultierende Indifferenzkurve [A, C, B] bei einem Nutzwert in Höhe von $N_j = 0{,}6$ sowie eine der Präferenz guter Eigenschaftskombinationen entsprechende Indifferenzkurve [A, D, B] dargestellt. Die aus einer gleichgewichtigen, additiven Aggregation abgeleitete Indifferenzkurve [A, C, B] stellt die gleich hohe Bewertung der Bewerber A, B und C heraus. Diese auf Basis des additiven Aggregationsmodells abgeleitete Aussage ist nicht in Einklang mit der Präferenz des Entscheidungsträgers nach Kombinationen hoch bewerteter Eigenschaftsausprägungen zu bringen. Die Präferenzaussagen PA_1 und PA_2 implizieren eine konvexe Indifferenzkurve [A, D, B]. Das Ausmaß der Krümmung der konvexen Indifferenzkurve [A, D, B] repräsentiert den Einfluss der Interaktion. Die vorliegende Arbeit stellt insbe-

---

[285] Die gleiche Gewichtung beider Eigenschaften erwähnt VON NITZSCH nicht explizit, sie kann aber aus der Abbildung 3-6 von VON NITZSCH abgeleitet werden. Vgl. Ibid., S. 64.

sondere auf die konvexe Indifferrenzkurve [A, D, B] ab und untersucht dafür den Einfluss der, durch die Präferenzaussagen formulierten, Interaktion auf die Bewertung von Bewerbern.

Die folgende Argumentation gilt grundsätzlich für konvexe Kurven, sodass das konkrete Ausmaß der Krümmung nicht von Relevanz ist. Um den Beitrag der Interaktion auf das Entscheidungskriterium abzugrenzen, sind die Begriffe primärer und sekundärer Anteil am Entscheidungskriterium einzuführen.

Definition 2-3: primärer Anteil

Der primäre Anteil ist der Anteil an der Höhe des Entscheidungskriteriums, der nur auf die bewertete Ausprägung einer Dimension zurückzuführen ist.

Bei den multiattributiven Bewertungsverfahren ist das Entscheidungskriterium der Nutzwert. In dem additiven Aggregationsmodell wird die mit w_i gewichtete Einzelpräferenzfunktion v_i, also $N_{i,j}$ als primärer Anteil der i-ten Dimension am Entscheidungskriterium interpretiert. Der gesamte primäre Anteil der j-ten Alternative entspricht dementsprechend der gewichteten Summe der einzelnen primären Anteile $N_j = \Sigma\, N_{i,j}$.

Definition 2-4: sekundärer Anteil

Der sekundäre Anteil ist der verstärkende bzw. abschwächende, aus der Interaktion zwischen zwei Dimensionen resultierende Anteil an der Höhe des Entscheidungskriteriums.

Der sekundäre Anteil ist damit von den bewerteten Ausprägungen zweier Dimensionen abhängig. Trotz des kleineren, primären Anteils des Bewerbers D in Höhe von $N_D = 0{,}56$ $(= 0{,}5 \times 0{,}56 + 0{,}5 \times 0{,}56)$ bewertet der Entscheidungsträger diesen der Indifferenzkurve [A, D, B] folgend ebenso hoch wie Bewerber A und B, die einen primären Anteil in Höhe $N_A = N_B = 0{,}6$ aufweisen. Die Differenz in Höhe von 0,04 wird als sekundärer Anteil der mithilfe der Präferenzaussagen implizit artikulierten Interaktion interpretiert. Da Bewerber C in beiden Dimensionen besser ist als Bewerber D, muss auch bei Bewerber C ein mindestens so großer positiver sekundärer Anteil vorliegen. Unter dessen Berücksichtigung ist der Entscheidungsträger nicht mehr indifferent und zieht den Generalisten Bewerber C den spezialisierten Bewerbern A und B vor. Dieses Literaturbeispiel vermittelt das herrschende Grundverständnis komplementärer Interaktionen.

Die Bevorzugung des Generalisten Bewerber C gegenüber den spezialisierten Bewerbern A und B lässt sich explizit aus den Präferenzaussagen PA_1 und PA_3 herleiten. Die Wichtigkeit einer Eigenschaft ist jeweils abhängig von der bewerteten Ausprägung der anderen Eigenschaft. Zur Vereinfachung erfolgt die Argumentation zunächst nur anhand ausgewogener Eigenschaftskombinationen, bei denen die bewerteten Ausprägungen identisch sind, folglich $v_{1,j}=v_{2,j}$ gilt. Dieser Spezialfall erlaubt eine Zusammenfassung der Präferenzaussagen PA_1 und PA_3 zur Präferenzaussage $PA_{1,3}$.

$PA_{1,3}$: Umso besser die *fachlichen Fähigkeiten* und die *Führungseigenschaften*, umso höher ist die Wichtigkeit beider Eigenschaften.

Die erhöhte Wichtigkeit beider Eigenschaften impliziert eine Interaktion und führt zu einem überproportionalen Nutzwert. Dem sekundären Anteil wird nach der Präferenzaussage $PA_{1,3}$ ein umso größerer Wert zugewiesen, umso besser das ausgewogene Leistungspotenzial eines Bewerbers ist. Die Höhe des sekundären Anteils bestimmt den konvexen Verlauf der Indifferenzkurven im Eigenschaftsraum[286] in Abbildung 2-6. Sowohl das multiplikative als auch das multilineare Aggregationsmodell modellieren Interaktionen, wie in diesem Beispiel bislang beschrieben. Die folgende Argumentation untersucht die Bewertung unterdurchschnittlicher Bewerber und arbeitet auf Basis einer Modifikation des vorhergehenden Beispiels die Notwendigkeit eines differenzierteren Verständnisses komplementärer Interaktionen heraus.

2.3.2.1.2 Bewertung unterdurchschnittlicher Bewerber

Im letzten Beispiel sind die Bewerber A, B, C und D in jeweils einer Eigenschaft sehr gut oder liegen in beiden Eigenschaften im überdurchschnittlichen Bereich, wobei der Nutzwert $N_j > 0{,}5$ ist. Es handelt sich damit insgesamt um vergleichsweise gute Bewerber. VON NITZSCH trifft nur eine explizite Aussage hinsichtlich des Vorliegens einer Interaktion im Falle von Kombinationen relativ gut bewerteter Eigenschaftsausprägungen und keine Aussage hinsichtlich der Bewertung im Falle relativ schlechter Bewerber. Daher gilt es zu eruieren, inwiefern die Bewertungslogik guter Eigenschaftskombinationen auf schlechte Eigenschaftskombinationen konsistent übertragen werden kann. Dies erfolgt anhand eines Beispiels, in dem die relativ schlechten Bewerber E bis I als weitere Alternativen betrachtet werden.

Die Bewerber E bis H stehen untereinander in dem gleichen systematischen Zusammenhang wie die Bewerber A bis D in dem vorhergehenden Beispiel. Der zentrale Unterschied besteht in der relativ schlechteren Positionierung hinsichtlich der bewerteten Eigenschaften im Vergleich zu den Bewerbern A bis D. Bewerber E ist ebenso wie Bewerber A ein Spezialist und hinsichtlich seiner *fachlichen Fähigkeiten* deutlich besser als in Bezug auf seine *Führungs-*

[286] Synonyme hierfür sind Kriterienraum und Merkmalsraum. Der Eigenschaftsraum beinhaltet alle möglichen Kombinationen an Ausprägungen. Davon zu unterscheiden ist die Alternativenmenge, die nur auf die tatsächlich zur Wahl stehenden Alternativen abstellt. Vgl. Fußnote 93.

eigenschaften. Im Vergleich zu Bewerber A ist allerdings das Leistungspotenzial des Bewerbers E mit bewerteten Ausprägungen für *fachliche Fähigkeiten* $v_{1,E}=0{,}5$ und für *Führungseigenschaften* $v_{2,E}=0{,}1$ deutlich geringer. Der Spezialist Bewerber F zeichnet sich durch ein gegensätzliches Leistungspotenzial aus und verfügt über *fachliche Fähigkeiten* in Höhe von $v_{1,F}=0{,}1$ und *Führungseigenschaften* in Höhe von $v_{2,F}=0{,}5$. Die Generalisten Bewerber G, H und I weisen ausgewogene Leistungspotenziale mit bewerteten Ausprägungen in Höhe von $v_{1,G}=v_{2,G}=0{,}25$, $v_{1,H}=v_{2,H}=0{,}30$ und $v_{1,I}=v_{2,I}=0{,}35$ auf.

Unter Anwendung des additiven Aggregationsmodells ergeben sich die Nutzwerte in Höhe von $N_E=0{,}3$ $(=0{,}5\times0{,}5+0{,}5\times0{,}1)$, $N_F=0{,}3$ $(=0{,}5\times0{,}1+0{,}5\times0{,}5)$, $N_G=0{,}3$ $(0{,}5+0{,}3+0{,}5\times0{,}3)$, $N_H=0{,}25$ $(=0{,}5\times0{,}25+0{,}5\times0{,}25)$ sowie $N_I=0{,}35$ $(=0{,}5\times0{,}35+0{,}5\times0{,}35)$. In Abbildung 2-7 sind die Bewerber E bis I sowie unterschiedliche Indifferenzkurven dargestellt.

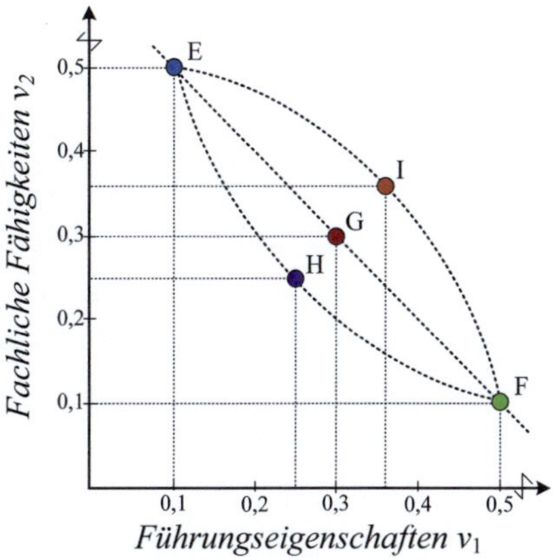

Bewerber	Wert $v_{1,j}$	Wert $v_{2,j}$	Nutzen N_j*
E	0,10	0,50	0,30
F	0,50	0,10	0,30
G	0,30	0,30	0,30
H	0,25	0,25	0,25
I	0,35	0,35	0,35
* für $w_1=w_2=0{,}5$			

Abbildung 2-7: Charakterisierung relativ schlechter Bewerber.

Die aus einer additiven Aggregation abgeleitete Indifferenzkurve [E, G, F] deckt sich erneut nicht mit der explizit artikulierten Präferenzstruktur des Unternehmens. Die Anwendung der Präferenzaussage $PA_{1,3}$ führt analog zum vorhergehenden Beispiel zu einer konvexen Indifferenzkurve [E, H, F]. Das ausgewogene Leistungspotenzial des Generalisten Bewerber G ergibt demzufolge einen überproportionalen Nutzwert, sodass Bewerber G den spezialisierten Bewerbern E, F und H vorgezogen wird.

Bei alleiniger Anwendung der Präferenzaussage $PA_{1,3}$ bleiben allerdings die explizit formulierten Präferenzaussagen PA_2 und PA_4 unberücksichtigt. Analog zur Zusammenfassung der Präferenzaussagen PA_1 und PA_3 zu $PA_{1,3}$ ergibt sich die Präferenzaussage $PA_{2,4}$ aus PA_2 und PA_4.

$PA_{2,4}$: Umso schlechter die *fachlichen Fähigkeiten* und die *Führungseigenschaften*, umso geringer ist die Wichtigkeit beider Eigenschaften.

Die geringeren Wichtigkeiten beider Eigenschaften nach Präferenzaussage $PA_{2,4}$ führen zu einem unterproportionalen Nutzwert. Das Unternehmen bevorzugt demnach in einer Dimension relativ gute und in der anderen Dimension sehr schlechte Bewerber (Spezialisten) vor solchen, die in beiden Dimensionen relativ schlecht sind (Generalisten). Dies zeigt sich in der konkaven Indifferenzkurve [E, I, F]. Dieser zur Folge ist das Unternehmen indifferent zwischen den Bewerbern E, F und I, die allesamt Bewerber G und H dominieren.

Die zusammengefassten Präferenzaussagen $PA_{1,3}$ und $PA_{2,4}$ führen somit zu gegensätzlichen Auswahlentscheidungen. Bei alleiniger Anwendung der Präferenzaussage $PA_{1,3}$ zieht das Unternehmen den Generalisten Bewerber G den spezialisierten Bewerbern E und F vor. Im Gegensatz dazu ergibt sich aus alleiniger Anwendung der Präferenzaussage $PA_{2,4}$ der Vorzug der spezialisierten Bewerber E und F gegenüber dem Generalisten Bewerber G. Die Problematik besteht also in einer Präferenzstruktur, die zwei in sich schlüssige und nachvollziehbare, aber gegensätzliche Präferenztendenzen beinhaltet. Die alleinige Anwendung der Präferenzaussage $PA_{1,3}$ in diesem und dem vorhergehenden Beispiel macht die Präferenzaussage $PA_{2,4}$ obsolet. Eine derartige Präferenzstruktur des Unternehmens impliziert einen grundsätzlichen Vorzug von Generalisten, die über *fachliche Fähigkeiten* und *Führungseigenschaften* gleichermaßen verfügen, gegenüber Spezialisten, die nur in einer Eigenschaft besonders gut sind. Da allerdings die Präferenzaussagen PA_2 und PA_4 explizit, und damit Präferenzaussage $PA_{2,4}$ implizit formuliert sind, müssen diese auch Berücksichtigung finden.

2.3.2.2 Einbindung und Quantifizierung der Präferenzaussagen auf Basis eines additiven Aggregationsmodells

Die Wirkungen der gegenläufigen Präferenzaussagen $PA_{1,3}$ und $PA_{2,4}$ sind abhängig von den bewerteten Eigenschaftsausprägungen v_i. Es stellen sich die Fragen, inwiefern sich bei gleichzeitiger Anwendung beider Präferenzaussagen die Wirkungen der Präferenzaussagen in Abhängigkeit der bewerteten Eigenschaftsausprägungen überlagern und, ob eine Identifikation von Bereichen möglich ist, in denen die Wirkung der einen Präferenzaussage die der anderen überwiegt. Um hierüber Aussagen treffen zu können, ist eine formale Einbindung der Präferenzaussagen in einen nutzentheoretischen Bezugsrahmen und eine dazu passende Quantifizierung der Präferenzaussagen erforderlich. Eine modellunabhängige Quantifizierung der Präferenzaussagen wäre zwar grundsätzlich möglich, allerdings erlaubt erst die Berücksichtigung quantifizierter Präferenzaussagen im Rahmen eines Aggregationsmodells konkrete Aussagen hinsichtlich der relativen Wirkungen der Präferenzaussagen. Die Argumentation erfolgt wieder auf Basis des additiven Aggregationsmodells, das um die Wirkungen der Präferenzaussagen erweitert wird.

Da keine Aussagen hinsichtlich der relativen Gewichtung der Zieldimensionen getroffen wurden, geht die folgende Argumentation von einem gleichgewichteten Zielsystem aus. Im Falle einer Normierung der Summe der Gewichte auf den Wert eins betragen die Gewichte $w_1 = w_2 = 0{,}5$. Wenn keine Interaktionen vorliegen, ist diese linear-additive Modellformulierung zu wählen. Der Entscheidungsträger artikuliert allerdings mithilfe der oben beschriebenen Präferenzaussagen PA_1 bis PA_4 die Existenz einer Interaktion. Die Präferenzaussagen beschreiben eine Veränderung der Wichtigkeit einer Dimension in Abhängigkeit der bewerteten Ausprägung der anderen Dimension. Sie können daher die Gewichte beider Dimensionen verändern. Die Berücksichtigung der Präferenzaussagen kann zu einer Summe der Gewichte w_1 und w_2 ungleich der normierten Summe der Gewichte in Höhe von $\Sigma w_i = 1$ führen.[287] Die Argumentation erfolgt daher nicht im additiven Aggregationsmodell, sondern in einem modifizierten additiven Aggregationsmodell, das bis auf den genannten Aspekt die gleichen Modelleigenschaften aufweist. Das Entscheidungskriterium des modifizierten additiven Aggregationsmodells ist der modifizierte Nutzwert $N_{j,\mathrm{mod}}$. Dieser wird erweitert um den von beiden bewerteten Ausprägungen abhängigen, als sekundärer Anteil $N_{1,2,j}$ interpretierten, Interaktionsterm.

$$N_{j,\mathrm{mod}} = \underbrace{N_{1,j}}_{\text{Primärer Anteil } X_1} + \underbrace{N_{2,j}}_{\text{Primärer Anteil } X_2} + \underbrace{N_{1,2,j}}_{\text{Sekundärer Anteil } X_{1,2}} \quad . \qquad \textbf{(2-15)}$$

Für die Einbindung quantifizierter Präferenzaussagen in das modifizierte additive Aggregationsmodell gibt es unterschiedliche Möglichkeiten hinsichtlich der Gestaltung des Interaktionsterms. Um die Komplexität in Grenzen zu halten, werden im Folgenden nur einfache Verknüpfungen betrachtet. Die Eignung der Einbindung quantifizierter Präferenzaussagen ist davon abhängig, inwieweit sie die Präferenzaussagen modellieren kann. Sowohl eine divisionale als auch eine subtraktive Einbindung können keine überproportionalen Effekte modellieren und scheiden damit aus. Eine additive und multiplikative Einbindung quantifizierter Präferenzaussagen gewährleisten dieses und sind genauer zu untersuchen. Zunächst konzentriert sich die Argumentation aus Gründen der Übersichtlichkeit ausschließlich auf die

[287] Vgl. Abschnitt 2.2.3.3.

Präferenzaussage PA_1. Die Übertragung auf die anderen Präferenzaussagen erfolgt im Anschluss.

2.3.2.2.1 Additive Einbindung

Die **additive Einbindung** der Präferenzaussage PA_1 im modifizierten additiven Aggregationsmodell sieht folgendermaßen aus:

$$N_{j,\text{mod}} = w_1 v_{1,j} + w_2 v_{2,j} + W_{S,1}\left(v_{1,j}\right) v_{2,j}. \tag{2-16}$$

Die Erhöhung des Gesamtgewichts der *Führungseigenschaften* v_2 aufgrund der Präferenzaussage PA_1 in Abhängigkeit der bewerteten Ausprägungen der *fachlichen Fähigkeiten* v_1 wird hier Wichtigkeitssummand $W_{S,1}(v_1)$ genannt. Der Wichtigkeitssummand und nachfolgend auch der Wichtigkeitsfaktor dienen ausschließlich in diesem Beispiel zur Quantifizierung der Wirkung von Präferenzaussagen. Der in der MAUT etablierte Begriff des Interaktionskoeffizienten weist zwei Ähnlichkeiten auf, ist allerdings nicht synonym zu verwenden. Um den Wichtigkeitssummanden $W_{S,1}(v_1)$ zu quantifizieren, ist die relative Wirkung der Präferenzaussage PA_1 auf den Teilnutzen der *Führungseigenschaften* v_2 bei unterschiedlichen bewerteten Ausprägungen der *fachlichen Fähigkeiten* v_1 heranzuziehen.

Als Ausgangspunkt der Argumentation dienen *fachliche Fähigkeiten* $v_1 = 0{,}3$ mit dem zugehörigen Wichtigkeitssummanden $W_{S,1}(0{,}3)$. Nach der Präferenzaussage PA_1 sind die *Führungseigenschaften* umso wichtiger, je besser die *fachlichen Fähigkeiten* sind. Für *fachliche Fähigkeiten* $v_1 = 0{,}4$ muss daher der Wichtigkeitssummand $W_{S,1}(0{,}4)$ größer sein als der Wichtigkeitssummand $W_{S,1}(0{,}3)$. Dementsprechend verhält es sich bei einer relativen Betrachtung der *fachlichen Fähigkeiten* mit bewerteten Ausprägungen in Höhe von $v_1 = 0{,}4$ und $v_1 = 0{,}5$. Hieraus ist ein streng monoton steigender Verlauf des Wichtigkeitssummanden $W_{S,1}(v_1)$ abzuleiten.[288]

Für die Bestimmung des minimalen Wichtigkeitssummanden $W_{S,1,\min}$ und des maximalen Wichtigkeitssummanden $W_{S,1,\max}$ sind die extrem bewerteten Ausprägungen der *fachlichen Fähigkeiten* heranzuziehen. Bei der am schlechtesten bewerteten Ausprägung der *fachlichen Fähigkeiten* existiert logischerweise keine schlechter bewertete Ausprägung. In diesem Fall kann die Präferenzaussage PA_1 keine Wirkung entfalten. Der minimale Wichtigkeits-

[288] Da der Wichtigkeitssummand von der Einzelpräferenzfunktion v_i und nicht von den Ausprägungen x_i abhängt, ist es nicht erforderlich, dass die Einzelpräferenzfunktion v_i monoton in den Ausprägungen verläuft.

summand bekommt an dieser Stelle den in einer additiven Verknüpfung neutralen Wert in Höhe von $W_{S,1,\min} = 0$ zugewiesen. Die maximale Wirkung der Präferenzaussage PA_1 ist bei den bestmöglich bewerteten *fachlichen Fähigkeiten* zu verorten, da dort keine besseren *fachlichen Fähigkeiten* existieren. Der Wichtigkeitssummand bekommt an dieser Stelle seinen maximalen Wert in Höhe von $W_{S,1,\max}$ zugewiesen. Die maximale Höhe des Wichtigkeitssummanden $W_{S,1,\max}$ und der konkrete Verlauf des Wichtigkeitssummanden zwischen $W_{S,1,\min} = 0$ und $W_{S,1,\max}$ sind für die folgende Argumentation unerheblich. Die grundsätzlichen Aussagen gelten auch für jede andere monoton wachsende Funktion.

Die aus den quantifizierten Präferenzaussagen abgeleiteten Aussagen und Effekte gelten für alle den genannten Anforderungen entsprechenden Funktionsverläufe des Wichtigkeitssummanden $W_{S,1}(v_1)$. Der einfachste streng monotone Funktionsverlauf ist ein linearer Verlauf. Zur Veranschaulichung dient daher der in Abbildung 2-8 dargestellte lineare Verlauf der Funktion des Wichtigkeitssummanden $W_{S,1}(v_1)$.

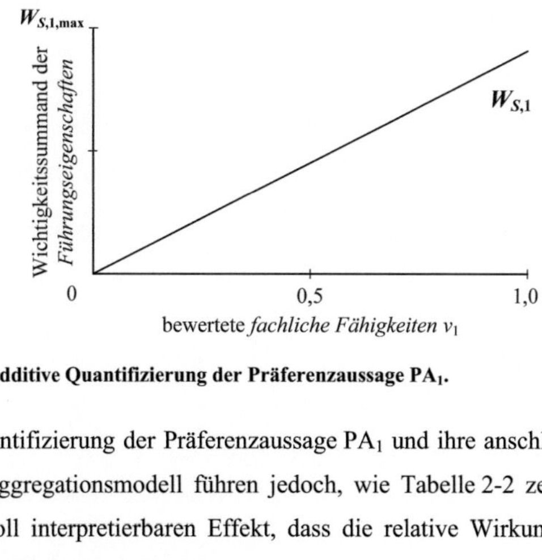

Abbildung 2-8: Additive Quantifizierung der Präferenzaussage PA_1.

Eine derartige Quantifizierung der Präferenzaussage PA_1 und ihre anschließende Einbindung in ein additives Aggregationsmodell führen jedoch, wie Tabelle 2-2 zeigt, zu dem ökonomisch nicht sinnvoll interpretierbaren Effekt, dass die relative Wirkung der Präferenzaussage PA_1 vom Gewicht, hier w_2, abhängt.

w_2	$W_{S,1}(v_1)$	$w_{2,mod}$	Relative Veränderung
0,1	0,5	0,6	+500%
0,5	0,5	1,0	+100%
0,9	0,5	1,4	+55%

Tabelle 2-2: Relative Veränderung der Gewichte als Konsequenz der Präferenzaussage PA_1.

Bei einem Gewicht $w_2 = 0,1$ steigert ein Funktionswert des Wichtigkeitssummanden in Höhe von $W_{S,1}(v_1) = 0,5$ das modifizierte Gesamtgewicht einer Eigenschaft um das Fünffache auf insgesamt $w_{2,\text{mod}} = 0{,}6$. Der gleiche Funktionswert des Wichtigkeitssummanden $W_{S,1}(v_1)$ führt im Falle eines Gewichts $w_2 = 0{,}5$ zu einer Verdopplung des Gesamtgewichts und im Falle eines Gewichts $w_2 = 0{,}9$ nur zu einem Zuwachs des Gesamtgewichts von ca. 55%. Die resultierenden unterschiedlichen modifizierten Gewichte widersprechen der Grundidee der Artenpräferenz.[289] Daher ist eine additive Einbindung der aus Präferenzaussagen resultierenden Wichtigkeit innerhalb eines modifizierten additiven Aggregationsmodells nicht geeignet und abzulehnen.

2.3.2.2.2 *Multiplikative Einbindung*

Eine **multiplikative Einbindung** der Präferenzaussage PA_1 setzt am zentralen Kritikpunkt, der additiven Verknüpfung der Wirkung der Präferenzaussage PA_1, an. Im Gegensatz zur additiven Verknüpfung erfolgt hier eine multiplikative Veränderung des Gewichts w_1. Die multiplikative Berücksichtigung der Präferenzaussage PA_1 schlägt sich im modifizierten additiven Aggregationsmodell wie folgt nieder:

$$N_{j,\text{mod}} = w_1 v_{1,j} + w_2 W_{F,1}\left(v_{1,j}\right) v_{2,j} = N_{1,j} + N_{2,j} W_{F,1}\left(v_{1,j}\right). \qquad \textbf{(2-17)}$$

Der hier eingeführte Wichtigkeitsfaktor $W_{F,1}(v_1)$ repräsentiert die Wirkung der Präferenzaussage PA_1 auf den Teilnutzen der *Führungseigenschaften* $N_{2,j}$ in Abhängigkeit der bewerteten Ausprägung der *fachlichen Fähigkeiten* v_1.[290]

Analog zur Argumentation der additiven Verknüpfung entfaltet die Präferenzaussage PA_1 auch im Rahmen der multiplikativen Verknüpfung bei der am schlechtesten bewerteten Ausprägung der *fachlichen Fähigkeiten* keine Wirkung. Der Wichtigkeitsfaktor bekommt an dieser Stelle den in einer multiplikativen Verknüpfung neutralen Wert in Höhe von $W_{F,1,\min} = 1$ zugewiesen. Die maximale Wirkung der Präferenzaussage PA_1 ist bei den bestmöglich bewerteten *fachlichen Fähigkeiten* zu verorten. Der Wichtigkeitsfaktor beträgt an dieser Stelle $W_{F,1,\max}$. Der konkrete Verlauf der streng monoton ansteigenden Funktion zwischen $W_{F,1,\min} = 1$ und $W_{F,1,\max}$ ist wiederum für die folgende Argumentation unerheblich. Die abgeleiteten Aussagen gelten für alle den genannten Anforderungen entsprechenden Verläufe. Ein linearer Funktionsverlauf ist auch hier der einfachste, streng monotone Funktionsverlauf. Bei-

289 Die Separierbarkeit von Höhen- und Artenpräferenz ist bei unterschiedlichen Gewichten nicht gewährleistet. Vgl. hierzu auch die Eigenschaft kontextunabhängiger Gewichte in Abschnitt 4.2.2.

290 Um der Formel (2-15) gerecht zu werden, ist eine explizite Unterscheidung des Teilnutzens der zweiten Dimension $N_{2,j}$ oder $w_2 v_{2j}$ und des sekundären Anteils erforderlich. Es ergibt sich: $N_{j,\text{mod}} = w_1 v_{1,j} + w_2 v_{2,j} + [W_{F,1}(v_{1,j}) - 1]$.

spielhaft ergeben sich für einen maximalen Wichtigkeitsfaktor $W_{F,1,\max} = 2$ und einen linear ansteigenden Funktionsverlauf die in der Tabelle 2-3 dargestellten Werte.

	Wert v_1										
	0,00	0,10	0,20	0,30	0,40	0,50	0,60	0,70	0,80	0,90	1,00
$W_{F,1}(v_1)$	1,00	1,10	1,20	1,30	1,40	1,50	1,60	1,70	1,80	1,90	2,00

Tabelle 2-3: Beispielhafter Verlauf des Wichtigkeitsfaktors $W_{F,1}(v_1)$.

Abbildung 2-9 dient zur Veranschaulichung des Verlaufs des Wichtigkeitsfaktors $W_{F,1}(v_1)$.

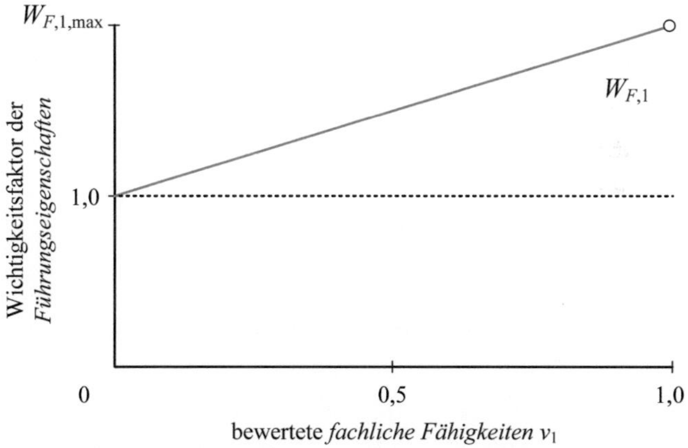

Abbildung 2-9: Multiplikative Quantifizierung der Präferenzaussage PA$_1$.

Die Wirkung der Präferenzaussage PA$_1$ auf das Gewicht w_2 einer Dimension zeigt Tabelle 2-4.

Gewicht	Wichtigkeits-summand	Modifiziertes Gewicht	
w_2	$W_{S,1}(v_1)$	$w_{2,\mathrm{mod}}$	Relative Veränderung
0,1	2	0,2	+50%
0,5	2	1,0	+50%
0,9	2	1,8	+50%

Tabelle 2-4: Relative Veränderung der Gewichte als Konsequenz der Präferenzaussage PA$_1$.

Bei einem Gewicht in Höhe von $w_2 = 0{,}1$ verdoppelt der maximale Wichtigkeitsfaktor $W_{F,1,\max} = 2$ das modifizierte Gewicht auf insgesamt $w_{2,\mathrm{mod}} = 0{,}2$. Der gleiche maximale Wichtigkeitsfaktor $W_{F,1,\max}(v_1)$ führt im Falle eines Gewichts $w_2 = 0{,}5$ und im Falle eines Gewichts $w_2 = 0{,}9$ ebenfalls zu einer Verdopplung des Gewichts. Insofern ist eine Berücksichtigung der Wirkungen der Präferenzaussagen in Form einer multiplikativen Verknüpfung geeignet und im Gegensatz zur additiven Verknüpfung zu empfehlen.

Die bisherigen Ausführungen konzentrierten sich ausschließlich auf eine Quantifizierung der Präferenzaussage PA_1. Eine Übertragung der beschriebenen Quantifizierungssystematik auf die Präferenzaussage PA_3 ist ohne Weiteres möglich, da beide Präferenzaussagen Erhöhungen der Wichtigkeit einer Eigenschaft beschreiben. Der Entscheidungsträger trifft keine Aussagen hinsichtlich des relativen Ausmaßes der Wirkungen der Präferenzaussagen PA_1 und PA_3. Es ist daher von gleich großen Wirkungen der Präferenzaussagen PA_1 und PA_3 auszugehen. Den Wichtigkeitsfaktoren $W_{F,1}(v_1)$ und $W_{F,3}(v_1)$ ist somit ein identischer Verlauf zuzuweisen.

Eine Übertragung der Quantifizierungssystematik auf die Präferenzaussagen PA_2 und PA_4, also auf die Wichtigkeit der jeweils anderen Dimension reduzierende Präferenzaussagen, ist ebenfalls möglich. Die Präferenzaussage PA_2 entfaltet bei den bestmöglichen *fachlichen Fähigkeiten* keine Wirkung und die Funktion bekommt an dieser Stelle den im Rahmen einer multiplikativen Verknüpfung neutralen Faktor in Höhe von $W_{F,2,\min} = 1$ zugewiesen. Im Falle der am schlechtesten ausgeprägten *fachlichen Fähigkeiten* erfährt die Wichtigkeit der *Führungseigenschaften* ihre größte Abwertung. Bei sinkenden *fachlichen Fähigkeiten* nimmt das Ausmaß der Reduktion des Gewichts der *Führungseigenschaften* streng monoton ab.

Der Freiheitsgrad in der Wahl des konkreten Verlaufs des Wichtigkeitsfaktors $W_{F,2}(v_2)$ entspricht grundsätzlich dem für den Wichtigkeitsfaktor $W_{F,1}(v_1)$ skizzierten Freiheitsgrad. Der konkrete Verlauf der Funktion des Wichtigkeitsfaktors $W_{F,2}(v_2)$ ist allerdings durch den Verlauf der Funktion des Wichtigkeitsfaktors $W_{F,1}(v_1)$ bereits determiniert. Der Grund liegt in den symmetrischen Formulierungen der Präferenzaussagen PA_1 und PA_2, die keinen Hinweis darüber beinhalten, ob die Wirkung einer Präferenzaussage grundsätzlich größer als die einer anderen ist. Es sind daher identische relative Wirkungen der Präferenzaussagen PA_1 und PA_2 anzunehmen, wenngleich in gegenläufiger Richtung. Es gilt:

$$W_{F,1}(v_1)W_{F,2}(1-v_1)=1. \tag{2-18}$$

Daraus folgt:

$$W_{F,1}(v_1)=\frac{1}{W_{F,2}(1-v_1)} \text{ oder } W_{F,2}(v_1)=\frac{1}{W_{F,1}(1-v_1)}. \tag{2-19}$$

Für die Modellierung der Präferenzaussagen PA_2 und PA_4 eignet sich daher der Kehrwert der Wichtigkeitsfaktoren der Präferenzaussagen PA_1 und PA_3. Die maximale Wirkung der Präferenzaussage PA_2 entspricht insofern dem Kehrwert der maximalen Wirkung der Präferenzaussage PA_1, also $1/W_{F,1,\max}$. Hierbei sind die unterschiedlichen Bezugspunkte, bei denen die

Präferenzaussage PA_1 und PA_2 ihre maximale Wirkung entfalten, zu beachten. Für einen maximalen Wichtigkeitsfaktor $W_{F,1,\max} = 1$ ergeben sich beispielsweise die in Tabelle 2-5 dargestellten Wichtigkeitsfaktoren $W_{F,2}(v_1)$ in Abhängigkeit der bewerteten Ausprägungen v_1.

	Wert v_1										
	0,00	0,10	0,20	0,30	0,40	0,50	0,60	0,70	0,80	0,90	1,00
$W_{F,2}(v_1)$	0,50	0,53	0,56	0,59	0,63	0,67	0,71	0,77	0,83	0,91	1,00

Tabelle 2-5: Beispiel eines Verlaufs des Wichtigkeitsfaktors $W_{F,2}(v_1)$.

Zur Veranschaulichung der insofern quantifizierten Präferenzaussage PA_2 dient Abbildung 2-10.

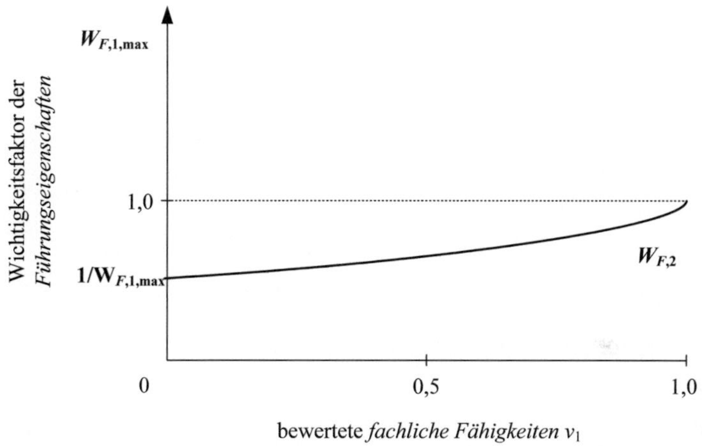

Abbildung 2-10: Multiplikative Quantifizierung der Präferenzaussage PA_2.

Entsprechendes gilt für die Quantifizierung der Präferenzaussage PA_4. Die vollständige multiplikative Einbindung der Wirkungen der Präferenzaussagen PA_1 bis PA_4 schlägt sich im modifizierten additiven Aggregationsmodell wie folgt nieder:

$$N_{j,\text{mod}} = w_1 W_{F,3}\left(v_{2,j}\right) W_{F,4}\left(v_{2,j}\right) v_{1,j} + w_2 W_{F,1}\left(v_{1,j}\right) W_{F,2}\left(v_{1,j}\right) v_{2,j}. \quad \textbf{(2-20)}$$

Diese Einbindung der quantifizierten Präferenzaussagen in ein modifiziertes additives Aggregationsmodell erlaubt eine Ermittlung des modifizierten Nutzwerts in Abhängigkeit der bewerteten Ausprägungen unter Berücksichtigung der Präferenzaussagen. Der Eigenschaftsraum kann daher, wie Abbildung 2-11 zeigt, in Bereiche über- und unterproportionalen Nutzens unterteilt werden.

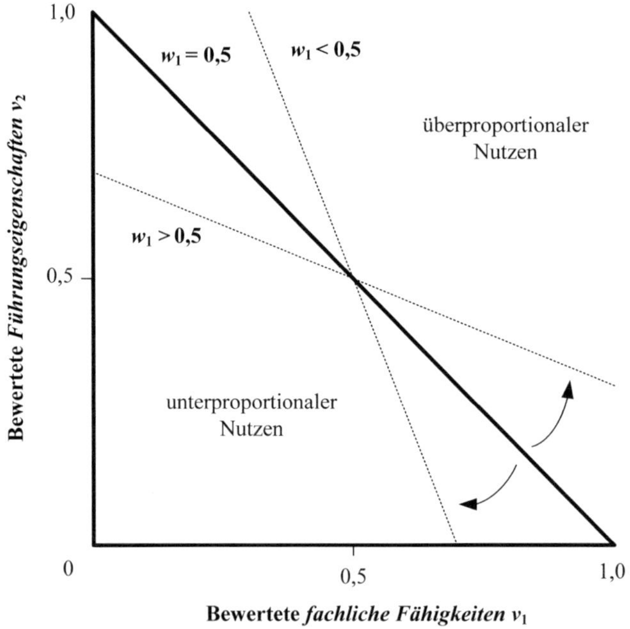

Abbildung 2-11: Bereiche über- und unterproportionalen Nutzens in Abhängigkeit der Zielgewichte.

Auf der rechten, oberen Seite der jeweiligen Trennlinien befindet sich jeweils der Bereich überproportionalen Nutzens, auf der linken, unteren Seite der Bereich unterproportionalen Nutzens. Nachteilig ist hierbei die Abhängigkeit des konkreten Verlaufs der Trennlinie zwischen diesen Bereichen von den Gewichten w_1 und w_2. Wenn beide Gewichte $w_1 = w_2 = 0,5$ betragen, ergibt sich die fett gedruckte Trennlinie. Je größer das Gewicht w_1 ist, desto steiler ist der Verlauf der Trennlinie. Im Extremfall eines Gewichts w_1 in Höhe von nahezu eins ergibt sich ein fast vertikaler Verlauf. Die Frage, bei welchen Eigenschaftskombinationen Interaktionen vorliegen, ist von der Konstellation der Gewichte abhängig und kann daher nicht allgemein beantwortet werden. Des Weiteren ist die ökonomische Interpretation in Fällen, in denen sich die Wirkungen der Präferenzaussagen ungefähr ausgleichen, problematisch. Die Frage, ob in diesen Fällen geringe positive bzw. negative Interaktionen oder keine Interaktion vorliegen, kann die Zweiteilung des Eigenschaftsraums nicht beantworten. Dazu ist eine differenziertere Unterteilung des Eigenschaftsraums erforderlich.

Die Wichtigkeitsfaktoren $W_{F,1}(v_1)$ und $W_{F,2}(v_1)$ sind beide von der bewerteten Ausprägung v_1 abhängig. Dieses erlaubt folgende Zusammenfassung:

$$W_{F,1,2}(v_1) = W_{F,1}(v_1)W_{F,2}(v_1). \tag{2-21}$$

Der Wichtigkeitsfaktor $W_{F,1,2}(v_1)$ ergibt sich als das Produkt der Wichtigkeitsfaktoren $W_{F,1}(v_1)$ und $W_{F,2}(v_1)$. Im Falle eines linearen Verlaufs der Präferenzaussagen und einem $W_{F,1,max} = 2$ führen die in den vorhergehenden Tabellen dargestellten Wichtigkeitsfaktoren $W_{F,1}(v_1)$ und $W_{F,2}(v_1)$ in Abhängigkeit der bewerteten Ausprägung der *fachlichen Fähigkeiten* v_1 zu den Wichtigkeitsfaktoren $W_{F,1,2}(v_1)$. Bei einer bewerteten Ausprägung $v_{1,j} = 0{,}6$ ergibt sich nach Tabelle 2-3 und Tabelle 2-5 folgender Wichtigkeitsfaktor $W_{F,1,2}(v_1 = 0{,}6)$:

$$W_{F,1,2}(0{,}6) = W_{F,1}(0{,}6)W_{F,2}(0{,}6) \tag{2-22}$$

führt mit

$$W_{F,1}(0{,}6) = 1{,}60$$
$$W_{F,2}(0{,}6) = 0{,}71$$

zu

$$W_{F,1,2}(0{,}6) = 1{,}60 \times 0{,}71 = 1{,}14.$$

Der resultierende Wichtigkeitsfaktor in Höhe von $W_{F,1,2}(v_1 = 0{,}6) = 1{,}14$ bedeutet nahezu eine ausgleichende Wirkung der Präferenzaussagen PA_1 und PA_2. In Tabelle 2-6 sind resultierende Wichtigkeitsfaktoren $W_{F,1,2}(v_1)$ der *Führungseigenschaften* in Abhängigkeit der bewerteten Ausprägungen der *fachlichen Fähigkeiten* v_1 dargestellt.

	Wert v_1										
	0,00	0,10	0,20	0,30	0,40	0,50	0,60	0,70	0,80	0,90	1,00
Wichtigkeitsfaktor $W_{F,1}(v_1)$	1,00	1,10	1,20	1,30	1,40	1,50	1,60	1,70	1,80	1,90	2,00
Wichtigkeitsfaktor $W_{F,2}(v_1)$	0,50	0,53	0,56	0,59	0,63	0,67	0,71	0,77	0,83	0,91	1,00
Wichtigkeitsfaktor $W_{F,1,2}(v_1)$	0,50	0,58	0,67	0,76	0,88	1,00	1,14	1,31	1,50	1,73	2,00

Tabelle 2-6: Quantifizierung des resultierenden Wichtigkeitsfaktors $W_{F,1,2}(v_1)$.

Es gilt:

$$W_{F,1,2}(v_1) = \frac{W_{F,1}(v_1)}{W_{F,1}(1-v_1)} = \frac{W_{F,2}(v_1)}{W_{F,2}(1-v_1)}. \tag{2-23}$$

Die unterschiedlichen Bezugspunkte der Präferenzaussagen sowie der systematische reziproke Zusammenhang der Funktionen führen unabhängig vom konkreten Verlauf der Funktionen an der Stelle der durchschnittlich bewerteten Ausprägung $v_{1,ø} = 0{,}5$ zu einem Wichtigkeitsfaktor in Höhe von $W_{F,1,2}(v_{1,ø}) = 1$. Diese Eigenschaft ist wesentlich für die Wirkung der Präferenzaussagen bei über- und unterdurchschnittlich bewerteten Ausprägungen. Die Werte der resultierenden Funktion des Wichtigkeitsfaktors $W_{F,1,2}(v_1)$ in Abhängigkeit der bewerteten Ausprägung v_1 sind im linken Teil der Abbildung 2-12 visualisiert.

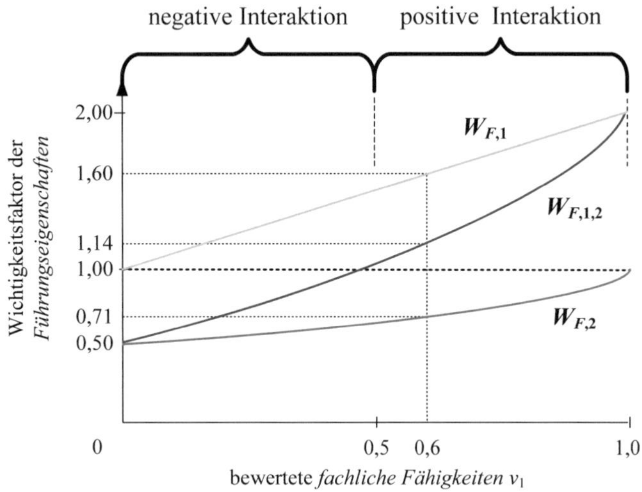

Abbildung 2-12: Quantifizierung des resultierenden Wichtigkeitsfaktors $W_{F,1,2}(v_1)$.

Eine weitere Eigenschaft der resultierenden Funktion $W_{F,1,2}(v_1)$ ist die Symmetrie des Verlaufs zum Punkt des neutralen Elements an der Stelle der durchschnittlich bewerteten Ausprägung $v_{1,ø} = 0{,}5$ im Falle einer logarithmischen Skalierung der Ordinate. Im Minimum beträgt der Wichtigkeitsfaktor in diesem Beispiel $W_{F,1,2} = 0{,}5$ und im Maximum $W_{F,1,2} = 2$. Die Beträge der Logarithmen dieser Werte sind identisch, denn es gilt: $\ln a = -\ln(1/a)$. Die Wichtigkeitsfaktoren $W_{F,1,2}(v_1)$ für bewertete Ausprägungen v_1, die den gleichen Abstand zur durchschnittlich bewerteten Ausprägung $v_{1,ø}$ aufweisen, fallen reziprok zueinander, wie in Tabelle 2-6 dargestellt, aus. Daher liegt eine Symmetrie um die durchschnittlich bewertete Ausprägung $v_{1,ø}$ für den gesamten Verlauf des Wichtigkeitsfaktors $W_{F,1,2}(v_1)$ vor.[291]

Sowohl die Präferenzaussage PA_1 als auch die Präferenzaussage PA_2 wirken im gesamten Eigenschaftsraum. Mithilfe des resultierenden Wichtigkeitsfaktors $W_{F,1,2}(v_1)$ ist allerdings nun eine systematische Aussage hinsichtlich der Gesamtwirkung der Präferenzaussagen PA_1 und PA_2 möglich. Für unterdurchschnittlich bewertete *fachliche Fähigkeiten* von $v_1 = 0$ bis $v_1 = 0{,}5$ überwiegt die Wirkung der Präferenzaussage PA_2 die der Präferenzaussage PA_1. Der resultierende Wichtigkeitsfaktor ist $W_{F,1,2}(v_1) < 1$. Der resultierende Teilnutzen ist mit Berücksichti-

[291] Vgl. die Ausführungen zur alternativen Skalierungen der Ordinate im GNF-Modell in Abschnitt 3.2.1.4.

gung der Präferenzaussagen damit kleiner als ohne Berücksichtigung der Präferenzaussagen. Dies ist ein Indiz für das Vorliegen einer negativen komplementären Interaktion. Genau umgekehrt verhält es sich für überdurchschnittlich bewertete *fachliche Fähigkeiten* von $v_1 = 0{,}5$ bis $v_1 = 1$. Hier überwiegt die Wirkung der Präferenzaussage PA_1 die Wirkung der Präferenzaussage PA_2. Der Wichtigkeitsfaktor ist $W_{F,1,2}(v_1) > 1$. Der sich ergebende Teilnutzen ist größer als in einem (nicht-modifizierten) additiven Aggregationsmodell. Dies ist ein Indiz einer positiven komplementären Interaktion.

Für die zweite Dimension, die *Führungseigenschaften*, ist analog vorzugehen. Es ergibt sich für den resultierenden Wichtigkeitsfaktor $W_{F,3,4}(v_2)$ der identische Verlauf. Die Zusammenfassung erlaubt eine verkürzte Schreibweise des modifizierten additiven Aggregationsmodells unter Berücksichtigung der Präferenzaussagen.

Die Gleichung

$$N_{j,\mathrm{mod}} = w_1 W_{F,3}\left(v_{2,j}\right) W_{F,4}\left(v_{2,j}\right) v_{1,j} + w_2 W_{F,1}\left(v_{1,j}\right) W_{F,2}\left(v_{1,j}\right) v_{2,j} \qquad \textbf{(2-24)}$$

vereinfacht sich zu

$$N_{j,\mathrm{mod}} = w_1 W_{F,3,4}\left(v_{2,j}\right) v_{1,j} + w_2 W_{F,1,2}\left(v_{1,j}\right) v_{2,j}. \qquad \textbf{(2-25)}$$

Die Wichtigkeitsfaktoren $W_{F,1,2}(v_1)$ und $W_{F,3,4}(v_2)$ weisen jeweils in Abhängigkeit der bewerteten Ausprägung einen über- und einen unterproportionalen Bereich auf. Vereinfachend, ohne Berücksichtigung der exakt durchschnittlich bewerteten Ausprägungen $v_{1,ø} = v_{2,ø} = 0{,}5$, ergibt sich in Abbildung 2-13 eine Vier-Felder-Matrix.[292]

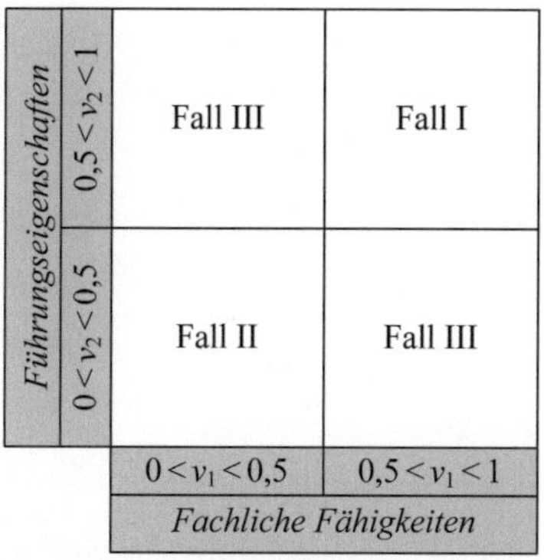

Abbildung 2-13: Fallunterscheidung komplementärer Interaktionen.

[292] Eine Zuweisung der durchschnittlichen Ausprägung, die genau $v_i = 0{,}5$ beträgt, ist ohne Weiteres zu beiden jeweils angrenzenden Fällen möglich. Im Folgenden wird darauf zugunsten einer prägnanten Beschreibung der Fälle darauf verzichtet.

Diese Vier-Felder-Matrix erlaubt differenzierte Aussagen hinsichtlich der relativen Wirkung der Präferenzaussagen. Um für die einzelnen Fälle systematisch Anforderungen für eine Modellierung abzuleiten, erfolgt eine differenzierte Fallunterscheidung.

2.3.2.3 Differenzierte Fallunterscheidung

2.3.2.3.1 Verstärkende Wirkung (Fall I)

Der Fall I zeichnet sich durch die Kombination zweier überdurchschnittlich bewerteter Ausprägungen aus. Die Bewerber C und D aus dem Einführungsbeispiel sind in diesem Fall zu verorten. Der Bewerber C (D) weist in beiden Dimensionen bewertete Ausprägungen von $v_{1,C}=v_{2,C}=0{,}6$ ($v_{1,D}=v_{2,D}=0{,}56$) auf. In einem (nicht-modifizierten) additiven Aggregationsmodell ergeben sich bei Gewichten $w_1=w_2=0{,}5$, wie oben beschrieben, Nutzwerte von $N_C=0{,}6$ und $N_D=0{,}56$. Die Berücksichtigung der Präferenzaussagen führt zu einem höheren Nutzwert, da die überdurchschnittlich bewerteten Ausprägungen jeweils resultierende Wichtigkeitsfaktoren $W_{F,1,2}>1$ und $W_{F,3,4}>1$ induzieren. In beiden Dimensionen überwiegen die Wichtigkeit verstärkenden Präferenzaussagen PA_1 und PA_3 die abschwächenden Präferenzaussagen PA_2 und PA_4. Im Falle der in Tabelle 2-6 dargestellten Quantifizierung ergibt sich für beide Dimensionen ein resultierender Wichtigkeitsfaktor in Höhe von $W_{F,1,2}=W_{F,3,4}=1{,}14$ und folgender modifizierter Nutzwert für Bewerber C:

$$N_{C,\text{mod}} = 0{,}5\times1{,}14\times0{,}6+0{,}5\times1{,}14\times0{,}6=0{,}686. \tag{2-26}$$

Der modifizierte Nutzwert unter Berücksichtigung der Präferenzaussagen $N_{C,\text{mod}}=0{,}686$ ist damit, wie gefordert, höher als der Nutzwert ohne Berücksichtigung der Präferenzaussagen in Höhe von $N_C=0{,}6$. Die Aufspaltung der Wichtigkeitsfaktoren ermöglicht eine isolierte Betrachtung des (rein) additiven Nutzwerts und des auf die Präferenzaussagen zurückzuführenden Nutzenbeitrags. Die Abweichung des Wichtigkeitsfaktors vom neutralen Faktor eins kennzeichnet den sekundären Anteil und kann wie folgt dargestellt werden:

$$\begin{aligned} N_{C,\text{mod}} &= 0{,}5\times(1+0{,}14)\times0{,}6+0{,}5\times(1+0{,}14)\times0{,}6 \\ &= 0{,}3+0{,}043+0{,}3+0{,}043=0{,}6+0{,}086=0{,}686. \end{aligned} \tag{2-27}$$

Die Interaktionsbeiträge beider Dimensionen betragen in diesem Beispiel jeweils 0,043 und der sekundäre Anteil $N_{1,2,C}=0{,}086$. Es liegt ein überproportionaler Nutzwert vor, der ökonomisch als eine positive komplementäre Interaktion zu interpretieren ist. Die Berechnung des modifizierten Nutzwerts des Bewerbers C dient beispielhaft der anschaulichen Darstellung der Zusammensetzung des Nutzwerts unter Berücksichtigung der Präferenzaussagen im Falle zweier überdurchschnittlich bewerteter Ausprägungen.

Im Folgenden soll der gesamte Bereich überdurchschnittlich bewerteter Eigenschaftskombinationen im Fokus stehen. Ziel ist es herauszufinden, ob ein systematischer Zusammenhang hinsichtlich des Ausmaßes der Interaktionsbeiträge bei unterschiedlichen überdurchschnittlich bewerteten Ausprägungen zu erkennen ist und wenn, wovon dieser abhängig ist. Die modifizierten Nutzwerte in beiden Dimensionen überdurchschnittlich bewerteter Bewerber unter Berücksichtigung der Präferenzaussagen sind in Abhängigkeit der bewerteten Ausprägungen $v_1 > 0{,}5$ und $v_2 > 0{,}5$ in Tabelle 2-7 dargestellt.

		Wert v_1					
		0,50	0,60	0,70	0,80	0,90	1,00
Wert v_2	1,00	1,125	1,257	1,406	1,575	1,770	2,000
	0,90	0,955	1,076	1,214	1,372	1,555	1,770
	0,80	0,813	0,925	1,053	1,200	1,372	1,575
	0,70	0,692	0,796	0,915	1,053	1,214	1,406
	0,60	0,589	**0,686**	0,796	0,925	1,076	1,257
	0,50	0,500	0,589	0,692	0,813	0,955	1,125

Tabelle 2-7: Modifizierter Nutzwert $N_{j,\text{mod}}$ unter Berücksichtigung der Präferenzaussagen in Abhängigkeit von überdurchschnittlich bewerteten Ausprägungen (Fall I).

Um den sekundären Anteil $N_{1,2,\text{mod}}$ vom modifizierten Nutzwert aus Formel (2-15) zu isolieren, ist der primäre Anteil, also der Nutzwert aus dem (nicht-modifizierten) additiven Aggregationsmodell ohne Berücksichtigung der Präferenzaussagen, zu subtrahieren:

$$N_{1,2,j} = N_{j,\text{mod}} - N_{1,j} - N_{2,j}. \qquad \textbf{(2-28)}$$

Die sekundären Anteile in beiden Ausprägungen überdurchschnittlich bewerteter Alternativen sind in Abhängigkeit der bewerteten Ausprägungen $v_1 > 0{,}5$ und $v_2 > 0{,}5$ in Tabelle 2-8 dargestellt.

		Wert v_1					
		0,50	0,60	0,70	0,80	0,90	1,00
Wert v_2	1,00	0,375	0,457	0,556	0,675	0,820	1,000
	0,90	0,255	0,326	0,414	0,522	0,655	0,820
	0,80	0,163	0,225	0,303	0,400	0,522	0,675
	0,70	0,092	0,146	0,215	0,303	0,414	0,556
	0,60	0,039	**0,086**	0,146	0,225	0,326	0,457
	0,50	0,000	0,039	0,092	0,163	0,255	0,375

Tabelle 2-8: Sekundärer Anteil im Bereich positiver komplementärer Interaktionen (Fall I) in Abhängigkeit von den bewerteten Ausprägungen.

Es resultiert eine zur Diagonale symmetrische Verteilung des sekundären Anteils. Dieses verdeutlicht der linke Teil der Abbildung 2-14.

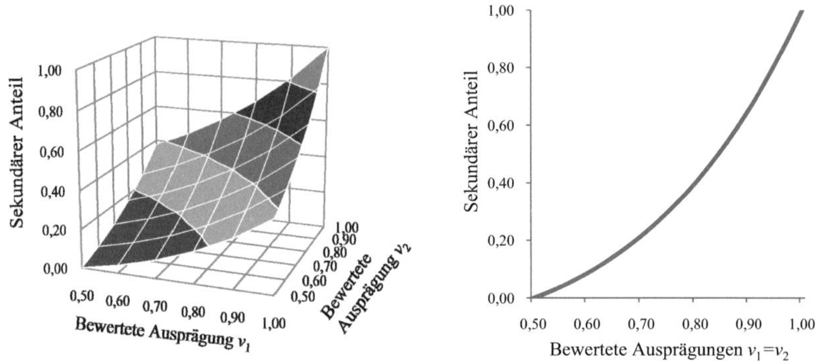

Abbildung 2-14: Sekundärer Anteil im Bereich positiver komplementärer Interaktionen (Fall I) in Abhängigkeit der bewerteten Ausprägungen.

Im Falle nicht gleichgewichtender Zielsysteme ergeben sich links- oder rechtsschiefe Verteilungen des sekundären Anteils. Die Werte in der Diagonale sind allerdings für jede Gewichtung gleich. Die Diagonale ist unabhängig von den Gewichten w_i gekennzeichnet durch einen **in etwa quadratischen Anstieg** der Interaktionsbeiträge, wie es in Abbildung 2-14 der rechte Teil zeigt. Im Rahmen der Modellierung komplementärer Interaktionen ist eben dieses zu gewährleisten. Die anschauliche und direkte Argumentation innerhalb des modifizierten additiven Aggregationsmodells ist nur im Fall I möglich. Sowohl im Fall II als auch im Fall III werden auf Teile der Argumentation im Rahmen des Falls I, insbesondere die dort erläuterten Symmetrieeigenschaften der Wichtigkeitsfaktoren, zurückgegriffen.

2.3.2.3.2 Abschwächende Wirkung (Fall II)

In Fall II werden Alternativen mit unterdurchschnittlich bewerteten Ausprägungen in beiden Dimensionen betrachtet. Die Bewerber G, H und I aus dem Eingangsbeispiel sind in diesem Bereich zu verorten. Die Diagonale des Verlaufs der sekundären Anteile dient im Fall I zur Ableitung des in etwa quadratischen Verlaufs positiver komplementärer Interaktionen. Die Wichtigkeitsfaktoren in der Diagonale im Fall II entsprechen den Kehrwerten derer aus Fall I. Hieraus ist ein spiegelbildlicher Verlauf des Interaktionsbeitrags abzuleiten. Demzufolge muss von der durchschnittlich bewerteten Alternative ausgehend in Richtung der am schlechtesten bewerteten Alternative ein in etwa quadratisch ansteigender, negativer sekundärer Anteil vorliegen.

Für den Bewerber G ergibt sich im modifizierten additiven Aggregationsmodell ein Nutzwert in Höhe von $N_G = 0{,}3$. Unter Berücksichtigung der Präferenzaussagen resultiert:

$$N_{G,\text{mod}} = 0{,}3 \times 0{,}5 \times 0{,}76 + 0{,}3 \times 0{,}5 \times 0{,}76 = 0{,}228. \tag{2-29}$$

Der primäre Anteil beträgt $N_G = 0{,}3$ und der sekundäre Anteil damit $N_{1,2,G} = -0{,}072$. Dieses impliziert in dem Beispiel den konkaven Verlauf der Indifferenzlinie [E, I, F] in Abbildung 2-7. Während die Wirkungsrichtung des sekundären Anteils nachvollziehbar ist, muss dessen Ausmaß genauer untersucht werden. Es handelt sich im Fall II um negative komplementäre Interaktionen, die zu einem unterproportionalen, modifizierten Nutzwert unter Berücksichtigung der Präferenzaussagen führen. In Tabelle 2-9 sind die sekundären Anteile im Bereich negativer komplementärer Interaktion dargestellt.

		Wert v_1					
		0,00	0,10	0,20	0,30	0,40	0,50
Wert v_2	0,50	-0,125	-0,105	-0,083	-0,059	-0,031	**0,000**
	0,40	-0,100	-0,090	-0,079	-0,066	**-0,050**	-0,031
	0,30	-0,075	-0,075	-0,074	**-0,071**	-0,066	-0,059
	0,20	-0,050	-0,059	**-0,067**	-0,074	-0,079	-0,083
	0,10	-0,025	**-0,042**	-0,059	-0,075	-0,090	-0,105
	0,00	**0,000**	-0,025	-0,050	-0,075	-0,100	-0,125

Tabelle 2-9: Sekundärer Anteil im Bereich negativer komplementärer Interaktionen (Fall II) in Abhängigkeit der bewerteten Ausprägungen.

Im Falle der in beiden Dimensionen mit $v_{1,ø} = 0{,}5$ und $v_{2,ø} = 0{,}5$ durchschnittlich bewerteten Alternative entfalten die Wichtigkeitsfaktoren in Höhe von $W_{1,2,\text{mod}} = W_{3,4,\text{mod}} = 1$ keine Wirkung. Folglich beträgt der sekundäre Anteil $N_{1,2,j} = 0$. Für gleichmäßig kleiner werdende, bewertete Ausprägungen v_i steigt der Betrag der negativen sekundären Anteile zunächst an und sinkt anschließend wieder, wie Abbildung 2-15 zeigt.

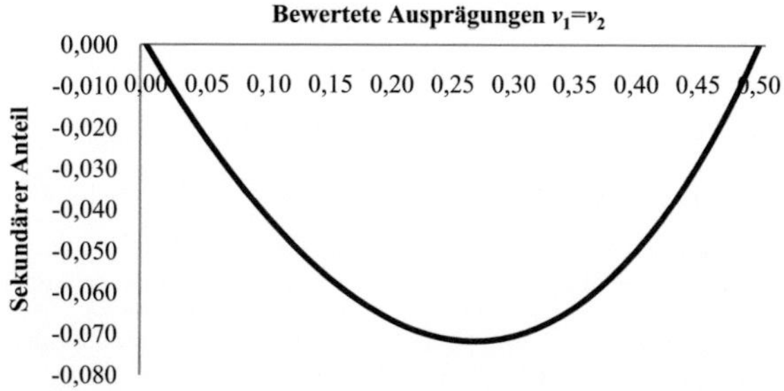

Abbildung 2-15: Sekundärer Anteil bei negativen komplementären Interaktionen (Fall II) in Abhängigkeit von den bewerteten Ausprägungen ausgewogener Alternativen.

Die Ursache hierfür liegt in der sinkenden Bezugsbasis der Wichtigkeitsfaktoren. Für die am schlechtesten bewertete Alternative beträgt der mit dem Wichtigkeitsfaktor multiplizierte Nutzwert $N_j = 0$, sodass insgesamt ebenfalls ein sekundärer Anteil in Höhe von $N_{1,2,j} = 0$ resultiert. Der sekundäre Anteil ist damit nicht symmetrisch um die durchschnittliche Alternative verteilt. In einem zweidimensionalen Zielsystem tangiert dieses die Rangfolge von Alternativen nur geringfügig, wohl aber in mehrdimensionalen Zielsystemen. Wenn beispielsweise eine weitere Dimension hinzukommt, führt die asymmetrische Behandlung des sekundären Anteils zu Rangverschiebungen.[293] Im Rahmen eines auf den Wertebereich von null bis eins normierten additiven Aggregationsmodells ergibt sich daher eine systematische Abweichung. Die Ursache dafür liegt in den relativ großen Unterschieden der bewerteten Ausprägungen. Die schlechteste Alternative, die in beiden Ausprägungen einen Wert in Höhe von $v_1 = v_2 = 0$ aufweist, erhält unabhängig von der Höhe des Wichtigkeitsfaktors immer einen modifizierten Nutzwert in Höhe von $N_{j,\text{mod}} = 0$. Im Falle eines additiven Modells mit relativ geringeren Unterschieden in den bewerteten Ausprägungen, beispielsweise im Wertbereich von 100 bis 101, sind ansteigende negative Interaktionsbeiträge im gesamten Bereich des Falls II zu erkennen. Die sekundären Anteile positiver komplementärer Interaktionen sind dennoch systematisch höher als die Beträge negativer komplementärer Interaktionen. Bei extremen Wichtigkeitsfaktoren in Höhe von 2 und 0,5 ergeben sich beispielsweise ein positiver Interaktionsbeitrag in Höhe von 101 (=2×101-101) und ein negativer Interaktionsbeitrag in Höhe von -50 (=0,5×100-100). Hier stößt der in dieser Argumentation zur Veranschaulichung eingesetzte Bezugsrahmen des modifizierten additiven Aggregationsmodells an seine Grenzen. Wichtig ist an dieser Stelle festzuhalten, dass es im Rahmen der Quantifizierung der Präferenzaussagen kein Argument für eine asymmetrische Behandlung positiver und negativer komplementärer Interaktionen gibt. Daher sind die Wirkungen positiver und negativer komplementärer Interaktionen symmetrisch zu modellieren.

2.3.2.3.3 *Ausgleichende Wirkung (Fall III)*

Die Bewerber sind in Fall III in einer Eigenschaft über- und in der anderen Eigenschaft unterdurchschnittlich bewertet. Dieses trifft auf die Bewerber A und B im Einführungsbeispiel zu.

[293] Als Beispiel hierfür dient ein gleichgewichtiges, vierdimensionales Zielsystem, wobei Interaktionen zwischen der ersten und zweiten sowie zwischen der dritten und vierten Dimension vorliegen. Betrachtet wird die Alternative, die der Entscheidungsträger in den ersten beiden Dimensionen mit null und den zweiten beiden Dimensionen mit eins bewertet. Der primäre Anteil liegt wie erwartet genau bei 0,5 [=(0+0+1+1)/4]. Der sekundäre Anteil der ersten beiden Dimensionen beträgt null und der zweiten beiden eins, vgl. Tabelle 2-8 und Tabelle 2-9. Entgegen der Erwartung gleichen sich die sekundären Anteile nicht aus. Vgl. hierzu auch die Argumentation zur präferenzgerechten Abbildung komplementärer Interaktionen in Abschnitt 4.1.2.2.2.

Während in den Fällen I und II die Interaktionsbeiträge der einzelnen Dimensionen jeweils gleich gerichtet sind, unterscheiden sich im Fall III die Interaktionsbeiträge der einzelnen Dimensionen in ihrem Vorzeichen. Exemplarisch ergeben sich für Bewerber A, der sich durch *fachliche Fähigkeiten* $v_{1,A} = 1$ und *Führungseigenschaften* $v_{2,A} = 0{,}2$ auszeichnet, in einem gleichgewichteten Zielsystem folgender Teil- und Gesamtnutzen.

$$N_{j,\text{mod}} = w_1 v_{1,j} W_{F,3,4}\left(v_{2,j}\right) + w_2 v_{2,j} W_{F,1,2}\left(v_{1,j}\right). \tag{2-30}$$

Mit

$$\begin{aligned} v_1 &= 1 \\ v_2 &= 0{,}2 \\ W_{F,1,2}\left(v_1 = 1\right) &= 2 \\ W_{F,3,4}\left(v_2 = 0{,}2\right) &= 0{,}67 \end{aligned}$$

ergibt sich

$$N_{A,\text{mod}} = 0{,}5 \times 1{,}0 \times 0{,}67 + 0{,}5 \times 0{,}2 \times 2{,}0 = 0{,}33 + 0{,}20 = 0{,}533. \tag{2-31}$$

Der modifizierte Gesamtnutzen unter Berücksichtigung der Präferenzaussagen liegt für Bewerber A in Höhe von 0,067 unter dem des nicht-modifizierten additiven Aggregationsmodells in Höhe von $N_A = 0{,}6$. Es ist im Fall III eine „Tendenz zur Mitte" zu konstatieren. Die überdurchschnittlich bewerteten *fachlichen Fähigkeiten* erfahren eine Abwertung durch einen von den unterdurchschnittlich bewerteten *Führungseigenschaften* abhängigen Wichtigkeitsfaktor $W_{F,3,4} < 1$. Gleichzeitig erhöht sich der Teilnutzen der unterdurchschnittlich bewerteten *Führungseigenschaften* aufgrund des von den überdurchschnittlich bewerteten *fachlichen Fähigkeiten* abhängigen Wichtigkeitsfaktors $W_{F,1,2} = 2$. Dieses drückt sich auch in unterschiedlichen Vorzeichen der Interaktionsbeiträge aus, die zusammen den sekundären Anteil darstellen. Für Bewerber A ergibt sich:

$$N_{1,2,A} = 0{,}5 \times 1{,}0 \times \left(0{,}67 - 1\right) + 0{,}5 \times 0{,}2 \times \left(2 - 1\right) = -0{,}166 + 0{,}10 = -0{,}067. \tag{2-32}$$

Der Interaktionsbeitrag der *fachlichen Fähigkeiten* beträgt -0,166 und überwiegt damit den Interaktionsbeitrag der *Führungseigenschaften* in Höhe von 0,1. Der gesamte Interaktionsbeitrag ist damit negativ und beträgt $N_{1,2,A} = -0{,}067$. Dieser Wert ist ökonomisch nicht sinnvoll zu interpretieren.

Das folgende Beispiel des hier neu eingeführten Bewerbers S stellt heraus, inwiefern ein im Rahmen der anschaulichen Erklärung der nutzentheoretischen Auswirkungen der Präferenzaussagen eingesetztes modifiziertes Aggregationsmodell im Fall III an seine Grenzen stößt. Bewerber S zeichnet sich durch bewertete *fachliche Fähigkeiten* $v_{1,S}=0{,}8$ und bewertete *Führungseigenschaften* $v_{2,S}=0{,}2$ aus. Der Grad an Über- bzw. Unterdurchschnittlichkeit, also der Abstand der bewerteten Ausprägungen zur durchschnittlich bewerteten Ausprägung beträgt jeweils 0,3. Die Wichtigkeitsfaktoren der Teilnutzen sind jeweils die Kehrwerte voneinander, konkret $W_{F,3,4}(v_2)=0{,}67$ und $W_{F,1,2}(v_1)=1{,}5$.[294] Aufgrund dieser Konstellation sind sich vollständig ausgleichende Interaktionsbeiträge zu erwarten. Es resultiert für Bewerber S folgender modifizierter Gesamtnutzen.

$$N_{S,\text{mod}} = 0{,}5 \times 0{,}8 \times 0{,}67 + 0{,}5 \times 0{,}2 \times 1{,}5 = 0{,}267 + 0{,}18 = 0{,}417. \quad \textbf{(2-33)}$$

Der sekundäre Anteil berechnet sich wie folgt:

$$N_{1,2,S} = 0{,}5 \times 0{,}8\left(0{,}67 - 1\right) + 0{,}5 \times 0{,}2\left(1{,}5 - 1\right) = -0{,}133 + 0{,}05 = -0{,}083. \quad \textbf{(2-34)}$$

Im Gegensatz zur Erwartung gleichen sich die Interaktionsbeiträge nicht aus. Die Ursache für diesen Unterschied in Höhe von -0,083 ist eine systematische Abweichung. Diese resultiert aus der unterschiedlichen Höhe der mit den durch die Wichtigkeitsfaktoren modifizierten Gewichten zu multiplizierenden Ausprägungsgraden v_i und der Normierung des additiven Aggregationsmodells. Der Wichtigkeitsfaktor $W_{F,3,4}(v_2)$ erhält durch die Multiplikation mit der Ausprägung $v_1=0{,}8$ unbegründet einen größeren Einfluss als der mit einer Ausprägung $v_2=0{,}2$ multiplizierte Wichtigkeitsfaktor $W_{F,1,2}(v_1)$.[295] Eine Untersuchung und anschließende Interpretation, um wie viel ein Interaktionsbeitrag einen anderen überwiegt, ist daher nicht sinnvoll.

Es bleibt an dieser Stelle festzuhalten, dass gegenläufige Interaktionsbeiträge zu relativ geringen sekundären Anteilen führen. Der Einfluss der diesbezüglichen Präferenzaussagen auf den Nutzwert ist damit ebenfalls relativ gering. Es wäre zwar möglich, in Abhängigkeit der Gewichtung eines Zielsystems Bereiche zu unterscheiden, in denen ein geringer positiver oder ein geringer negativer sekundärer Anteil vorliegen. Im Fall III liegt aber weder eine eindeutig positive noch eine eindeutig negative komplementäre Interaktion vor. Eine ökonomische Interpretation dieser geringen Differenzen ist daher kaum sinnvoll. Dass die Verstärkung einen relativ größeren Einfluss auf den Nutzwert als die Abschwächung hat, ist nur schwer für

[294] Vgl. Tabelle 2-6 in Abschnitt 2.3.2.2.

[295] Vgl. die Diskussion zur Eignung des Wichtigkeitssummanden in Abschnitt 2.3.2.2.

den Entscheidungsträger nachvollziehbar. Im Fall III liegen daher keine verstärkenden oder abschwächenden Interaktionen vor, sondern eine ausgleichende „Tendenz zur Mitte“, die im Rahmen einer Modellierung komplementärer Interaktionen zu berücksichtigen ist.

2.3.2.3.4 Zwischenfazit

Das Konzept differenzierter komplementärer Interaktionen verzichtet auf eine konkrete Quantifizierung, wenn sich die verstärkenden und abschwächenden Effekte nahezu aufheben. Das Ausmaß der Interaktion und damit die Wirkung auf das Entscheidungskriterium sollten die Präferenzen des Entscheidungsträgers korrekt widerspiegeln. Da es nur sinnvoll ist, Interaktionen zu modellieren, die Entscheidungen beeinflussen können, sollte darüber hinaus die Berücksichtigung einer Interaktion im Vergleich zur Nicht-Berücksichtigung zu signifikanten Rangverschiebungen in einer Alternativenmenge führen.

Sofern der Entscheidungsträger nicht explizit etwas anderes artikuliert, sollten für die Modellierung komplementärer Interaktionen die herausgearbeiteten Eigenschaften der unterschiedlichen Fälle erfüllt sein. Um dieses zu gewährleisten, sind folgende drei Anforderungen zu erfüllen:

> **Anforderung 1**: Die Steigerung des sekundären Anteils positiver komplementärer Interaktionen (Fall I) sollte in der Diagonale, also bei Kombinationen ausgewogener Ausprägungen, einen in etwa quadratischen Verlauf aufweisen.
>
> **Anforderung 2**: Die relative Wirkung einer positiven komplementären Interaktion (Fall I) auf das Entscheidungskriterium sollte der reziproken Wirkung einer negativen komplementären Interaktion (Fall II) auf das Entscheidungskriterium entsprechen.
>
> **Anforderung 3**: Bei Kombinationen relativ gleich über- und unterdurchschnittlich bewerteter Ausprägungen (Fall III) sollten keine positiven wie negativen komplementären Interaktionen, sondern eine ausgleichende „Tendenz zur Mitte“ vorliegen.

2.3.2.4 Interaktionen höherer Ordnung

Die bisherigen Ausführungen haben sich auf Interaktionen zwischen zwei Dimensionen beschränkt. Die grundlegende Systematik ist auch auf Präferenzsysteme mit Interaktionen zwischen beliebig vielen Dimensionen übertragbar. Auf eine formale Darstellung wird an dieser Stelle verzichtet, da sich der oben eingesetzte, additive Bezugrahmen hierzu nur bedingt eignet und der Erkenntnisgewinn für die Argumentation dieser Arbeit relativ gering ausfiele. Für ein vertieftes Verständnis komplementärer Interaktionen und komplementärer Interaktionen höherer Ordnung in einem drei- oder mehrdimensionalen Zielsystem wird anstelle dessen das im Rahmen betriebswirtschaftlicher Entscheidungen häufig betrachtete „magische Dreieck" näher untersucht. Dieses zeichnet sich durch die Dimensionen *Kosten*, *Zeit* und *Qualität* aus. Zwischen diesen Dimensionen können in der Bewertung unterschiedlicher Ausprägungen jeweils Interaktionen vorliegen.

Eine exemplarische Konkretisierung des „magischen Dreiecks" erfolgt anhand der Personalauswahl eines Unternehmens. Die drei Dimensionen werden dabei jeweils mithilfe einer messbaren Größe operationalisiert. Bei der Dimension *Kosten* handelt es sich um das *Jahresgehalt*, bei der Dimension *Zeit* um die *Wochenarbeitszeit* und bei der Dimension *Qualität* um die *Examensnote*. Um dieses im weiteren Verlauf der Arbeit mehrfach aufgegriffene Beispiel zu plausibilisieren, werden hinsichtlich der einzelnen Größen einige Annahmen getroffen. In der Praxis ist die Varianz hinsichtlich der *Wochenarbeitszeit* begrenzt. Zumeist werden nur halbe, drei Viertel oder ganze Stellen vergeben. Hinsichtlich des *Jahresgehalts* sorgen in der Praxis Tarifverträge teilweise für ähnliche Bezahlungen. Um differenziertere Ausprägungen mit einer größeren Bandbreite der *Wochenarbeitszeit* und des *Jahresgehalts* zu erhalten, wird die Prämisse gesetzt, dass es keine Tarifverträge gibt, sondern die Bewerber individuelle Vereinbarungen hinsichtlich der *Wochenarbeitszeit* und des *Jahresgehalts* mit dem Unternehmen treffen können. In der Dimension *Qualität* wird von der Vergleichbarkeit von *Examensnoten* ausgegangen, wie es beispielsweise innerhalb des juristischen Staatsexamens eines Bundeslandes möglich ist.

In der Grundtendenz fällt die Bewertung eines Bewerbers aus Sicht des Unternehmens umso höher aus, je geringer das *Jahresgehalt* und je höher die *Wochenarbeitszeit* und die *Examensnote* sind. Es ist jeweils aus Sicht des Unternehmens also positiv zu bewerten, wenn ein Bewerber sich zum einen durch eine überdurchschnittliche *Wochenarbeitszeit* und zum anderen durch eine überdurchschnittliche *Examensnote* auszeichnet. Darüber hinaus profitiert das Unternehmen in eben dieser Kombination der Ausprägungen überproportional, da die über die durchschnittliche *Wochenarbeitszeit* hinausgehende geleistete Arbeit auch noch mit einer überdurchschnittlichen *Qualität* verrichtet wird. Es liegt eine positive komplementäre Interaktion vor. Die Gedanken hinsichtlich der Wirkung der Kombinationen überdurchschnittlicher Ausprägungen können ohne Weiteres auf Kombinationen unterdurchschnittlicher Ausprägungen übertragen werden. Die Bewertungen einer kurzen *Wochenarbeitszeit* und einer schlechten *Examensnote* sind für sich genommen relativ niedrig. Wenn beides zusammentrifft, liegt eine negative komplementäre Interaktion vor und die Bewertung wird noch weiter reduziert, da der Bewerber das Wenige auch noch schlecht ausführt. Im Falle der Kombination über- und unterdurchschnittlicher Ausprägungen sind hingegen neben primären Anteilen kein nennenswerter sekundärer Anteil und damit weder eine positive noch eine negative komplementäre Interaktion zu konstatieren.

Ein geringes *Jahresgehalt* und eine lange *Wochenarbeitszeit* führen jeweils isoliert betrachtet zu einer relativ hohen Bewertung in Form eines relativ hohen primären Anteils aus Sicht des Unternehmens. Im Rahmen der Bewertung unterschiedlicher Kombinationen von *Jahresgehalt* und *Wochenarbeitszeit* kann bei konstanter *Examensnote* der Quotient von *Jahresgehalt* und *Wochenarbeitszeit* als Maß für die Bewertung dieser Kombinationen herangezogen werden. Im Falle eines geringen *Jahresgehalts* und einer langen *Wochenarbeitszeit* sind die Kosten pro Stunde unterproportional niedrig, welches aus Sicht des Unternehmens zu einer überproportionalen Bewertung in Form eines sekundären Anteils führt. Analog dazu kann auch für das *Jahresgehalt* und die *Examensnote* argumentiert werden. In diesem Zielsystem liegen damit jeweils zwischen zwei Dimensionen komplementäre Interaktionen erster Ordnung vor. Wenn die Ausprägungen aller drei Dimensionen entweder überdurchschnittlich oder unterdurchschnittlich sind, dann kann neben den drei Interaktionen erster Ordnung zusätzlich eine Interaktion zweiter Ordnung vorliegen.[296] Diese wird mithilfe des sogenannten tertiären Anteils abgebildet und steht für den überproportionalen (unterdurchschnittlichen) Nutzen, der ausschließlich aus der Kombination der Ausprägungen aller drei Dimensionen resultiert. Zur Vereinfachung ist es denkbar, „Interaktionen höherer Ordnung bis zu einem gewissen Grad durch Interaktionen erster Ordnung zu approximieren“[297].

Bei einer Unterscheidung in über- und unterdurchschnittliche Ausprägungen existieren insgesamt acht Fälle. Der aus einer Interaktion zweiter Ordnung resultierende tertiäre Anteil kommt in zwei von acht Fällen zum Tragen. Daneben existieren auch sechs „Mischfälle“, des Zusammentreffens über- und unterdurchschnittlicher Ausprägungen, wobei negative oder positive komplementäre Interaktionen zwischen jeweils zwei Dimensionen zu beachten sind. Während eine undifferenzierte Betrachtung pauschal von dem Vorliegen von Interaktionen im Zielsystem spricht, hilft die dreidimensionale Fallunterscheidung dabei, insgesamt acht Fälle mit ökonomisch nachvollziehbaren Wirkungen der Interaktionen systematisch zu unterscheiden.

---

[296] Vgl. von Nitzsch (1992), S. 65.

[297] Ibid., S. 116 f.

2.3.3 Vermeidung von Interaktionen

Für die Abbildung der Ziele eines Entscheidungsträgers gibt es meistens nicht „ein richtiges“ Zielsystem. Das Vorliegen einer Interaktion ist damit nicht eine immanente Eigenschaft des Zielsystems einer bestimmten Entscheidungssituation, sondern kann als ein Indiz eines suboptimal formulierten Zielsystems interpretiert werden[298] Eine geschickte Strukturierung und Formulierung eines Zielsystems kann einen Beitrag zur Vermeidung von Interaktionen leisten.[299] Hierfür eignen sich die Zusammenfassung entscheidungsrelevanter Dimensionen und die Umformulierung des Zielsystems.

Eine Lösungsmöglichkeit bietet die **Zusammenfassung** entscheidungsrelevanter Dimensionen. Zur Illustration wird das bereits ausführlich diskutierte Beispiel zur Einstellung eines Managers herangezogen. Das zweidimensionale Zielsystem besteht wiederum aus den Dimensionen *fachliche Fähigkeiten* und *Führungseigenschaften*. Beide Dimensionen sind förderlich für die übergeordnete Dimension *Eignung als Vorgesetzter*.[300] In dem, durch Zusammenfassung der *fachlichen Fähigkeiten* und der *Führungseigenschaften* resultierenden, eindimensionalen Zielsystem kann keine Interaktion vorliegen. Das Unternehmen bewertet alle Kandidaten in dem eindimensionalen Zielsystem und bringt die Kandidaten in eine der Präferenzstruktur entsprechende Reihenfolge. Während *fachliche Fähigkeiten* und *Führungseigenschaften* relativ einfach zu operationalisieren sind, ist dies bei der *Eignung als Vorgesetzter* deutlich schwieriger. Der Entscheidungsträger muss dabei letztlich sowohl die *fachlichen Fähigkeiten* als auch die *Führungseigenschaften* beachten. Die Berücksichtigung der Interaktion hat der Entscheidungsträger daher selbst innerhalb der Dimension *Eignung als Vorgesetzter* vorzunehmen. Die Präferenzerhebung ist mit einem erhöhten Aufwand verbunden und erfordert deutlich höhere kognitive Fähigkeiten des Entscheidungsträgers.[301] Bei der Auflösung von Interaktionen durch die Zusammenfassung von Dimensionen sollte insofern unbedingt deren Operationalisierbarkeit Beachtung finden.[302] Des Weiteren führt eine Zusammenfassung zu einem Informationsverlust, da die Informationen über die Bewertung der Ausprägungen der einzelnen Dimensionen verloren gehen.

---

298 Vgl. Ibid., S. 3 f.

299 Vgl. Eisenführ und Weber (2003), S. 119 ff.; von Nitzsch (1992), S. 78.

300 Vgl. von Nitzsch (1992), S. 63 ff. und S. 78.

301 Ähnlichkeiten zur Zusammenfassung finden sich in Abschnitt 4.1.2.1.1. Dort wird versucht, aus den Wertfunktionen von zwei Dimensionen die Wertfunktion der Interaktion abzuleiten.

302 Vgl. von Nitzsch (1992), S. 78 f.

Eine Möglichkeit ohne eine Reduktion der Dimensionen bietet die **Umformulierung** des Zielsystems, wie das folgende Beispiel demonstriert.[303] Ein Fahrradhersteller versucht, die Produktion von Fahrrädern zu maximieren. Die Herstellung eines Fahrrads erfordert genau zwei Räder und einen Rahmen. Bei einer Lagerbewertung liegt eine Interaktion zwischen der Dimension *Anzahl an Rädern* und der Dimension *Anzahl an Rahmen* vor. Aufgrund des festen Einsatzverhältnisses von einem Rahmen zu zwei Rädern führt beispielsweise eine große Anzahl an Rahmen ohne die entsprechende Anzahl an Rädern zu einem relativ geringen Gesamtwert des Lagerbestands. Ein präferenzunabhängiges Entscheidungsmodell ist nicht zur Abbildung dieses Sachverhalts in der Lage. Eine Lösungsmöglichkeit bietet die Umformulierung des Zielsystems. Das Zielsystem basierend auf den Dimensionen *Gesamtanzahl Material* und *Abweichung zum Einsatzverhältnis von Rädern und Rahmen* kann die Bewertungsstruktur adäquat abbilden.[304]

Die in den Beispielen zunächst präferenzabhängigen Zielsysteme unterscheiden sich systematisch von den resultierenden Zielsystemen. Dafür sind die Begriffe Fundamentalziel und Instrumentalziel einzuführen.[305] Die weitergehende Erreichung eines **Fundamentalziels** besitzt für den Entscheidungsträger einen eigenständigen, impliziten Wert, sodass es keiner Begründung für die Verfolgung eines Fundamentalziels bedarf.[306] KEENEY spricht von Fundamentalzielen im Falle eines interaktionsfreien, additiv präferenzunabhängigen Zielsystems.[307] Je fundamentaler ein Zielsystem ist, desto universaler ist die relevante Alternativenmenge und desto schwieriger die Operationalisierung des Zielsystems.[308] **Instrumentalziele** besitzen keinen eigenständigen Wert und gelten als förderlich oder als Mittel zum Zweck für Fundamentalziele.[309] Die Unterteilung in Fundamentalziele und Instrumentalziele kann kontextspezifisch sein.[310] Nach VON NITZSCH handelt es sich bei interagierenden Zielsystemen häufig um Instrumentalziele und bei den modifizierten Zielsystemen eher um Fundamentalziele.[311] Die Operationalisierbarkeit sinkt allerdings, je mehr Fundamentalziele Berücksichtigung finden müssen.

---

303 Vgl. Ibid., S. 78 f.

304 Vgl. Ibid., S. 79.

305 Vgl. Eisenführ und Weber (2003), S. 58.

306 Vgl. von Nitzsch (2002), S. 163; Eisenführ und Weber (2003), S. 58; Klein und Scholl (2004), S. 120.

307 Vgl. Keeney (1981), S. 1108 ff.

308 Vgl. Eisenführ und Weber (2003), S. 58.

309 Vgl. von Nitzsch (2002), S. 163; Eisenführ und Weber (2003), S. 58.

310 Vgl. Eisenführ und Weber (2003), S. 58.

311 Vgl. von Nitzsch (1992), S. 79.

Die skizzierten Vermeidungsstrategien von Interaktionen in Zielsystemen erlauben dem Entscheidungsträger, das Zielsystem maßgeblich zu gestalten. VON WINTERFELDT und EDWARDS meinen eine Redefinition des Zielsystems sei in jedem Anwendungsfall möglich.[312] In der Praxis ist dieses allerdings nicht zwangläufig gegeben. Bei der Beurteilung von Prozessen können beispielsweise auch Dimensionen entscheidungsrelevant sein, deren Ausprägungen in der Praxis nicht oder nur mit einem erheblichen Aufwand erhoben werden können, beispielsweise eine abstrakte Prozessqualität. Der Entscheidungsträger ist daher nicht frei in der Formulierung eines operationalisierbaren Zielsystems. Im Falle der Beurteilung eines Prozesses könnte das Zielsystem beispielsweise die Dimensionen *Fehlerrate*, *Prozesskosten* und *Durchlaufzeit* beinhalten, deren Ausprägungen das Unternehmen bereits ermittelt hat. Zwischen diesen Dimensionen liegen komplementäre Interaktionen vor.[313] Eine Umformulierung dieses präferenzabhängigen Zielsystems ist nur möglich, wenn für alle Dimensionen die erforderlichen Ausprägungen erhoben werden können. Ob und inwieweit die Formulierung interaktionsfreier Zielsysteme möglich ist, bleibt eine offene Forschungsfrage der präskriptiven Entscheidungstheorie.[314] Aus diesem Grund ist eine Beschäftigung mit Interaktionen und deren expliziter Modellierung von Relevanz.

2.4 Zielsysteme mit Interaktionen

2.4.1 Systematisierung von Zielsystemen

Für eine genauere Beschreibung der in der Praxis am häufigsten vorliegenden Zielsysteme ist eine differenzierte Betrachtung erforderlich. Die unterschiedliche Ausprägung der Präferenzunabhängigkeit in der Bewertung von Zieldimensionen erlaubt eine Klassifizierung der Zielsysteme. Im Falle von Präferenzunabhängigkeit liegt logischerweise ein präferenzunabhängiges Zielsystem vor. Dementsprechend ist ein Zielsystem, in dem Präferenzunabhängigkeit nicht gegeben ist, als präferenzabhängig zu bezeichnen. Dieser Umkehrschluss ist für zweidimensionale Zielsysteme zulässig, aber für drei- und mehrdimensionale Zielsysteme zu undifferenziert. In einem dreidimensionalen Zielsystem können zwischen null

[312] Vgl. von Winterfeldt und Edwards (1986), S. 309.

[313] Die multiplikative Verknüpfung von *Fehlerrate*, *Prozeßkosten* und *Durchlaufzeit* zur *Prozessperformance* impliziert bei GAITANIDES das Vorhandensein komplementärer Interaktionen. Vgl. Gaitanides et al. (1994), S. 58 ff.

[314] Vgl. von Nitzsch (1992), S. 78.

und drei Interaktionen erster Ordnung zwischen den einzelnen Dimensionen vorliegen. Dies impliziert bis zu drei Verletzungen der Prämisse der Präferenzunabhängigkeit.[315]

Im Falle einer ein- bis dreifachen Verletzung der Prämisse der Präferenzunabhängigkeit handelt es sich um nicht-präferenzunabhängige Zielsysteme. Diese Klasse ist weiter zu untergliedern. Nur im Falle der dreifachen Verletzung der Präferenzunabhängigkeit ist das Zielsystem als präferenzabhängig zu bezeichnen.[316] Bei einer ein- oder zweifachen Verletzung der Präferenzunabhängigkeit bietet es sich an, von partiell präferenzabhängigen bzw. partiell präferenzunabhängigen Zielsystemen zu sprechen. Innerhalb dieser Klasse ist eine Unterscheidung hinsichtlich des Verhältnisses der Anzahl vorliegender Interaktionen zur maximalen Anzahl an Interaktionen möglich. Zielsysteme mit relativ wenigen Interaktionen werden im Folgenden als partiell präferenzabhängig und Zielsysteme mit relativ vielen Interaktionen als partiell präferenzunabhängig bezeichnet.[317] In einem dreidimensionalen Zielsystem impliziert das Vorliegen einer Interaktion ein partiell präferenzabhängiges und das Vorliegen von zwei Interaktionen ein partiell präferenzunabhängiges Zielsystem. In Abbildung 2-16 ist die Klassifizierung von Zielsystemen in Hinblick auf den Grad der Präferenzunabhängigkeit bzw. Präferenzabhängigkeit anhand eines dreidimensionalen Zielsystems dargestellt.

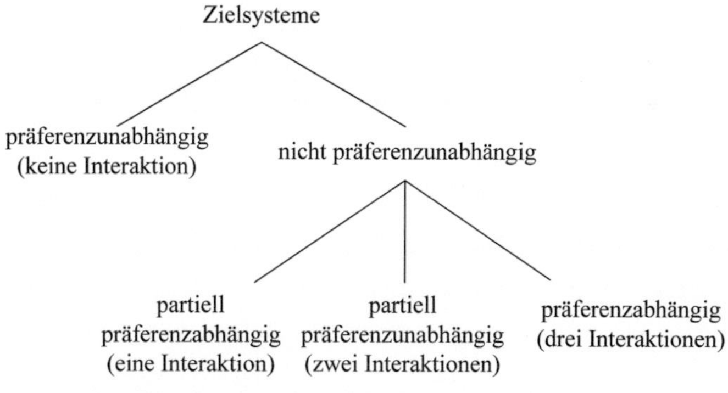

Abbildung 2-16: Klassifizierung von Zielsystemen bezüglich ihrer Präferenz(un)abhängigkeit (am Beispiel von drei Dimensionen).

[315] In dieser Argumentation wird ausschließlich auf das Vorhandensein einer Interaktion abgestellt. Das Ausmaß einer Interaktion hat auf die folgende Klassifizierung keinen Einfluss. In Abschnitt 4.2.6 ist eine erweiterte Klassifizierung auf Basis des GNF-Modells dargestellt, die neben der Anzahl auch das Ausmaß von Interaktionen berücksichtigt.

[316] Neben den drei Interaktionen erster Ordnung wäre noch eine Interaktion zweiter Ordnung erforderlich, die zwischen allen drei Dimensionen wirkt. Vgl. Abschnitt 2.3.2.4.

[317] Die Definition ist bewusst offen formuliert, da in mehr als dreidimensionalen Zielsystemen eine trennscharfe und allgemein verbindliche Unterscheidung von partiell präferenzabhängigen und partiell präferenzunabhängigen Zielsystemen nicht zweckmäßig ist. Vgl. hierzu die Diskussion in Abschnitt 4.2.6.

Es ist möglich, die genannten Zielsysteme auf einem Kontinuum anzuordnen. Die Extrempole sind dabei die additive und die multiplikative Verknüpfung. Eine multiplikative Verknüpfung berücksichtigt implizit Interaktionen zwischen allen Dimensionen.[318] Demzufolge impliziert eine additive Verknüpfung ein präferenzunabhängiges und eine multiplikative Verknüpfung ein präferenzabhängiges Zielsystem. Die Anzahl der vorliegenden und abgebildeten Interaktionen dient zur Einordnung eines Zielsystems zwischen einem präferenzunabhängigen und einem präferenzabhängigen Zielsystem. Der Übergang zwischen diesen ist in Abbildung 2-17 dargestellt.

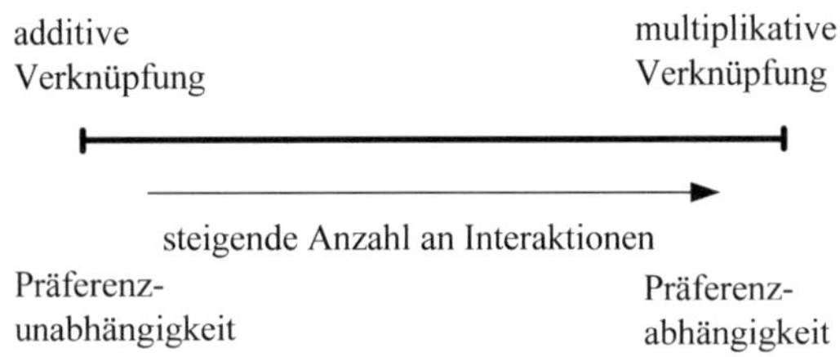

Abbildung 2-17: Übergang zwischen präferenzunabhängigen und präferenzabhängigen Zielsystemen.

In der Realität liegen diese Extrempole allerdings sehr selten in der Praxis vor. BAMBERG und COENENBERG erscheint „die Forderung nach [...] Präferenzunabhängigkeit zunächst relativ wirklichkeitsfremd."[319] Nach ADAM hängen die bewerteten Ausprägungen unterschiedlicher Ziele mehr oder weniger stark voneinander ab.[320] KEENEY und RAIFFA sehen in interaktionsfreien Zielsystemen eher die Ausnahme und halten das Vorliegen einer additiven Präferenzstruktur in der Praxis sogar für unwahrscheinlich.[321]

Viele in den multiattributiven Bewertungsverfahren eingesetzte Zielsysteme sind entgegen der nahezu paradigmatischen Prämisse nicht in allen Dimensionen präferenzunabhängig. Im Rahmen der Zielstrukturierung und der Formulierung des Zielsystems versucht der Entscheidungsträger, wie in Abschnitt 2.3.3 dargestellt, Interaktionen zu vermeiden. Demzufolge ist davon auszugehen, dass in den verwendeten Zielsystemen keine Interaktion oder nur relativ wenige Interaktionen existieren. In der Praxis liegen damit zumeist partiell präferenz-

[318] Vgl. das multiplikative Aggregationsmodell in Abschnitt 2.2.3.3 oder auch den mathematischen Ausgangspunkt zur Entwicklung des GNF-Modells in Abschnitt 3.1.

[319] Bamberg und Coenenberg (2006), S. 50.

[320] Vgl. Adam (1996), S. 138.

[321] Vgl. Keeney und Raiffa (1976), S. 100. Allerdings bietet eine additive Verknüpfung zweier Wertfunktionen eine relativ gute Approximation. Es gibt Fälle, in denen das Postulat einer additiven Verknüpfung für den Entscheidungsträger hilfreich für die Bestimmung der Wertfunktionen und der Überprüfung ihrer Konsistenz ist.

abhängige Zielsysteme mit nur relativ wenigen Interaktionen maximal mittleren[322] Einflusses vor.[323] Die vorliegende Arbeit befasst sich demzufolge insbesondere mit partiell präferenzabhängigen Zielsystemen. Ein solches wird im Folgenden exemplarisch entwickelt.

Als Beispiel für ein fünfdimensionales partiell präferenzabhängiges Zielsystem kann die Personalauswahl eines Unternehmens betrachtet werden. Die entscheidungsrelevanten Dimensionen in einem solchen Zielsystem sind *Gehalt*, *Wochenarbeitszeit*, aufgrund der *Examensnote* erwarteten *fachlichen Fähigkeiten*, *Führungseigenschaften* und *Berufserfahrung*. Subsysteme innerhalb dieses Zielsystems wurden bereits weiter oben untersucht.[324] Sowohl zwischen den *fachlichen Fähigkeiten* und den *Führungseigenschaften* als auch jeweils zwischen *Gehalt*, *Wochenarbeitszeit* und *Examensnote* ergeben sich Interaktionen, wie in Tabelle 2-10 dargestellt.

	Wochen-arbeitszeit	***Gehalt***	***Examensnote/ fachliche Fähigkeiten***	***Führungs-eigenschaften***	***Berufs-erfahrung***
Wochenarbeitszeit		**Interaktion**	**Interaktion**	Keine Interaktion	Keine Interaktion
Gehalt			**Interaktion**	Keine Interaktion	Keine Interaktion
Examensnote / fachliche Fähigkeiten				**Interaktion**	Keine Interaktion
Führungseigenschaften					Keine Interaktion
Berufserfahrung					

Tabelle 2-10: Fünfdimensionales partiell präferenzabhängiges Zielsystem zur Personalauswahl eines Unternehmens.

Auch wenn es in den praktischen Anwendungen nicht auszuschließen ist, liegen in diesem Zielsystem annahmegemäß keine weiteren Interaktionen vor. Damit sind vier von zehn möglichen Interaktionen in diesem partiell präferenzabhängigen Zielsystem explizit zu modellieren. Für eine möglichst anschauliche und konsistente Argumentation beziehen sich die Beispiele im Folgenden größtenteils auf dieses partiell präferenzunabhängige Zielsystem, wobei jeweils nach Bedarf auch die bereits eingeführten unterschiedlichen Subsysteme betrachtet werden.

[322] Je größer der Einfluss einer Interaktion ist, desto wahrscheinlicher wird ein Zielsystem umformuliert. Vgl. Abschnitt 2.3.3.

[323] Vgl. Keeney und Raiffa (1976), S. 85 ff.

[324] Vgl. Abschnitt 2.3.2 und Abschnitt 2.3.2.4.

2.4.2 „Additive Modellwelt“ und „Multiplikative Modellwelt“ der MAUT

Das Vorliegen von Präferenzunabhängigkeit erlaubt in der MAUT eine getrennte Erhebung von Arten- und Höhenpräferenz.[325] Wenn allerdings Interaktionen in einem partiell präferenzabhängigen Zielsystem existieren, wird diese Prämisse verletzt. Die beschriebenen Verfahren zur Präferenzerhebung sind damit **nicht einsetzbar** und auch die Unterscheidung in Höhen- sowie Artenpräferenz ist kritisch zu hinterfragen. Der Entscheidungsträger artikuliert seine Wertfunktionen in der Annahme, dass keine Interaktionen vorliegen. Im multiplikativen und im multilinearen Aggregationsmodell werden die so erhobenen Wertfunktionen multipliziert, um Interaktionen zu modellieren. Die Parametrisierung des multiplikativen und multilinearen Modells ist dadurch höchst fragwürdig. Ein wesentlicher Kritikpunkt liegt dabei in dem Skalenniveau der Präferenzen. Die Wertfunktionen werden unabhängig voneinander erhoben und anschließend auf das Intervall von null bis eins normiert. Eine Multiplikation dieser Werte, wie es im multiplikativen und multilinearen Aggregationsmodell der Fall ist, stellt zwar teilweise eine nachvollziehbare Approximation für einen sekundären Anteil einer Interaktion dar, ist jedoch **nicht zulässig**. Der Grund dafür liegt darin, dass die dabei eingesetzten Präferenzwerte auf einem anderen als dem, bei der Erhebung verwendeten, Skalenniveau weiterverrechnet werden.[326] Daraus folgt, dass die MAUT, wie in den bekannten Aggregationsmodellen nach KEENEY und RAIFFA realisiert, nicht für die explizite Modellierung von Interaktionen in partiell präferenzabhängigen Zielsystemen einsetzbar ist. Deshalb ist eine Erweiterung der MAUT erforderlich.

Für die Modellierung von Interaktionen sind primäre und sekundäre Anteile erforderlich.[327] In der MAUT haben sich ausschließlich Modelle durchgesetzt, die einen additiven Grundansatz der Präferenzaggregation verfolgen.[328] Dabei werden teilweise mithilfe von Anpassungen auch quadratische[329] Terme berücksichtigt und als sekundäre Anteile interpretiert. Eine Alternative dazu bietet der multiplikative Grundansatz zur Präferenzaggregation. Bei diesem werden multiplikativ verknüpfte Präferenzen in lineare und quadratische Terme aufgespaltet und ökonomisch als primäre und sekundäre Anteile interpretiert. Um beide Ansätze in der MAUT

---

[325] Vgl. Abschnitt 2.2.3.2.

[326] Vgl. von Winterfeldt und Edwards (1986), S. 306. Die Einschränkung „teilweise“ drückt aus, dass ausschließlich bei überdurchschnittlichen PNF (Fall I) eine grundsätzlich nachvollziehbare Approximation des sekundären Anteils möglich ist. Vgl. Abschnitt 4.1.2.2.1.

[327] Vgl. Abschnitt 2.3.2.

[328] Vgl. Abschnitt 2.2.3.3.

[329] Die Bezeichnung „quadratisch“ soll den multiplikativen Charakter des sekundären Anteils herausstellen. Ein konkret (oder rein) quadratischer Verlauf liegt nur im Spezialfall identisch bewerteter Ausprägungen v_i vor, also wenn $v_1 = v_2$ gilt.

zu berücksichtigen, bietet es sich an, innerhalb der MAUT zwischen der etablierten **„additiven Modellwelt"** nach KEENEY und RAIFFA und einer **„multiplikativen Modellwelt"** zu unterscheiden. In Abbildung 2-18 sind die wesentlichen Charakteristika der beiden Modellwelten dargestellt:

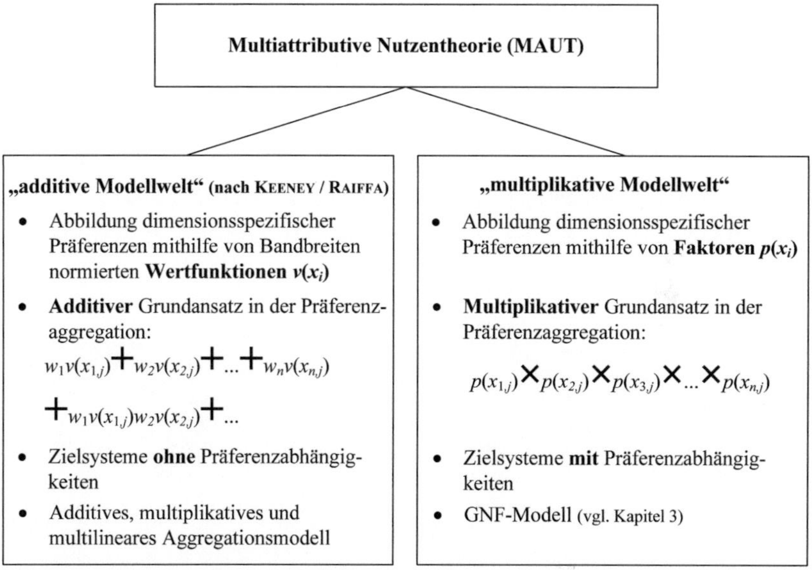

Abbildung 2-18: Charakteristika der Modellwelten der MAUT.

Die wesentlichen Unterschiede zwischen der „additiven Modellwelt" und der „multiplikativen Modellwelt" der MAUT bestehen einerseits in der Operationalisierung und der Aggregation der Präferenzen und andererseits in ihrem Anwendungsfeld.

Die „additive Modellwelt" greift basierend auf der Prämisse der Präferenzunabhängigkeit auf null bis eins normierte, linear-additive Wertfunktionen und einen additiven Grundansatz zur Präferenzaggregation zurück. Dieses gilt nicht nur für das additive Aggregationsmodell, sondern auch für das multiplikative und das multilineare Aggregationsmodell, wie die explizite Darstellung dieser Modelle zeigt. Die im Vergleich zum additiven Aggregationsmodell ergänzten, multiplikativ verknüpften und gewichteten Höhenpräferenzen gehen als weitere Summanden in die Berechnung des Nutzwerts ein. In der „additiven Modellwelt" können aufgrund der Prämisse der Präferenzunabhängigkeit ausschließlich Zielsysteme ohne Präferenzabhängigkeiten abgebildet werden.

Demgegenüber werden in der „multiplikativen Modellwelt“ der MAUT die dimensionsspezifischen Präferenzen mithilfe von Faktoren $p(x_i)$ dargestellt. Die Präferenzaggregation folgt einem multiplikativen Grundansatz. Die „multiplikative Modellwelt“ der MAUT ist konzeptionell für Zielsysteme mit Präferenzabhängigkeiten, beispielsweise partiell präferenzabhängige Zielsysteme, ausgelegt.

Die in diesem Abschnitt als erforderlich erkannte Erweiterung der MAUT wird im dritten Kapitel durch die Konzipierung eines Modells der „multiplikativen Modellwelt“ der MAUT erarbeitet. Um eine kritische Evaluierung dieses Modells zu ermöglichen, erfolgt darauf aufbauend eine Gegenüberstellung mit den Aggregationsmodellen der „additiven Modellwelt“ der MAUT. Dieses Vorgehen wird zur wissenschaftlichen Klarstellung genutzt, obwohl die Aggregationsmodelle der „additiven Modellwelt“ der MAUT grundsätzlich zur Modellierung von Interaktionen weder zulässig noch einsetzbar sind.

3 Gesamtnutzenfaktor-Modell (GNF-Modell)

3.1 Konzeptionelle Grundlagen

3.1.1 Begrifflichkeiten und mathematische Herleitung

In der „multiplikativen Modellwelt" der MAUT sind die aus der „additiven Modellwelt" der MAUT bekannten Höhenpräferenzen im Intervall von null bis eins nicht zur Modellierung der Präferenzen geeignet. Die Bewertung einer Ausprägung x der i-ten Dimension in dem Intervall der betrachteten Ausprägungen $[x_{i,\min}, x_{i,\max}]$ erfolgt mithilfe sogenannter **Nutzenfaktoren** $p(x_i)$. Diese drücken auf einer Art Verhältnis-Skala aus, wie der Entscheidungsträger die Ausprägung einer Dimension relativ zu einer durchschnittlich[330] bewerteten Referenzausprägung, dem sogenannten lokalen[331] Ankerpunkt $x_{i,\text{Anker}}$, bewertet. Der Nutzenfaktor $p(x_i)$ repräsentiert die relative Bewertung eines Entscheidungsträgers in Hinblick auf eine vom lokalen Ankerpunkt abweichende Ausprägung x_i. Damit korrespondiert der Nutzenfaktor $p(x_i)$ bei nur einer Dimension mit den Einzelpräferenzfunktionen der „additiven Modellwelt" der MAUT. Eine Artenpräferenz wird nicht explizit erhoben.

Der Wertebereich des Nutzenfaktors $p(x_i)$ umfasst alle reellen Zahlen, die größer als null und kleiner als unendlich sind, d. h. $p(x_i) \in (0,\infty)$. In der Regel liegen die Nutzenfaktoren innerhalb des Intervalls von 0,2 bis fünf.[332] Der Nutzenfaktor $p(x_i)$ einer vom Ankerpunkt abweichenden Ausprägung x_i ist dann so festzulegen, dass der Ausdruck $p(x_i) / p(x_{i,\text{Anker}})$ angibt, um welchen Faktor der Entscheidungsträger die Ausprägung x_i für geeigneter oder ungeeigneter hält als die Ausprägung des Ankerpunkts $x_{i,\text{Anker}}$. Der Ankerpunkt $x_{i,\text{Anker}}$ kann grundsätzlich bei jeder Ausprägung x_i liegen. Aufgrund der relativen Bewertung kann der Nutzenfaktor des Ankerpunkts, der Ankerwert $p(x_{i,\text{Anker}})$, jeden positiven Wert annehmen. Hierfür bietet sich der Wert eins an, weil sich dann der Ausdruck $p(x_i) / p(x_{i,\text{Anker}})$ zu $p(x_i)$ vereinfacht. Der **lokale Ankerpunkt** fungiert als relativer Bezugspunkt zu den Alternativen und dient der Normierung der

---

330 In Abschnitt 3.2.1.5.1 sind alternative Operationalisierungen des Ankerpunkts dargestellt. Im Folgenden liegt der Ankerpunkt bei der durchschnittlich bewerteten Ausprägung, da diese sehr gut nachvollziehbar ist. Der Ausdruck „durchschnittlich" ist im Gegensatz zur „additiven Modellwelt" der MAUT nicht als arithmetisches Mittel der am besten und schlechtesten bewerteten Ausprägungen definiert. Vgl. hierzu auch Fußnote 283.

331 In einem mehrdimensionalen Zielsystem bezeichnen lokale Ankerpunkte die Referenzausprägungen der einzelnen Dimensionen. Die Referenzalternative, die in allen Dimensionen die Ausprägungen des lokalen Ankerpunkts aufweist, repräsentiert den globalen Ankerpunkt.

332 Dieses Intervall gilt für Nutzenfaktoren mit einem mit $p(x_{i,\text{Anker}}) = 1$ bewerteten Ankerpunkt. Ein Nutzenfaktor in Höhe von fünf impliziert, dass die Ausprägung fünfmal besser als der Ankerpunkt bewertet wird.

Nutzenfaktoren. Die Unterscheidung in Nutzenfaktoren $p(x_i) < p(x_{i,\text{Anker}})$ und $p(x_i) > p(x_{i,\text{Anker}})$ erlaubt eine für die Bestimmung von Interaktionsbereichen erforderliche Abgrenzung über- und unterdurchschnittlich bewerteter Ausprägungen.[333] Die mathematische Funktion und die ökonomische Interpretation des lokalen Ankerpunkts werden im Rahmen der Präferenzerhebung in Abschnitt 3.2.1.5 ausführlich dargestellt.

Im Falle mehrerer Dimensionen ist das aggregierte Entscheidungskriterium in der „multiplikativen Modellwelt" der MAUT ein Faktor. In der Literatur existiert dafür keine geeignete Bezeichnung, sodass ein neuer Begriff eingeführt werden muss. Der nicht-modifizierte **Gesamtnutzenfaktor (GNF)** stellt das Verhältnis der Bewertung einer Alternative zur Bewertung der Referenzalternative über alle Dimensionen dar. Das Attribut „nicht-modifiziert" drückt dabei aus, dass es sich um eine nicht veränderte Multiplikation der Nutzenfaktoren handelt. Eine Alternative mit einem GNF in Höhe von $g_j = 2$ wird dementsprechend beispielsweise doppelt so hoch bewertet wie der **globale Ankerpunkt**, der in jeder Dimension die Ausprägung des lokalen Ankerpunkts aufweist. Je höher der nicht-modifizierte GNF einer Alternative ist, desto relativ besser bewertet der Entscheidungsträger diese im Vergleich zur Referenzalternative. Bei einer Normierung der lokalen Ankerwerte auf $p_{i,\text{Anker}} = 1$ beträgt der nicht-modifizierte GNF des globalen Ankerpunkts genau $g_{\text{Anker}} = 1$. Für zwei Dimensionen X_1 und X_2 ergibt sich der nicht-modifizierte GNF g_j der Alternative j nach der Formel:

$$g_j\left(p(x_{1,j}), p(x_{2,j})\right) = p(x_{1,j}) \cdot p(x_{2,j}). \qquad \textbf{(3-1)}$$

Die Differenz des GNF aufgrund der Änderung der Ausprägung z. B. der Dimension X_1 von $x_{1,j}$ auf $x_{1,j,\text{mod}}$ ist gegeben durch

$$g_j\left(p\left(x_{1,j}\right), p\left(x_{2,j}\right)\right) - g_j\left(p\left(x_{1,j,\text{mod}}\right), p\left(x_{2,j}\right)\right) = \left[p\left(x_{1,j}\right) - p\left(x_{1,j,\text{mod}}\right)\right] p\left(x_{2,j}\right). \qquad \textbf{(3-2)}$$

Diese Änderung ist abhängig von der Ausprägung der anderen Dimensionen. Eine Interaktion oder Interdependenz der Dimensionen ist daher im GNF-Modell automatisch gegeben. Wünschenswert wäre jedoch, die Interaktion oder Interdependenz der Dimensionen präferenzgerecht zu modellieren. Dazu ist der GNF zu modifizieren. Nach einer allgemeinen Darstellung des nicht-modifizierten GNF wird der modifizierte GNF vorgestellt.

[333] Vgl. die Abgrenzung über- und unterdurchschnittlich bewerteter Bereiche und die Fallunterscheidung in Abbildung 2-13 in Abschnitt 2.3.2.3.

Der GNF ist das Produkt der Nutzenfaktoren für die betrachteten Dimensionen. Diese einzelnen Nutzenfaktoren werden im Folgenden daher auch **partielle Nutzenfaktoren (PNF)** genannt. Für die anschließenden Überlegungen spielt es keine Rolle, aufgrund welcher Ausprägung ein PNF seinen Wert hat. Der GNF wird damit als Funktion der Werte der PNF formuliert. Um eine übersichtlichere Darstellung zu erreichen, werden daher die Funktionen $p(x_{i,j})$ durch ihre Zahlenwerte $p_{i,j}$ ersetzt. Es ergibt sich:

$$g_j\left(p\left(x_{i_1,j}\right),p\left(x_{i_2,j}\right)\right)=g_{i_1,i_2,j}=p_{i_1,j}p_{i_2,j}. \quad \textbf{(3-3)}$$

Es ist möglich, den GNF g_j als Taylorreihe[334] darzustellen. Die Taylorreihe erlaubt eine Unterscheidung von Beiträgen, die unabhängig von den Werten anderer PNF sind und solche, die davon abhängig sind. Die Taylorreihe des nicht-modifizierten GNF um den globalen Ankerpunkt ist für n Dimensionen gegeben durch[335]

---

[334] Wissenschaftliche Zusammenhänge werden mathematisch oft durch komplizierte, nichtlineare Funktionen beschrieben. Die Berechnung der Funktionswerte kann dann sehr aufwendig sein. In Anwendungen ist es häufig ausreichend, solche Funktionen nur in einem kleinen Bereich um feste Werte der Argumente zu kennen. Dabei kann die komplizierte durch eine einfachere Funktion ersetzt werden, die im gewünschten Argumentsbereich hinreichend genau ist. Im Falle differenzierbarer Funktionen ist die, nach dem britischen Mathematiker TAYLOR (1685-1731) benannte, Taylorentwicklung eine mathematisch konsistente Methode für dieses Vorgehen. Sie liefert eine Potenzreihe und erlaubt auch, die Genauigkeit der gewählten Näherung zu berechnen. Für die Funktion einer Variablen lautet die Taylorwicklung um den Punkt x_0 bis einschließlich des quadratischen Beitrags:

$$f(x)=\frac{1}{0!}f(x)+\frac{1}{1!}\frac{\mathrm{d}\ \ f(x_0)}{\mathrm{d}\ \ x}(x-x_0)+\frac{1}{2!}\frac{\mathrm{d}^2 f(x_0)}{\mathrm{d}\ \ x^2}(x-x_0)^2+R_3(x)\,.$$

Das Restglied kann im Prinzip exakt berechnet werden. Da dies häufig mindestens so aufwendig ist wie die Berechnung der Funktion selbst, wird in der Praxis darauf zumeist verzichtet.

Zur Verdeutlichung eignet sich die Funktion $f(x)=\exp(x)$, da hier alle Ableitungen gleich sind. Unter Vernachlässigung des Restgliedes ergibt sich:

$$\exp(x)\cong\exp(x_0)\left(1+(x-x_0)+\frac{1}{2}(x-x_0)^2\right).$$

Als Beispiel wird die Näherung um $x_0=1$ für den Bereich zwischen $x_{\min}=0{,}5$ und $x_{\max}=1{,}5$ betrachtet. Um die Genauigkeit der Nährung herauszufinden, kann z.B. das Verhältnis r (r von englisch *ratio*) von Näherung und Funktion im gewünschten Bereich betrachtet werden.

$$r(x)=\frac{\exp(x_0)}{\exp(x)}\left(1+(x-x_0)+\frac{1}{2}(x-x_0)^2\right)$$

Da $r(x)$ in diesem Beispiel streng monoton fallend ist, genügt es, $r(x_{\min})$ und $r(x_{\max})$ zu betrachten:

$$r(x_{\min})=\exp(0,5)\left(1-0,5+0,125\right)=1,0305 \text{ und } \mathrm{r}(x_{\max})=\exp(-0,5)\left(1+0,5+0,125\right)=0,9856.$$

Da $r(x_0)=:1$ folgt, dass der Näherung der Funktion für $x_{\min}\leq x<x_0$ maximal um 3,05 % überschätzt und für $x_0<x\leq x_{\max}$ maximal um 1,44 % unterschätzt werden. Vgl. beispielsweise Meyberg und Vachenauer (1997), S. 237 ff.; Ansorge und Oberle (2000), S. 270 ff.; Königsberger (2001), S. 282 ff.

[335] Die Taylorreihe ist für eine unendliche Anzahl an Ordnungen definiert. In n-dimensionalen Zielsystemen sind maximal n Ordnungen relevant, da alle höheren Ordnungen den Wert null besitzen.

$$g(p_1,\ldots,p_n) = \sum_{k=0}^{\infty} \frac{1}{k!} \left(\sum_{i=1}^{n} \Delta p_i \frac{\partial}{\partial p_i} \right)^k g(p_1,\ldots,p_n) \Big|_{\forall_i p_i = p(x_{i,\text{Anker}})=1}, \tag{3-4}$$

wobei

$$\Delta p_i = p_i - p_{1,\text{Anker}} \text{ ist.} \tag{3-5}$$

Für den Laufindex der Taylorreihe in Höhe von $k=0$ ergibt sich:

$$\frac{1}{0!} \left(\sum_{i=1}^{n} \Delta p_i \frac{\partial}{\partial p_i} \right)^0 g(p_1,\ldots,p_n) \Big|_{\forall_i p_i = p(x_{i,\text{Anker}})=1} = g(1,\ldots,1) = 1, \tag{3-6}$$

da die ersten partiellen Ableitungen gegeben sind durch:

$$\frac{\partial}{\partial p_i} g(p_1,\ldots,p_n) \Big|_{\forall_i p_i = p(x_{i,\text{Anker}})=1} = \frac{1}{p(x_{i,\text{Anker}})} \prod_{i=1}^{n} p(x_{i,\text{Anker}}) = 1. \tag{3-7}$$

Für $k=1$ resultiert:

$$\frac{1}{1!} \left(\sum_{i=1}^{n} \Delta p_i \frac{\partial}{\partial p_i} \right)^1 g(p_1,\ldots,p_n) \Big|_{\forall_i p_i = p(x_{i,\text{Anker}})=1} = \sum_{i=1}^{n} \Delta p_i. \tag{3-8}$$

Um die Beiträge für $k=2$ zu berechnen, ist es hilfreich, zuerst die zweiten partiellen Ableitungen zu ermitteln. Es ergibt sich:

$$\frac{\partial^2}{\partial p_i^2} g(p_1,\ldots,p_n) \Big|_{\forall_i p_i = p(x_{i,\text{Anker}})=1} = 0 \quad \text{und} \quad \frac{\partial^2}{\partial p_{i_1} \partial p_{i_2 \neq i_1}} g(p_1,\ldots,p_n) \Big|_{\forall_i p_i = p(x_{i,\text{Anker}})=1} = 1. \tag{3-9}$$

Dies bedeutet, dass alle höheren partiellen Ableitungen verschwinden, d. h. den Wert null annehmen, wenn mehr als ein Mal nach demselben PNF abgeleitet wird. Damit folgt für $k=2$:

$$\frac{1}{2!} \left(\sum_{i=1}^{n} \Delta p_i \frac{\partial}{\partial p_i} \right)^2 g(p_1,\ldots,p_n) \Big|_{\forall_i p_i = p(x_{i,\text{Anker}})=1} = \sum_{i_1=1}^{n} \sum_{i_2=i_1+1}^{n} \Delta p_{i_1} \Delta p_{i_2}. \tag{3-10}$$

Beiträge für $n \geq k > 2$ können analog berechnet werden, wobei n die Anzahl der betrachteten Dimensionen ist. Zum Beispiel ist für $n=3$ der größtmögliche Exponent $k=3$ und es folgt:

$$\frac{1}{3!}\left(\sum_{i=1}^{3}\Delta p_i\frac{\partial}{\partial p_i}\right)^3 g\left(p_1,\ldots,p_n\right)\Big|_{\forall_i p_i=p(x_{i,\text{Anker}})=1}=\sum_{i_1=1}^{3}\sum_{i_2=i_1+1}^{3}\sum_{i_3=i_2+1}^{3}\Delta p_{i_1}\Delta p_{i_2}\Delta p_{i_3}=\Delta p_{i_1}\Delta p_{i_2}\Delta p_{i_3}. \tag{3-11}$$

Der Beitrag des größtmöglichen Exponenten ist gegeben durch:

$$\begin{aligned}
&\frac{1}{n!}\left(\sum_{i=1}^{n}\Delta p_i\frac{\partial}{\partial p_i}\right)^n g\left(p_1,\ldots,p_n\right)\Big|_{\forall_i p_i=p(x_{i,\text{Anker}})=1}\\
&=\sum_{i_1=1}^{n}\sum_{i_2=i_1+1}^{n}\cdots\sum_{i_{n-1}=i_{n-1}+1}^{n}\Delta p_{i_1}\Delta p_{i_2}\ldots\Delta p_{i_n}\\
&=\prod_{i=1}^{n}\Delta p_i.
\end{aligned} \tag{3-12}$$

Zur Verdeutlichung der Taylorreihe des nicht-modifizierten GNF wird zunächst der einfachste mögliche Fall von $n = 2$ betrachtet. Es ergibt sich:

$$\begin{aligned}
g\left(p_1,\ldots,p_n\right)&=\sum_{k=0}^{2}\frac{1}{k!}\left(\sum_{i=1}^{2}\Delta p_i\frac{\partial}{\partial p_i}\right)^2 g\left(p_1,\ldots,p_n\right)\Big|_{\forall_i p_i=p(x_{i,\text{Anker}})=1}\\
&=1+\sum_{i=1}^{2}\Delta p_i \ +\Delta p_1\Delta p_2\\
&=1+\Delta p_1+\Delta p_2+\Delta p_1\Delta p_2\\
&=1+(p_1-1)+(p_2-1)+(p_1-1)(p_2-1)\\
&=1+p_1+p_2-2 \ +p_1p_2-p_2-p_1+1\\
&=p_1p_2.
\end{aligned} \tag{3-13}$$

Diese Gleichung zeigt, dass die vollständige Taylorreihe des nicht-modifizierten GNF das Produkt der PNF liefert. Das gilt auch für größere Werte von *n*. Die Multiplikation kann nun auch als mehrfache Addition geschrieben werden.

3.1.2 Grundidee des GNF-Modells

Die **Grundidee des GNF-Modells** besteht in der ökonomischen Interpretation der Summanden der Taylorreihe der PNF um den Ankerpunkt als primäre, sekundäre, tertiäre, etc. Anteile. Die folgende Betrachtung der Summanden gilt zunächst für überdurchschnittliche PNF (Fall I). Die Möglichkeiten der Ausweitung auf den Fall II und den Fall III werden im Rahmen der Modifikationen der Berechnung für genau diese Konstellationen in Abschnitt 3.3.1 eruiert. Es gilt für Fall I mit PNF $p_1 > 1$ und $p_2 > 1$ in einem zweidimensionalen Zielsystem:

$$g(p_1, p_2) = \underbrace{\overbrace{1 \times 1}^{k=0}}_{\text{1.Summand}} + \underbrace{\overbrace{\Delta p_1}^{k=1}}_{\text{2. Summand}} + \underbrace{\overbrace{\Delta p_2}}_{\text{3. Summand}} + \underbrace{\overbrace{\Delta p_1 \Delta p_2}^{k=2}}_{\text{4.Summand}} . \tag{3-14}$$

Der **erste Summand** (Taylorreihe: $k=0$) ist immer gleich eins und repräsentiert den GNF des globalen Ankerpunkts. Bei einer Normierung der lokalen Ankerwerte auf $p_{i,\text{Anker}}=1$ beträgt der nicht-modifizierte GNF des globalen Ankerpunkts genau $g_{\text{Anker}}=1$. Dieses gilt, da PNF $p_i=0$ oder $p_i=\infty$ ökonomisch nicht interpretierbar und deshalb im Rahmen des GNF-Modells ausgeschlossen sind. Der **lineare, zweite Summand** (Taylorreihe: $k=1$) stellt ausschließlich den Anteil des PNF der Dimension X_1 auf den GNF dar. Die Differenz zum Ankerwert steht für den primären Anteil Δp_1 einer Dimension. Je größer (kleiner) der erste PNF ist, desto größer (kleiner) ist dieser Wert und desto höher (geringer) ist die Bewertung der betrachteten Auprägung der Dimension X_1. Diese Eigenschaften erlauben, wie in der „additiven Modellwelt“ der MAUT, eine ökonomisch sinnvolle Interpretation des zweiten Summanden als primären Anteil der Dimension X_1.[336] Der **lineare, dritte Summand** (Taylorreihe: $k=1$) ist von dem PNF der Dimension X_2 abhängig und wird als deren primärer Anteil am GNF interpretiert. Der **quadratische, vierte Summand** (Taylorreihe: $k=2$) wird als sekundärer Anteil beider Dimensionen interpretiert. Die Bezeichnung „quadratisch“ soll den multiplikativen Charakter des sekundären Anteils herausstellen. Ein quadratischer Verlauf liegt nur im Spezialfall identischer primärer Anteile vor, also wenn $\Delta p_1 = \Delta p_2$ gilt. Dieser Interaktionsterm ist sowohl von der Höhe des ersten wie auch der Höhe des zweiten PNF abhängig. Die Steigerung eines oder beider PNF führt zur Erhöhung des vierten Summanden. Diese Eigenschaften entsprechen den Anforderungen für die Abbildung des sekundären Anteils zweier PNF und ähneln der Interpretation des sekundären Anteils in der „additiven Modellwelt“ der MAUT.

Ein konkretes Beispiel dient zur Verdeutlichung. Dabei betragen die PNF der Alternative j $p_{1,j}=1{,}75$ und $p_{2,j}=1{,}5$:

$$\begin{aligned} g_j &= (1+0{,}75)(1+0{,}5) \\ &= \underbrace{1\times 1}_{\text{Ankerwert}} + \underbrace{0{,}75}_{\text{primärer Anteil } X_1} + \underbrace{0{,}5}_{\text{primärer Anteil } X_2} + \underbrace{0{,}75\times 0{,}5}_{\text{sekundärer Anteil } X_{1,2}} = 2{,}625. \end{aligned} \tag{3-15}$$

Der primäre Anteil der Dimension X_1 beträgt $\Delta p_1 = 0{,}75$ und der primäre Anteil der Dimension X_2 beträgt $\Delta p_2 = 0{,}5$. Nach der in Formel (3-15) dargestellten Taylorreihe beträgt der

[336] Vgl. Abschnitt 2.2.3.3 und die Definition primären und sekundären Anteils in Abschnitt 2.3.2.

sekundäre Anteil $\Delta p_1 \Delta p_2 = 0{,}375$. Die Höhe des sekundären Anteils ist jedoch von den Präferenzen des Entscheidungsträgers abhängig. Daher ist die Formel um einen Gewichtungsfaktor der Interaktion zu erweitern. Die mathematisch exakte Taylorreihe wird dabei zugunsten einer Modellierung komplementärer Interaktionen, die den Präferenzen des Entscheidungsträgers entsprechen soll, ergänzt. Hierfür eignet sich der in der „additiven Modellwelt" der MAUT eingesetzte Interaktionskoeffizient $I_{1,2}$. Der Interaktionskoeffizient ist ein Maß für die relative Wichtigkeit einer Interaktion und muss für die Modellierung komplementärer Interaktionen größer als null sein.[337] Im Normalfall handelt es sich bei dem Interaktionskoeffizienten um eine Konstante.[338] Je größer der Interaktionskoeffizient $I_{1,2}$, desto größer ist der sekundäre Anteil[339] relativ zur Summe der primären Anteile. Unter Berücksichtigung des Interaktionskoeffizienten $I_{1,2}$ ergibt sich folgende Formel zur Berechnung des GNF g_j:

$$g_j = \overbrace{\underbrace{1 \times 1}_{\text{Ankerwert}}}^{k=0} + \overbrace{\underbrace{\Delta p_{1,j}}_{\text{primärer Anteil}_1} + \underbrace{\Delta p_{2,j}}_{\text{primärer Anteil}_2}}^{k=1} + \overbrace{\underbrace{\Delta p_{1,j} I_{1,2} \Delta p_{2,j}}_{\text{sekundärer Anteil}_{1,2}}}^{k=2} . \tag{3-16}$$

Mithilfe des Interaktionskoeffizienten $I_{1,2}$ soll eine präferenzgerechte Anpassung der Summe der primären Anteile beider Dimensionen und des sekundären Anteils ermöglicht werden. Unter Berücksichtigung des Interaktionskoeffizienten $I_{1,2}$ ungleich eins ergibt sich der **modifizierte Gesamtnutzenfaktor**. Im Folgenden wird der modifizierte GNF verkürzt GNF (ohne Zusatz) bezeichnet. Eine Differenzierung zwischen nicht-modifizierten und modifizierten GNF erfolgt nur bei Bedarf.

Das GNF-Modell bildet also die Präferenzstruktur des Entscheidungsträgers mithilfe von PNF und Interaktionskoeffizienten ab. Die primären Anteile und die Wirkung unterschiedlicher Interaktionskoeffizienten auf den sekundären Anteil sind exemplarisch für PNF $p_{1,j} = 1{,}75$ und $p_{2,j} = 1{,}5$ in Abbildung 3-1 dargestellt.

[337] Im Falle eines Interaktionskoeffizienten in Höhe von $I_{1,2} = 0$ liegt definitionsgemäß keine Interaktion vor. Negative Interaktionskoeffizienten deuten auf eine substitutionale Interaktion hin, auf die wegen ihrer geringeren Relevanz in Theorie und Praxis im Rahmen dieser Arbeit nicht abgestellt wird.

[338] Es wäre auch möglich, für unterschiedliche Bereiche der PNF verschiedene Interaktionskoeffizienten zu erheben. Von einem solchen Vorgehen ist im Normalfall aufgrund des erhöhten Erhebungsaufwands und der erhöhten Komplexität des GNF-Modells abzuraten. Des Weiteren sind auch komplexere Funktionen des Interaktionskoeffizientens theoretisch möglich.

[339] Eine zum GNF analoge Unterscheidung zwischen einem nicht-modifizierten sekundären Anteil und einem mit einem Interaktionskoeffizienten modifizierten sekundären Anteil ist nicht unbedingt erforderlich und wird daher unterlassen.

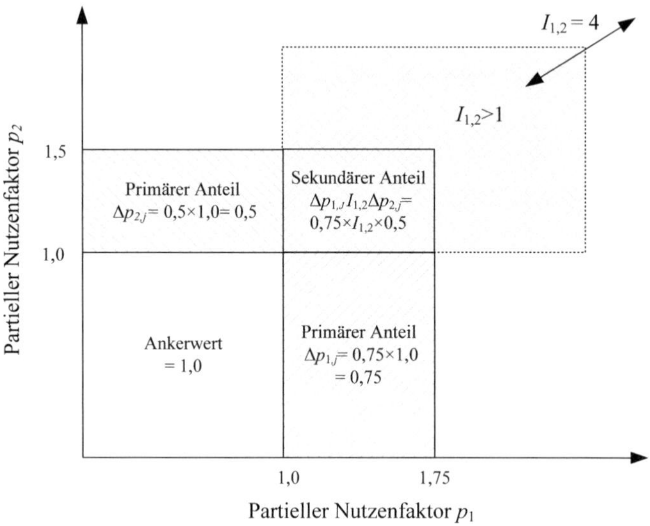

Abbildung 3-1: Primärer und sekundärer Anteil im GNF-Modell.

Der Ankerwert repräsentiert den GNF des globalen Ankerpunkts in Höhe von eins. Der primäre Anteil der Dimension X_1 (X_2) beträgt $\Delta p_{1,j}=0{,}75$ ($\Delta p_{2,j}=0{,}5$). Die Höhe des sekundären Anteils ist von dem Interaktionskoeffizienten abhängig. Für einen Interaktionskoeffizienten in Höhe von $I_{1,2}=1$ ergibt sich der Spezialfall des nicht-modifizierten GNF-Modells, der dem aus Ankerwert, den primären Anteilen und dem sekundären Anteil bestehenden Rechteck entspricht. Der Interaktionskoeffizient $I_{1,2}$ dient dazu, das Verhältnis der Summe primärer Anteile und des sekundären Anteils präferenzgerecht auszudrücken. Für einen Interaktionskoeffizienten in Höhe von $I_{1,2}=4$ ergibt sich beispielsweise das mit Karos gemusterte Rechteck als sekundärer Anteil.

Die Vorgehensweise im GNF-Modell ist in vier Schritte zu unterteilen. Im ersten Schritt sind die PNF und im zweiten Schritt die Interaktionskoeffizienten zu erheben. In Schritt drei erfolgt die Berechnung des GNF. Abschließend sind im vierten Schritt die Ergebnisse zu interpretieren und umzusetzen. Um über ein rein mathematisches Verständnis des GNF-Modells hinausgehen zu können und ökonomische Interpretationen zu ermöglichen, wird zunächst die Ermittlung der Präferenzen in Abschnitt 3.2 dargestellt. Die Berücksichtigung von Interaktionskoeffizienten bedingt eine Modifizierung der mathematisch exakten Taylorreihe zugunsten einer ökonomisch nachvollziehbaren Modellierung von Interaktionen. Dafür sind schlüssige Regeln zur Präferenzaggregation im GNF-Modell aufzustellen (Abschnitt 3.3).

3.2 Präferenzerhebung

3.2.1 Partielle Nutzenfaktoren (PNF)

3.2.1.1 Allgemeine Vorgehensweise

Das GNF-Modell erfordert die Erhebung der PNF. Hierin liegt der zentrale Unterschied zu den Verfahren der MAUT aus der „additiven Modellwelt", die größtenteils auf getrennt voneinander erhobene [0-1]-bandbreitennormierte Wertfunktionen zurückgreifen. Ohne Modifikationen ist der Einsatz der Instrumente und Methoden zur Präferenzerhebung aus der „additiven Modellwelt" der MAUT im GNF-Modell nicht möglich. Anstelle der Frage, welchen (additiven) Teilnutzwert eine Ausprägung generiert, lautet die Frage im GNF-Modell, um welchen Faktor sich die Bewertung bei einer bestimmten Ausprägung verändert. Die resultierende Antwort ist ohne einen Bezugspunkt ökonomisch nicht sinnvoll zu interpretieren. Der Ankerpunkt $x_{i,\text{Anker}}$ übernimmt im GNF-Modell diese Funktion. Die Differenz des i-ten PNF p_i und des auf $p_{i,\text{Anker}} = 1$ normierten Ankerwerts repräsentiert den primären Anteil Δp_i des i-ten PNF. Im Folgenden soll der Ankerpunkt als durchschnittlich bewertete Ausprägung einer Dimension definiert werden.[340] Der Entscheidungsträger hat damit die Frage zu beantworten, wie (um welchen Faktor) sich die Bewertung verändert, wenn anstelle des durchschnittlich bewerteten Ankerpunkts $x_{i,\text{Anker}}$ eine andere Ausprägung x_i vorliegt.

Die Anwendbarkeit des GNF-Modells ist entscheidend davon abhängig, inwieweit die Entscheidungsträger zur Artikulation ihrer Präferenzen in Form von Faktoren in der Lage sind. In der „additiven Modellwelt" der MAUT werden teilweise auch Faktoren bzw. Relationen abgefragt. Im Rahmen des AHP sind Entscheidungsträger beispielsweise gefordert, das Verhältnis der Bedeutung von zwei Dimensionen auszudrücken.[341] Die hierfür erforderlichen kognitiven Fähigkeiten sind insbesondere aufgrund des abstrakten Vergleichs der Bedeutung von Dimensionen relativ hoch.[342] Im Gegensatz dazu erfolgt im GNF-Modell die Bewertung einer Ausprägung in Form eines konkreten Vergleichs zum inhaltlich einfach zu interpretierenden Ankerpunkt.[343] Es ist also plausibel, dass PNF zur Erhebung von Präferenzen eingesetzt werden können.

[340] Es gibt unterschiedliche Möglichkeiten, den Ankerpunkt $x_{i,\text{Anker}}$ für eine Dimension ökonomisch zu definieren. Diese und die Relevanz des korrekten, präferenzgerechten Ankerpunkts sind in Abschnitt 3.2.1.5 dargestellt.

[341] Vgl. Shoemaker und Waid (1982), S. 183

[342] Vgl. die Ausführungen zum AHP in Abschnitt 2.2.2.

[343] Vgl. hierzu insbesondere die Diskussion hinsichtlich der Definition des Ankerpunkts in Abschnitt 3.2.1.5.1.

Zur Erhebung des Verlaufs eines PNF gibt es unterschiedliche Möglichkeiten. Für eine systematische Erhebung des Verlaufs des PNF bietet sich ein schrittweises Vorgehen an. Dieses wird zunächst beispielhaft anhand der Auswahl von Stellenbewerbern eines Unternehmens in drei Schritten erläutert. Anschließend erfolgt in Abschnitt 3.2.1.2 eine, den drei Schritten zugeordnete, Darstellung modifizierter Verfahren zur Präferenzerhebung aus der „additiven Modellwelt" der MAUT.

Ein Unternehmen kann zwischen unterschiedlichen Stellenbewerbern wählen. Die einzige entscheidungsrelevante Dimension X_i ist die vertraglich individuell fixierte *Wochenarbeitszeit* in Stunden. Die minimale *Wochenarbeitszeit* liegt bei $x_{i,\min} = 24$ h und die maximale *Wochenarbeitszeit* bei $x_{i,\max} = 56$ h. Die Präferenzfunktion des Unternehmens verläuft monoton, wobei eine längere *Wochenarbeitszeit* höher bewertet wird.[344]

In einem **ersten Schritt** legt der Entscheidungsträger des Unternehmens den lokalen Ankerpunkt $x_{i,\text{Anker}}$ fest. Dafür beantwortet der Entscheidungsträger die Frage, welche Ausprägung in der Dimension *Wochenarbeitszeit* er als durchschnittlich bewertet.[345] Der Entscheidungsträger wählt beispielsweise als Ankerpunkt eine *Wochenarbeitszeit* in Höhe von $x_{i,\text{Anker}} = 40$ h und weist dieser definitionsgemäß einen Ankerwert in Höhe von $p_{i,\text{Anker}} = 1$ zu. In diesem Beispiel existiert aufgrund der Prämisse einer kontinuierlich und monoton verlaufenden Präferenzfunktion nur ein Ankerpunkt.[346]

In einem **zweiten Schritt** bestimmt der Entscheidungsträger die *Wochenarbeitszeiten* x_i mit dem minimalen PNF $p_{i,\min}$ und dem maximalen PNF $p_{i,\max}$. Die Prämisse der kontinuierlichen und monoton verlaufenden Präferenzfunktion impliziert an der Stelle der extremen Ausprägungen auch die extremen Bewertungen. Der Entscheidungsträger schätzt anschließend, um welchen Faktor die Bewertung bei maximaler (minimaler) *Wochenarbeitszeit* in Höhe von $x_{i,\max} = 56$ h ($x_{i,\min} = 24$ h) im Vergleich zum Ankerpunkt in Höhe $x_{i,\text{Anker}} = 40$ h höher (geringer) ist. Aus Sicht des Entscheidungsträgers beträgt der PNF bei einer *Wochenarbeitszeit* $x_{i,\max} = 56$ h beispielsweise $p_{i,\max} = 4$ und bei einer *Wochenarbeitszeit* $x_{i,\min} = 24$ h exakt $p_{i,\min} = \frac{1}{3}$. In der „additiven Modellwelt" der MAUT ist die durchschnittlich bewertete Aus-

---

[344] Die Modellierung nicht-monotoner PNF ist ohne Weiteres möglich, erfordert allerdings Anpassungen der Erhebungsmethode. Vgl. Abschnitt 3.2.1.3. Im Fall von Ausschlusskriterien ist leicht modifiziert vorzugehen, wie Abschnitt 3.2.1.3 zeigt.

[345] Die Lage des Ankerpunkts an der Stelle der durchschnittlichen Ausprägung ist gewählt, weil sie in diesem Beispiel am plausibelsten ist. Der Entscheidungsträger kann auch jede andere Ausprägung seinen Präferenzen entsprechend wählen. In Abschnitt 3.2.1.5.1 sind alternative Möglichkeiten der Festlegung des Ankerpunkts dargestellt.

[346] Es sind auch Verläufe der PNF denkbar, bei denen zwei oder mehr Ankerpunkte existieren. Beispielsweise liegen zwei Ankerpunkte bei einer Präferenz extremer Ausprägungen vor. Mit einigen Anpassungen sind die im Folgenden beschriebenen Erhebungsmethoden dennoch einsetzbar. Vgl. Abschnitt 3.2.1.3.

prägung mithilfe des arithmetischen Mittels zwischen null und eins beschrieben. Um diese Eigenschaft auf das GNF-Modell zu übertragen, müsste der Ankerpunkt genau im geometrischen Mittel der minimal und der maximal bewerteten Ausprägung liegen.[347] Aufgrund der expliziten Bestimmung der Lage des Ankerpunkts im ersten Schritt sind im GNF-Modell diese Restriktion nicht relevant und damit auch asymmetrische Interaktionsbereiche möglich. Die Bandbreite $b_{i,p}$ des PNF bezeichnet das Verhältnis zwischen dem maximalen PNF $p_{i,\max}$ und dem minimalen PNF $p_{i,\min}$.

$$b_{i,p} = \frac{p_{i,\max}}{p_{i,\min}}. \tag{3-17}$$

In diesem Fall spannt sich die Bandbreite von $p_{i,\min} = ⅓$ bis $p_{i,\max} = 4$ auf und ergibt einen Wert in Höhe von $b_{i,p} = 12$. Die beste Ausprägung bewertet der Entscheidungsträger damit zwölfmal besser als die schlechteste Ausprägung.

In einem **dritten Schritt** ist der konkrete Verlauf des PNF innerhalb des Orientierungsrahmens der Ausprägungen $x_{i,\min}$, $x_{i,\text{Anker}}$ und $x_{i,\max}$ und deren Bewertungen $p_{i,\min}$, $p_{i,\text{Anker}}$ und $p_{i,\max}$ zu erheben.

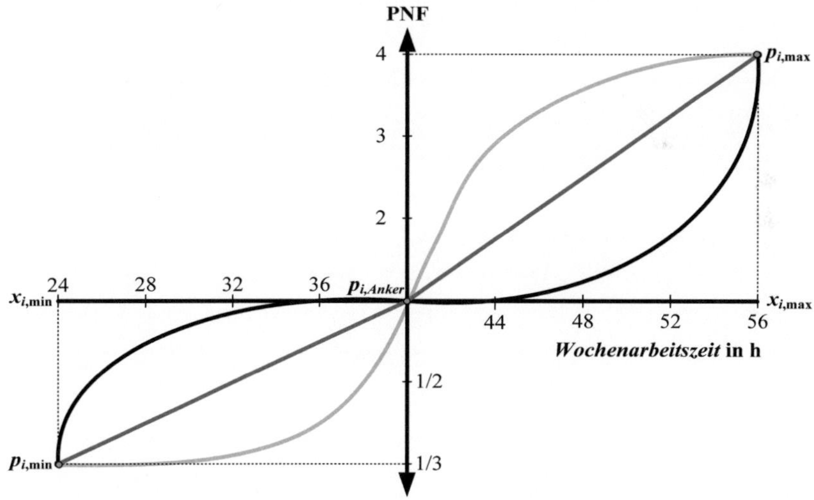

Abbildung 3-2: Unterschiedliche Verläufe des PNF der Dimension *Wochenarbeitszeit*.

[347] Vgl. Fußnote 283. In der „additiven Modellwelt" der MAUT ist die durchschnittliche Bewertung mathematisch als das arithmetische Mittel in Höhe von $v_{i,\varnothing} = 0{,}5$ [$= ½ (0+1)$] gekennzeichnet. In einem multiplikativen Modell müsste der Ankerpunkt dementsprechend im geometrischen Mittel liegen und das Produkt des minimalen und des maximalen PNF $\sqrt{p_{i,\max} \times p_{i,\min}} = 1$ ergeben.

Abbildung 3-2 zeigt exemplarisch unterschiedliche Verläufe des PNF in Abhängigkeit der Ausprägungen der *Wochenarbeitszeit*.[348] Die Varianz der möglichen Verläufe innerhalb der vorgegebenen Punkte zeigt, dass sich hinter dem dritten Schritt der Kern der Präferenzerhebung verbirgt.[349] Die drei Schritte beschreiben ein sequenziell abzuarbeitendes Schema. Der zweite Schritt ist nicht zwangsläufig in den einzelnen Methoden zur Präferenzerhebung durchzuführen, bietet aber die Möglichkeit der Konsistenzsicherung. Falls sich insbesondere im dritten Schritt widersprüchliche oder nicht-präferenzgerechte PNF ergeben, sind die vorgelagerten Schritte erneut durchzuführen.
Die Vorgehensweise der Präferenzerhebung **mehrdimensionaler Zielsysteme** ergibt sich als logische Erweiterung der Vorgehensweise eindimensionaler Zielsysteme. Zunächst sind die lokalen Ankerpunkte für jede Dimension zu bestimmen, deren Kombination den globalen Ankerpunkt bezeichnet. Der globale Ankerpunkt fungiert als zentrale Bezugsgröße im GNF-Modell. Der für eine Alternative ermittelte GNF drückt das relative Verhältnis der Bewertung der Alternative zum globalen Ankerwert aus. Ein GNF $g_j = 2$ ($g_j = 0{,}5$) bedeutet beispielsweise eine doppelt (halb) so hohe Bewertung der Alternative im Vergleich zum globalen Ankerwert.

Nach der Bestimmung der lokalen Ankerpunkte aller Dimensionen und damit des globalen Ankerpunkts im ersten Schritt ist die Vorgehensweise der folgenden Schritte zwei und drei systematisch zu modifizieren. Die Verläufe der PNF sind unter Berücksichtigung der lokalen Ankerpunkte der anderen Dimensionen zu erheben. Dies erfordert eine Modifikation der Fragestellung: Wie (um welchen Faktor) verändert sich die Bewertung, wenn anstelle des Ankerpunkts eine bestimmte Ausprägung vorliegt und die anderen Dimensionen eine Ausprägung in Höhe ihres lokalen Ankerpunkts aufweisen? Dahinter verbirgt sich die Prämisse im Rahmen der Erhebung der PNF im GNF-Modell. Die Erhebung eines PNF erfolgt bezogen auf den globalen Ankerpunkt und damit unabhängig von den anderen PNF. Dieses Vorgehen wird in der Folge **ankerpunktbasiert** genannt und erscheint die einzig sinnvolle Methode zur Bewertung einer Verhältnisskala zu sein.

Beispielhaft wird ein n-dimensionales Zielsystem mit jeweils neun Ausprägungen in den einzelnen Zieldimensionen angenommen. Eine Totalerhebung bedeutet in diesem Fall die Auflistung aller möglichen Alternativen. Deren Anzahl ist gegeben durch m^n, wobei m die Anzahl

[348] Es gibt unterschiedliche Möglichkeiten der Skalierung eines solchen Sachverhalts. Abschnitt 3.2.1.4 diskutiert die Eignung einer linearen, reziproken und logarithmischen Skalierung. Der PNF (Ordinate) ist hier reziprok skaliert, um relativ gleiche Veränderungen des Faktors mithilfe gleich großer Intervalle und über- und unterdurchschnittliche PNF symmetrisch abzubilden.

[349] An dieser Stelle soll das breite Spektrum möglicher Verläufe und nicht eine konkrete Interpretation dieser im Vordergrund stehen.

der Ausprägungen und n die Anzahl der Dimensionen bezeichnen. Eine Totalerhebung erfordert insgesamt somit in einem dreidimensionalen Zielsystem 729 ($=9^3$) Bewertungen. In einem vierdimensionalen Zielsystem werden bereits 6.561 ($=9^4$) Bewertungen und in einem fünfdimensionalen Zielsystem sogar 59.049 ($=9^5$) Bewertungen erforderlich. Die Vielzahl der notwendigen Bewertungen konterkariert die Zielsetzung multiattributiver Bewertungsverfahren, eine Entscheidung mit möglichst wenigen Einflussgrößen präferenzgerecht abzubilden.[350] Die Verfahren der „additiven Modellwelt" der MAUT setzen dieses mithilfe der aus der Prämisse der Präferenzunabhängigkeit resultierenden unabhängigen Erhebung von n Höhenpräferenzen und einer Artenpräferenz sowie eines Präferenzunabhängigkeit implizierenden Aggregationsmechanismus um.[351]

Das GNF-Modell basiert hingegen auf einer ankerpunktbasierten, unabhängigen Präferenzerhebung. Die vom Modell geforderte Multiplikation der PNF zum GNF impliziert jedoch eine Präferenzabhängigkeit aller betrachteten Dimensionen untereinander. Die ankerpunktbasierte Präferenzerhebung reduziert bei n Dimensionen mit jeweils m Ausprägungen die Anzahl zu erhebender Bewertungen von m^n auf überschaubare n partielle Nutzenfaktorverläufe, also $(m-1) \times n$ zu bewertende Ausprägungen.[352] Mithilfe der Verläufe der PNF und der Interaktionskoeffizienten erfolgt eine Approximation der Werte aller 729 Kombinationsmöglichkeiten in dem dreidimensionalen Zielsystem. Die durch eine ankerpunktbasierte, unabhängige Erhebung der PNF erreichte Vereinfachung steigt exponentiell mit der Anzahl der Dimensionen.

Eine ankerpunktbasierte Präferenzerhebung ist allerdings nur insoweit zulässig, wie die so erhobenen PNF die Präferenzstruktur des Entscheidungsträgers adäquat approximieren. Es ist daher in der Praxis zu evaluieren, inwieweit die Präferenzen mithilfe der getrennten Erhebung der PNF approximiert werden können. Eine Möglichkeit, dieses zu untersuchen, besteht in der Bewertung von einer oder mehreren Dimensionen in Abhängigkeit von anderen Referenzalternativen. In einem solchen Fall müssen für einzelne Dimensionen mehrere Verläufe der PNF in Abhängigkeit unterschiedlicher Referenzalternativen eingesetzt werden. Eine andere Möglichkeit besteht in der Ermittlung der PNF einer Dimension, beispielsweise in der Relation zu drei Referenzpunkten einer anderen Dimension. Der Entscheidungsträger hätte dafür etwa den Verlauf des PNF einer Dimension unter der Bedingung einer minimalen, durch-

---

[350] Vgl. die Anforderungen an Entscheidungsmodelle in Abschnitt 2.1.3.

[351] Vgl. Abschnitt 2.2.3.2.

[352] Da der Ankerpunkt per definitionem den Wert eins zugewiesen bekommt, sind nicht m, sondern nur $m-1$ Ausprägungen für jede der n Dimensionen zu evaluieren.

schnittlichen und maximalen Ausprägung der anderen Dimension zu artikulieren. Wenn es im Vergleich zur ankerpunktbasierten Präferenzerhebung zu signifikanten Rangverschiebungen in einer Alternativenmenge kommt, ist die Prämisse der ankerpunktbasierten Präferenzerhebung verletzt. Die Berücksichtigung einer abschnittsweisen Erhebung der PNF in der Berechnungssystematik des GNF-Modells ist ohne Weiteres möglich, führt allerdings zu einem unstetigen Verlauf des GNF. Bei der Wahl der Anzahl der abschnittsweise erhobenen PNF liegt wiederum ein Zielkonflikt zwischen Erhebungsaufwand und Genauigkeit vor. Der Aufwand der Präferenzerhebung steigt mit der Anzahl der abschnittweisen zu erhebenden PNF an, aber das GNF-Modell bleibt anwendbar. Dies bedeutet, dass eine Verletzung der Prämisse der ankerpunktbasierten Präferenzerhebung durch einen Mehraufwand ausgeglichen werden kann.

Die ankerpunktbasierte Präferenzerhebung ist aus theoretischer Sicht mindestens genauso schlüssig wie die getrennte Erhebung von Höhen- und Artenpräferenz in der „additiven Modellwelt" der MAUT. Die tatsächliche Eignung der ankerpunktbasierten und der abschnittsweisen Erhebung der PNF zur Abbildung aller Ausprägungskombinationen ist eine noch offene Forschungsfrage. Bei Zulässigkeit der ankerpunktbasierten Präferenzerhebung ist der Aufwand einer solchen Präferenzerhebung schätzungsweise vergleichbar mit den Verfahren der „additiven Modellwelt" der MAUT.

3.2.1.2 Konkrete Methoden

Nach der allgemeinen Beschreibung der schrittweisen Erhebung der PNF erfolgt in diesem Abschnitt eine methodische Konkretisierung der drei Schritte. Die in Abschnitt 2.2.3.2 vorgestellten Verfahren der Präferenzerhebung in der traditionellen MAUT eignen sich zur getrennten Erhebung additiver Teilnutzen, jedoch aufgrund des Skalenniveaus nicht zur Erhebung der PNF. Sie sind allerdings ein guter Ausgangspunkt für die Entwicklung von Präferenzerhebungsverfahren im GNF-Modell. Die Darstellung der Erhebung der PNF erfolgt anhand eindimensionaler Zielsysteme. Eine Erweiterung auf mehrdimensionale Zielsysteme ist mit geringfügigen Modifikationen ohne Weiteres möglich.

Selbst für erfahrene Entscheidungsträger kann im **ersten Schritt** die erforderliche Angabe des Ankerpunkts schwierig sein. Um die durchschnittliche Ausprägung zu bestimmen, wird daher eine Intervallschachtelung empfohlen. Wenn zum Beispiel 99 Ausprägungen in einer Dimension vorliegen, lautet die erste Frage: Ist die 49-te Ausprägung über- oder unterdurchschnittlich zu bewerten? Wenn die 49-te Ausprägung als überdurchschnittlich angesehen wird, dann lautet die zweite Frage: Ist die 25-te Ausprägung über- oder unterdurchschnittlich zu bewerten? Wenn die 49-te Ausprägung hingegen als unterdurchschnittlich angesehen wird, dann lautet die zweite Frage: Ist die 75-te Ausprägung über- oder unterdurchschnittlich zu bewerten? Wenn die Ausprägung weder über- noch unterdurchschnittlich bewertet wird, dann handelt es sich um den durchschnittlich bewerteten Ankerpunkt. Allgemein gilt, dass mit maximal $\log_2 m$, für den Fall $m = 99$ Ausprägungen mit sieben, Fragen der Ankerpunkt gefunden wird. Der Ankerpunkt ist im GNF-Modell die zentrale Bezugsgröße. Daher ist der Einsatz der relativ aufwendigen Intervallschachtelung anzuraten.

Im Fall monoton verlaufender PNF liegen die extrem bewerteten Ausprägungen wie im Beispiel an den Enden der Skala. Bei nicht-monoton verlaufenden PNF ist hingegen eine explizite Ermittlung der extrem bewerteten Ausprägungen erforderlich. Die Bestimmung extrem bewerteter Ausprägungen im **zweiten Schritt** erscheint im Vergleich zur Bestimmung des Ankerpunkts einfacher für den Entscheidungsträger. Diese Aussage basiert auf der Überlegung, nach der eine Identifizierung der besten und schlechtesten Ausprägung leichter als die Identifizierung der „durchschnittlichen" Ausprägung erscheint. Üblicherweise setzen sich Menschen intensiver mit Extremen als mit dem Durchschnitt auseinander. Entscheidungsträger, die eine ähnliche Präferenzstruktur aufweisen, stimmen bei der Nennung von Extremen eher überein als bei der Nennung durchschnittlich bewerteter Ausprägungen. Anhänger eines bestimmten Hockeyvereins (ähnliche Präferenzstruktur) stimmen demzufolge bei der Nennung des besten Saisonspiels eher überein als bei der Nennung des durchschnittlichen Saisonspiels.[353] Die Intervallschachtelung erlaubt, wie im ersten Schritt, eine methodische Unterstützung zur Festlegung der Lage der extrem bewerteten Ausprägungen. Die Bestimmung des minimalen PNF $p_{i,\min}$ und des maximalen PNF $p_{i,\max}$ kann anschließend mithilfe von Paarvergleichen erfolgen. Der Entscheidungsträger ist dabei gefordert, mit einem konkreten Faktor direkt das Verhältnis zwischen extremer Ausprägung und Ankerpunkt zu beschreiben. Zur Unterstützung des Entscheidungsträgers ist ein Einsatz linguistischer Variablen zu bedenken. Im Rahmen des AHP artikuliert der Entscheidungsträger in Paarvergleichen die relativen Wichtigkeiten zweier Dimensionen mithilfe linguistischer Variablen. Analog zum AHP

353 Im Normalfall werden hohe Siege besonders hoch bewertet und knappe Spiele eher durchschnittlich. Statistisch gesehen kommt es in ausgeglichenen Ligen deutlich seltener zu einem 6:0 als zu einem 1:1. Für ein 6:0 zahlt ein Buchmacher beispielsweise das Fünfzigfache des Wetteinsatzes und mißt damit diesem Ergebnis eine Wahrscheinlichkeit in Höhe von ca. 2% bei. Währenddessen zahlt ein Buchmacher für ein 1:1 vielleicht das Vierfache des Wetteinsatzes, was einer Wahrscheinlichkeitserwartung in Höhe von ca. 25% entspricht. Da es also mehr durchschnittliche als extreme Ergebnisse im Saisonverlauf gibt, ist eine Festlegung des durchschnittlichen Saisonspiels besonders schwierig.

könnte beispielsweise in Anlehnung an SAATY eine 9-Punkte-Skala Anwendung finden.[354] Der Paarvergleich von $p_{i,\min}$ und $p_{i,\max}$ dient der Konsistenzprüfung. Ergibt sich ein anderer Wert als die nach Formel (3-17) rechnerisch ermittelte Bandbreite $b_{i,p}$, sind die Lage und die Bewertungen der extremen Ausprägungen zu überprüfen.

Für die Erhebung des konkreten Verlaufs des PNF können im **dritten Schritt** modifizierte Varianten des Direct-Rating-Verfahrens, der Medianmethode oder der Methode gleicher Wertdifferenzen Anwendung finden. Die Modifikationen bestehen jeweils in dem eingesetzten Skalenniveau und daraus resultierenden Konsequenzen. Darüber hinaus ist eine grafische Erhebung möglich.

In Anlehnung an das Direct-Rating-Verfahren[355] kann das **Direct-Factor-Verfahren** zur direkten Erhebung des Verlaufs eines PNF dienen. Dabei sind den einzelnen Ausprägungen x_i jeweils direkt PNF $p(x_i)$ zuzuweisen. Im Direct-Rating-Verfahren ist die Bewertung der schlechtesten Ausprägung auf $v_{i,\min} = 0$ und die Bewertung der besten Ausprägung auf $v_{i,\max} = 1$ normiert. Diese Punkte dienen als Orientierung für den Entscheidungsträger. Wenn der Ankerpunkt und die extremen PNF nicht in den ersten Schritten erhoben wurden, erfordert der Einsatz eines Direct-Factor-Verfahrens ohne Orientierungshilfe für den Entscheidungsträger relativ hohe kognitive Fähigkeiten. Daher ist es von Bedeutung, den ersten Schritt durchzuführen und damit die extrem bewerteten Ausprägungen zu ermitteln.

Die in der MAUT eingesetzte Medianmethode[356] basiert auf der sequenziellen Halbierung von Nutzendifferenzen auf einer additiv zu interpretierenden Skala. Die **Median-Faktor-Methode** basiert auf dem gleichen Grundgedanken. Der Charakter der betrachteten Differenzen und die zugrunde liegende Skala sind hingegen verschieden. Es handelt sich um Faktoren in Relation zum Ankerpunkt, die auf einer multiplikativen Skala abgetragen werden. Während der Median in der „additiven Modellwelt" der MAUT dem arithmetischen Mittel entspricht, bezeichnet der Median-Faktor das geometrische Mittel. Als Ausgangspunkt der Median-Faktor-Methode können zum einen die extrem bewerteten Ausprägungen $p_{i,\min}$ und $p_{i,\max}$ fungieren. Zum anderen ist es möglich, die Bereiche von der minimal bewerteten Ausprägung $p_{i,\min}$ bis zum Ankerpunkt $p_{i,\text{Anker}}$ und vom Ankerpunkt bis zur maximal bewerteten Ausprägung $p_{i,\max}$ einzeln zu erheben. Welche Vorgehensweise in welcher Situation anzu-

---

[354] Vgl. die Skala von SAATY in Abschnitt 2.2.2. Im Rahmen der Erhebung von Interaktionskoeffizienten wird ein konkreter Vorschlag hinsichtlich einer für das GNF-Modell modifizierten SAATY-Skala vorgestellt. Vgl. Abschnitt 3.2.2.

[355] Vgl. das Direct-Rating-Verfahren in der „additiven Modellwelt" der MAUT in Abschnitt 2.2.3.2.1.

[356] Vgl. die Medianmethode in der „additiven Modellwelt" der MAUT in Abschnitt 2.2.3.2.1.

wenden ist, ist eine offene Forschungsfrage. Folgendes Beispiel dient zur Verdeutlichung einer zweigeteilten Median-Faktor-Methode:

Die maximale *Wochenarbeitszeit* eines Angestellten in Höhe von $x_{i,\max} = 56$ h bewertet der Entscheidungsträger mit einem PNF $p_{i,\max} = 4$ und der Ankerpunkt liegt bei $x_{i,\text{Anker}} = 40$ h. Der Median-Faktor zeichnet sich durch einen PNF $p_i = 2$ aus und ist damit genau doppelt so hoch wie der Ankerwert $p_{i,\text{Anker}}$ und halb so hoch wie der maximale PNF $p_{i,\max}$. Aus Sicht des Entscheidungsträgers ist beispielsweise ein PNF $p_i = 2$ bei einer *Wochenarbeitszeit* $x_i = 43{,}2$ h gegeben. Das geometrische Mittel zwischen $p_i = 2$ und $p_{i,\max} = 4$ liegt bei $p_i = 2{,}82$ $(= 2 \times \sqrt{2})$.[357] An der Stelle von 46 h *Wochenarbeitszeit* beträgt der PNF $p_i = 2{,}82$. In Abbildung 3-3 sind diese und weitere Schritte der Median-Faktor-Methode visualisiert.

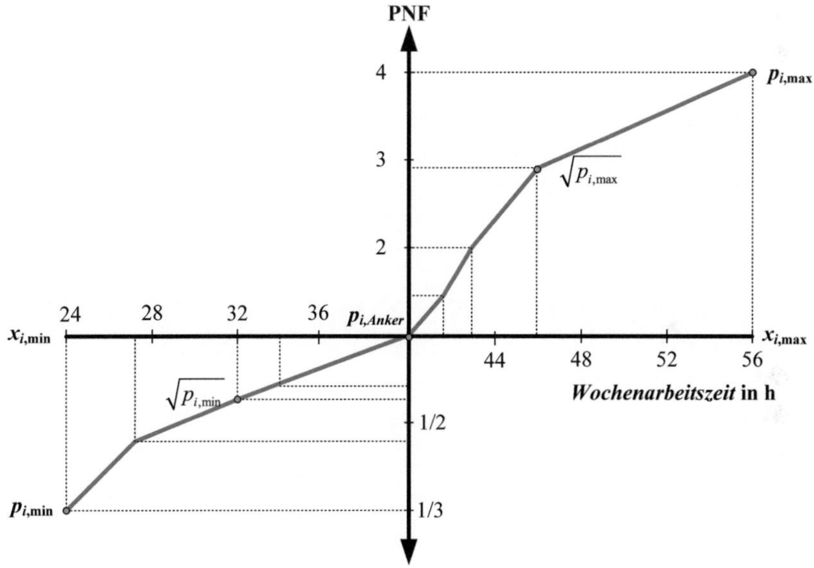

Abbildung 3-3: Median-Faktor-Methode zur Erhebung des Verlaufs der PNF der Dimension *Wochenarbeitszeit*.

Die Intervallhalbierung ist so oft durchzuführen, bis der Verlauf des PNF angemessen präzise approximiert ist. Die Zwischenwerte können ebenso wie bei den Präferenzerhebungsverfahren in der „additiven Modellwelt" der MAUT bei kontinuierlichen Ausprägungen durch Interpo-

[357] Das geometrische Mittel entspricht der Wurzel des Produkts der betrachteten Werte.

lation ermittelt werden.[358] Im Falle mehrerer Ankerpunkte sind jeweils die Intervalle zwischen den extrem bewerteten Ausprägungen und den Ankerpunkten einzeln zu erheben.

Die Methode gleicher Wertdifferenzen unterteilt die unterschiedlichen Ausprägungen, ausgehend von der geringsten Ausprägung mit einem zugeordneten Punktwert in Höhe von $v(x_i) = 0$, in wertgleiche Intervalle auf einer additiv interpretierten Nutzenskala.[359] Die **Methode gleicher Faktor-Differenzen** geht grundsätzlich sehr ähnlich vor. Der zentrale Unterschied besteht in den Eigenschaften der betrachteten Differenzen aufgrund der zugrunde liegenden multiplikativen Skala. Hinsichtlich des Bezugspunkts sind zwei unterschiedliche Vorgehensweisen möglich. Einerseits kann die am schlechtesten bewertete Ausprägung als Bezugspunkt fungieren, andererseits kann wie in der Median-Faktor-Methode auch eine nachfolgend dargestellte zweigeteilte Präferenzerhebung eingesetzt werden. Ausgehend von dem Ankerpunkt erfolgt eine Unterteilung in gleiche Intervalle hinsichtlich der Faktor-Differenz. Der Entscheidungsträger schätzt dafür den PNF einer überdurchschnittlich bewerteten Ausprägung. Die positive Differenz zum auf $p_{i,\text{Anker}} = 1$ normierten PNF des Ankerpunkts fungiert in den folgenden Schritten als Maßeinheit z, beispielsweise in Höhe von 0,5. Der Entscheidungsträger wird also nach der Ausprägung x_i gefragt, bei der der PNF $p_i = 1{,}5$ beträgt. Anschließend ist der Entscheidungsträger gefordert die Ausprägung zu artikulieren, bei der das Zweifache der positiven Differenz vorliegt, also in diesem Fall der PNF $p_i = 2$ beträgt. Dieser Vorgang ist bis zum Erreichen der maximalen Ausprägung $x_{i,\max}$ zu wiederholen. Im Falle nicht-monotoner PNF sind jeweils monoton verlaufende Abschnitte des PNF einzeln zu erheben. Für die Ermittlung der PNF $p_i < 1$ ist die Methode gleicher Faktor-Differenzen zu modifizieren. Die Festlegung der Intervalle geschieht in diesem Bereich mithilfe der Kehrwerte der PNF $p_i > 1$. Der Ankerpunkt dient wieder als Ausgangspunkt. Der Entscheidungsträger ist gefordert, die Ausprägung mit der im Vergleich zum Ankerpunkt 1,5fach schlechteren PNF anzugeben. Das folgende Intervall endet bei der Ausprägung, deren PNF die Hälfte des Ankerwerts beträgt. Diese Vorgehensweise ist bis zur geringsten Ausprägung $x_{i,\min}$ durchzuführen. Abbildung 3-4 visualisiert die Median-Faktor-Methode anhand des Beispiels.

---

[358] Vgl. Abschnitt 2.2.3.2.

[359] Vgl. die Methode gleicher Wertdifferenzen in der „additiven Modellwelt" der MAUT in Abschnitt 2.2.3.2.1.

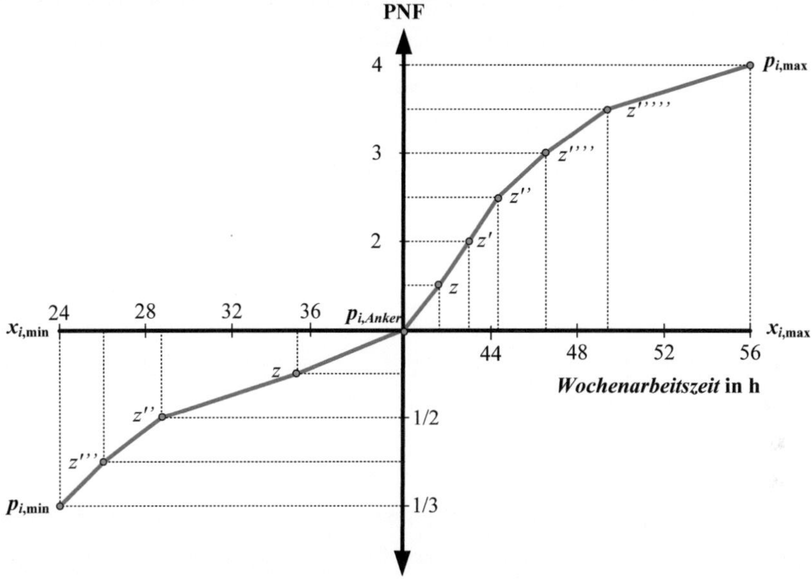

Abbildung 3-4: Methode gleicher Faktor-Differenzen zur Erhebung des Verlaufs der PNF der Dimension *Wochenarbeitszeit*.

Die Wahl der Anzahl der Halbierungen im Median-Faktor-Modell und die Höhe der Faktor-Differenz in der Methode gleicher Faktor-Differenzen stehen im Spannungsfeld zwischen Genauigkeit und Erhebungsaufwand.

Für beide Methoden gibt es unterschiedliche Möglichkeiten der Konsistenzsicherung. Eine Möglichkeit der **globalen Konsistenzprüfung** besteht im Rahmen der zweigeteilten Vorgehensweisen in dem Vergleich der im zweiten Schritt ermittelten extremen PNF und der mit der Methode gleicher Faktor-Differenzen erhobenen extremen PNF. Eine **lokale** wie auch **globale Konsistenzprüfung** kann unter Einsatz des Grundgedankens der Trade-Off Methode[360] erfolgen. Dafür muss der Entscheidungsträger fiktive Kombinationen zweier Ausprägungen einer Dimension betrachten. Rechnerisch liegt eine Kompensation zweier PNF bei einem GNF $g_j = 1$ vor. Beispielsweise muss der Entscheidungsträger die Frage beantworten, ob zwei Ausprägungen, die sich rechnerisch kompensieren, sich seinen Präferenzen entspre-

[360] Vgl. die Trade-Off Methode in der „additiven Modellwelt" der MAUT in Abschnitt 2.2.3.2.2.

chend auch tatsächlich kompensieren. Eine weiterführende Überprüfung kann auch die Faktor-Differenz zweier Ausprägungspaare betrachten.

Nachdem die zentralen Punkte, der Ankerpunkt und die extrem bewerteten PNF, bereits in den ersten beiden Schritten erhoben wurden, ist auch eine **grafische Erhebung** des konkreten Verlaufs möglich. Der Entscheidungsträger muss dafür den konkreten Verlauf des PNF seinen Präferenzen entsprechend in ein Koordinatensystem einzeichnen. Insbesondere bei nicht-monotonen Funktionsverläufen kann der Entscheidungsträger seine Präferenzen relativ direkt artikulieren. Neben einer guten Einweisung des Entscheidungsträgers in die Funktionsweise der Grafik ist eine adäquate Skalierung unbedingt erforderlich.[361] Die Auswahl verschiedener, vorgegebener Verläufe entspricht hingegen nicht einer präferenzbasierten Erhebung und ist daher ebenso wie in der „additiven Modellwelt" der MAUT abzulehnen.[362] Der Vorteil der grafischen Erhebung liegt in dem hohen Freiheitsgrad des Entscheidungsträgers. Der Entscheidungsträger kann sehr präzise seine differenzierten Präferenzen artikulieren, ohne dabei formale Zwänge berücksichtigen zu müssen, wie etwa bei der Methode gleicher Faktor-Differenzen oder der Median-Faktor Methode. Des Weiteren überzeugt die grafisch unterstützte Präferenzerhebung aufgrund eines konkreten Verlaufs anstelle abstrakter Zahlen durch eine hohe Transparenz, Anschaulichkeit und Nachvollziehbarkeit für den Entscheidungsträger. Insbesondere bei nicht-monotonen PNF und unterschiedlichen Steigungen hat sich eine grafische Erhebung in Vorversuchen als geeignet erwiesen, da in diesen Fällen der Aufwand der alternativen Methoden deutlich ansteigt.

Die kognitiven Anforderungen sind in der schrittweisen Vorgehensweise der Erhebung der PNF vergleichsweise niedrig, da die extrem bewerteten PNF dem Entscheidungsträger eine Orientierungshilfe bieten.[363] Die Möglichkeit zur Konsistenzprüfung und dem mehrfachen Durchlaufen einzelner oder mehrerer Schritte erhöht die Validität der Ergebnisse. Die vorgestellten modifizierten Verfahren der Präferenzerhebung in der „multiplikativen Modellwelt" der MAUT sind hinsichtlich der kognitiven Anforderungen vergleichbar mit denen der „additiven Modellwelt" der MAUT. Der wesentliche Nachteil der hier vorgestellten Verfahren liegt in den noch sehr geringen Erfahrungswerten in der Anwendung. Es ist daher eine offene Forschungsfrage, welche Methode zur Erhebung von PNF in der Praxis am besten geeignet ist.

---

[361] Vgl. die Eignungsanalyse alternativer Skalierungen in Abschnitt 3.2.1.4.

[362] In der „additiven Modellwelt" der MAUT wird die Auswahl verschiedener vorgegebener Verläufe abgelehnt, vgl. Abschnitt 2.2.3.2.1. Es spricht nichts dagegen, diese Haltung auf die „multiplikative Modellwelt" der MAUT zu übertragen.

[363] Vgl. die Vorgehensweise der Präferenzerhebung in Abschnitt 3.2.1.

3.2.1.3 Modellierung komplexer Verläufe

Die bislang in der vorliegenden Arbeit betrachteten Verläufe der PNF sind zumeist monoton fallend oder ansteigend. Jeder den Präferenzen des Entscheidungsträgers entsprechende Verlauf eines PNF ist im GNF-Modell zulässig. In Abhängigkeit des konkreten Verlaufs des PNF sind jedoch die Vorgehensweise der Erhebung und die Interpretation von Interaktionsbereichen teilweise zu modifizieren, wie folgende zwei Beispiele zeigen.[364]

Ein Entscheidungsträger steht vor dem Kauf eines Mobiltelefons. Es stehen unterschiedliche Modelle bei gleichen Vertragskonditionen zur Wahl. Die einzig entscheidungsrelevante Dimension ist der *Preis*. Der Entscheidungsträger präferiert geringe Ausprägungen der Dimension *Preis*. Der Sachverhalt kann mithilfe des PNF in Abbildung 3-5 dargestellt werden:

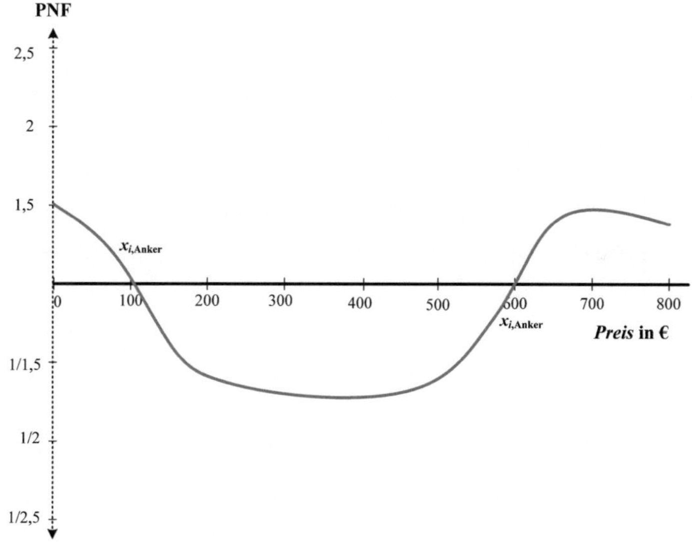

Abbildung 3-5: „U"-förmiger Verlauf eines PNF der Dimension *Preis*.

Ab der Ausprägung $x_{Preis} = 100$ Euro bewertet er die Modelle aus dem mittleren Preissegment hinsichtlich des Preises als unterdurchschnittlich. Eine steigende Ausprägung der Dimension *Preis* verschlechtert die Bewertung der Ausprägungen der Dimension *Preis* bis zu

[364] In der Literatur finden sich zahlreiche Beispiele für komplexe, nicht-monotone Verläufe von Bewertungen der Ausprägungen einer Dimension. VON NITZSCH diskutiert beispielsweise die Bewertung der Lufttemperatur am Urlaubsort. Vgl. von Nitzsch (2002), S. 174 ff.

$x_{Preis} = 400$ Euro. Etwa ab diesem Preissegment setzt der atypische Effekt ein, dass auch ein höherer *Preis* den PNF ansteigen lässt. Der Entscheidungsträger sieht in Mobiltelefonen auch ein Statussymbol und verbindet einen Prestigegewinn mit einem hohen *Preis*.[365] Ab einem *Preis* von $x_{Preis} = 600$ Euro kommt es daher sogar wieder zu überdurchschnittlichen PNF.

Dieser „U"-förmige Verlauf des PNF impliziert die Notwendigkeit von zwei Ankerpunkten. Die Verfahren zur Erhebung der PNF müssen in diesem Fall zunächst die zwei Ankerpunkte und die drei extremen PNF identifizieren, um anschließend die Intervalle monoton fallender und steigender PNF einzeln zu erheben. Bei der Erhebung der PNF anderer Dimensionen sind die Fragen entsprechend umzuformulieren: Wie (um welchen Faktor) verändert sich die Bewertung, wenn anstelle des Ankerpunkts eine bestimmte Ausprägung vorliegt und die anderen Dimensionen eine Ausprägung in Höhe ihres lokalen Ankerpunkts oder ihrer lokalen Ankerpunkte aufweisen? Des Weiteren ergibt sich im zweidimensionalen Modell in Abhängigkeit des Preises nicht die bekannte Unterteilung in über- und unterdurchschnittliche Bereiche links bzw. rechts von dem einen Ankerpunkt.[366] In diesem Beispiel werden Ausprägungen der Dimension *Preis* von 100 bis 600 Euro unterdurchschnittlich und von null bis 100 Euro und von über 600 Euro überdurchschnittlich bewertet. Die Berechnungssystematik des GNF wird dadurch allerdings nicht tangiert. Der wesentliche Vorteil für die Erhebung einer derartigen Präferenz liegt darin, dass Konsistenzprüfungen sehr leicht und konkret durchführbar sind. Jeder PNF kann hinsichtlich der Relation zu einem Ankerpunkt isoliert betrachtet werden. Des Weiteren ist ebenso wie auf Ebene des GNF eine „Dreiecks-Betrachtung" der PNF möglich, die die relative Bewertung zum Ankerpunkt in Relation setzt. Der Entscheidungsträger kann beispielsweise explizit die Bewertung der Ausprägungen der Dimension *Preis* von null und 800 Euro vergleichen. Der Aufwand der Präferenzerhebung nimmt allerdings deutlich zu.

Die Eignung des GNF-Modells zur Erhebung und Abbildung einer komplexen Präferenz wird anhand eines weiteren Beispiels untersucht. Ein Arbeitgeber bewertet Kandidaten für neu zu vergebene Arbeitsstellen. Das Zielsystem beinhaltet ausschließlich die Dimension *Wochenarbeitszeit*. Eine *Wochenarbeitszeit* von 40 Stunden bewertet das Unternehmen als durchschnittlich und weist dieser Ausprägung den Ankerpunkt zu. Ein kürzer arbeitender Angestellter leistet weniger für das Unternehmen. Sollte ein Angestellter weniger als 28 Stunden

[365] Eine isolierte Darstellung der Dimensionen *Preis* und *Prestige* in zwei PNF wäre mit demselben Resultat möglich gewesen. Da die Bewertung beider Dimensionen von der Ausprägung des *Preises* abhängig ist und, um einen atypischen Verlauf eines PNF sinnvoll begründen zu können, wurde hier ausschließlich der PNF der Dimension *Preis* betrachtet.

[366] Vgl. hierzu die Fallunterscheidung in Abbildung 2-13 in Abschnitt 2.3.2.2.

pro Woche arbeiten, dann nimmt der relative Anteil unproduktiver Arbeiten wie etwa Einarbeitung, Rüstzeiten etc. insoweit zu, dass sich dieser Angestellte für das Unternehmen unabhängig von dem *Gehalt* nicht mehr rentiert. *Wochenarbeitszeiten* unter 28 Stunden stellen daher ein Ausschlusskriterium für das Unternehmen dar. Bei bis ca. 50 Stunden Arbeitszeit pro Woche steigt der Nutzen für das Unternehmen. Wenn Angestellte länger arbeiten, dann führt die ansteigende Fehlerquote des Angestellten zu einer geringeren Bewertung. Es liegt eine Art Sättigungseffekt vor.[367] In Abbildung 3-6 ist ein möglicher PNF für diesen Sachverhalt dargestellt.

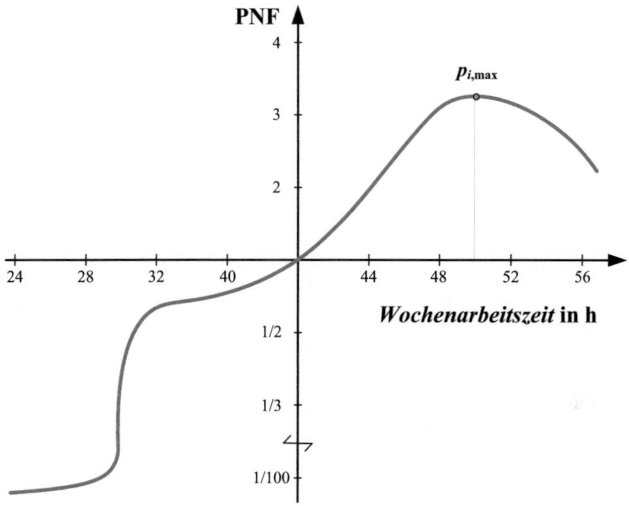

Abbildung 3-6: Verlauf eines PNF mit Ausschlusskriterium und Sättigungseffekt in der Dimension *Wochenarbeitszeit.*

Für die Abbildung des Ausschlusskriteriums ist der PNF an der Stelle sehr gering, beispielsweise in Höhe von $p_{i,\min} = 0{,}01$, anzusetzen. Dieses führt zu einem Bruch in der Skalierung und bedarf gegebenenfalls einer Erläuterung.

Das GNF-Modell ermöglicht die nachvollziehbare Abbildung eines Ausschlusskriteriums bei einer zu geringen *Wochenarbeitszeit* und eines Sättigungseffekts im Falle einer zu hohen *Wochenarbeitszeit*. Erste Testversuche deuten die Eignung der grafischen Erhebung des PNF in diesem Beispiel an. Insgesamt ist zu konstatieren, dass Entscheidungsträgern mithilfe von

[367] LANDRIGAN ET AL. stellen den Zusammenhang zwischen Schichtlänge und Fehlerquote in Krankenhäusern dar. Vgl. Landrigan et al. (2004), S. 1838 ff.

PNF auf eine einfache Weise auch komplexe Präferenzen, wenn auch mit einem erhöhten Erhebungsaufwand, artikulieren können. Die tatsächliche Eignung der PNF zur Abbildung von Präferenzen ist eine offene Forschungsfrage.

3.2.1.4 Skalierung der Ordinate und Abszisse

Im Rahmen einer grafisch unterstützten Erhebung von PNF nimmt die Skalierung der Achsen einen besonderen Stellenwert ein. Die wesentlichen Anforderungen an eine Skalierung der Ordinate sind die Verständlichkeit für den Entscheidungsträger und die Vermeidung systematischer, skalierungsbedingter Verzerrungen. Einfache Möglichkeiten der Skalierung der Ordinate stellen die lineare, die reziproke und die logarithmische Skalierung dar. Diese sind in Abbildung 3-7 gegenübergestellt. Die gestrichelten Linien zwischen den Ordinaten stellen dabei die relative Stauchung der Skalierungen heraus.

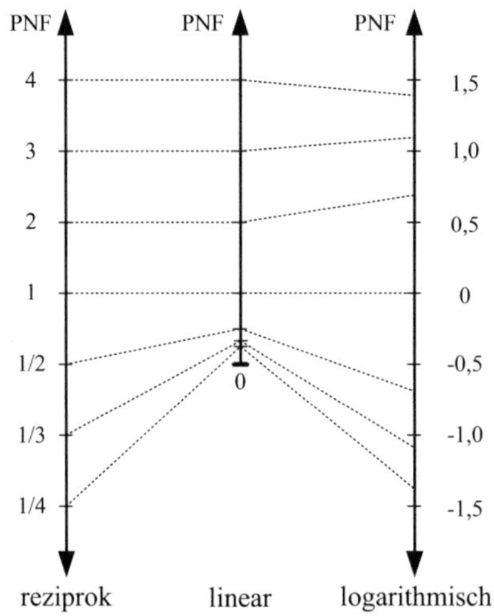

Abbildung 3-7: Skalierungsoptionen der Ordinate für die Erhebung und Darstellung von PNF.

Die **lineare** Skalierung ist für jeden Entscheidungsträger auf den ersten Blick verständlich. Im Bereich überdurchschnittlicher PNF sollte die Präferenzartikulation dem Entscheidungsträger relativ leicht fallen. Im Bereich unterdurchschnittlicher PNF hingegen kommt es zu einer relativen Stauchung der Skala. Die Distanzen zum Ankerwert sind für über- und unterdurchschnittliche PNF nicht identisch. Während die Differenz zwischen den PNF in Höhe von $p_i = 3$ und $p_i = 4$ in der Darstellung beispielsweise einem Zentimeter entspricht, beträgt der

Abstand zwischen deren Kehrwerte $p_i = 1/3$ und $p_i = 1/4$ nur einem zwölftel Zentimeter. Daraus ergeben sich zwei Probleme. Zum einen sind die Anwender in der „additiven Modellwelt" der MAUT äquidistante Skalen gewohnt. Für Einzelpräferenzfunktionen, die auf den Wertebereich von $v_{i,\min} = 0$ bis $v_{i,\max} = 1$ normiert sind, ist es beispielsweise plausibel, einen Wert in Höhe von $v_{i,\varnothing} = 0{,}5$ als durchschnittlich zu bezeichnen.[368] Die Distanz des Maximums und des Minimums zum Durchschnitt ist identisch. Im GNF-Modell besteht daher die Gefahr einer systematisch schlechteren und damit nicht-präferenzgerechten Bewertung unterdurchschnittlicher PNF. Zum anderen nimmt die Präzision der präferenzgerechten Erhebung der PNF aufgrund der sehr kleinen Distanzen zwischen relativ schlecht bewerteten Ausprägungen ab. Der Einsatz der linearen Skalierung ist daher nicht zu empfehlen.

Genau an diesem Kritikpunkt setzt die **reziproke** Skalierung an. Diese Skalierung zeichnet sich durch die identische Distanz der Kehrwerte zweier PNF zum Ankerwert aus. Im Bereich überdurchschnittlicher PNF entspricht die reziproke der linearen Skalierung, sodass Entscheidungsträger ihre Präferenzen ebenso einfach artikulieren können. Die reziproke Skalierung weitet diese Eigenschaft jedoch auf den Bereich unterdurchschnittlicher PNF aus. Der Nachteil der reziproken Skalierung liegt in dem relativ geringen Bekanntheitsgrad und dem daraus resultierenden Erklärungsbedarf, um Fehlanwendungen auszuschließen. Erste Testversuche deuten darauf hin, dass Probanden mithilfe reziprok skalierter Ordinaten ihre Präferenz relativ einfach zielführend artikulieren können.

Die **logarithmische** Skalierung weist die gleichen positiven Eigenschaften wie die reziproke Skalierung auf. Die Distanzen über- und unterdurchschnittlicher PNF zum Ankerwert sind identisch. Im Gegensatz zur reziproken Skalierung stehen hier die Distanzen zwischen einzelnen PNF in einem schlüssigen und einfachen mathematischen Zusammenhang. Allerdings hat der Einsatz einer logarithmischen Skalierung in der Praxis einen noch höheren Erklärungsbedarf als die reziproke Skalierung, da Entscheidungsträger normalerweise nicht in Logarithmen denken.[369] Ob die reziproke oder die logarithmische Skalierung Anwendung finden soll, ist davon abhängig, innerhalb welcher Skalierung der Entscheidungsträger seine Präferenzen einfacher artikulieren kann. Dieses ist eine offene Forschungsfrage.

Neben der Skalierung der Ordinate, also der Darstellung der PNF, ist auch die Skalierung der Abszisse, also der Ausprägungen, festzulegen. Hier stehen die lineare und die logarithmische

---

[368] Vgl. hierzu das Beispiel im von von Nitzsch in Abschnitt 2.3.2.3 und insbesondere Fußnote 283.

[369] Eine mögliche Lösung dieses Dilemmas besteht in einer logarithmischen Skalierung und einer konkreten Zuordnung von PNF.

Skalierung zur Wahl, die in Abbildung 3-8 beispielhaft für die Dimension *Wochenarbeitszeit* dargestellt sind.[370]

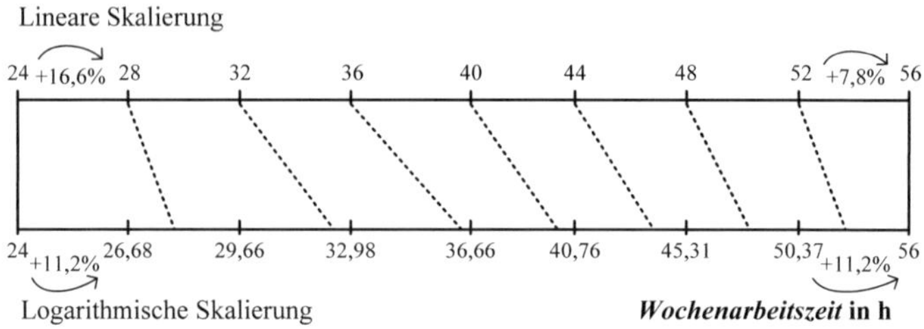

Abbildung 3-8: Skalierungsoptionen der Abszisse.

Die lineare Skalierung unterteilt das Intervall zwischen minimaler und maximaler Ausprägung in acht gleichgroße Intervalle. Eine derartige Skalierung ist für den Entscheidungsträger auf den ersten Blick eingängig, allerdings implizieren die Intervallschritte unterschiedliche relative Veränderungen. Während die Steigerung von 24 auf 28 Stunden einen prozentualen Anstieg in Höhe von 16,66% ergibt, macht die Steigerung von 52 auf 56 Stunden nur einen prozentualen Anstieg in Höhe von 7,79% aus. Im Gegensatz dazu kennzeichnet die logarithmische Skalierung die Intervallgrenzen mithilfe eines konstanten Faktors in Höhe von 1,112 [$=(56/24)^{1/8}$]. Eine logarithmische Skalierung ist für viele Entscheidungsträger ungewohnt und daher zu erläutern. Die durchschnittliche Ausprägung liegt bei der linearen Skalierung im arithmetischen Mittel und bei der logarithmischen Skalierung im geometrischen Mittel. Die gestrichelten Linien zwischen den alternativen Abszissen verdeutlichen die Unterschiede hinsichtlich der relativen Lage der Ausprägungen der *Wochenarbeitszeit*. Je geringer die Bandbreite der Ausprägungen einer Dimension ist, desto geringer fallen die genannten Unterschiede ins Gewicht. Welche Skalierung sich besser zur präferenzgerechten Erhebung der PNF eignet, ist eine offene Forschungsfrage. In der vorliegenden Arbeit wird auf die lineare und bei den Anwendern bekannte Skalierung der Abszisse in Kombination mit einer reziproken Skalierung der Ordinate abgestellt. Erste Testversuche deuten darauf hin, dass diese Darstellung zur Erhebung von Präferenzen geeignet ist.

[370] Der Einsatz einer reziproken Skalierung ist nicht sinnvoll, wenn der relative Bezugspunkt, der Ankerpunkt, noch nicht fest steht.

3.2.1.5 Spezifika des Ankerpunkts

3.2.1.5.1 Festlegung des Ankerpunkts

Der globale Ankerpunkt ist der zentrale Bezugspunkt im GNF-Modell. Auf der Ebene des Zielsystems insgesamt repräsentiert der GNF ein relatives Maß für die globale Bewertung einer Alternative in Relation zur im globalen Ankerpunkt liegenden und mit $p_{i,\text{Anker}} = 1$ bewerteten Referenzalternative. Auf der Ebene einzelner Dimensionen stellen die PNF p_i die relative Bewertung der Ausprägungen x_i einer Dimension zum mit $p_{i,\text{Anker}} = 1$ bewerteten lokalen Ankerpunkt $x_{i,\text{Anker}}$ dar. Grundsätzlich sind auch Ankerwerte in Höhe von $p_{i,\text{Anker}} \neq 1$ denkbar und mit der Taylorreihe vereinbar. Der Vorteil einer Normierung des Ankerwerts in Höhe von $p_{i,\text{Anker}} = 1$ besteht in der Vereinfachung des Ausdrucks $p_i / p_{i,\text{Anker}}$ zu p_i.[371] Dies gewährleistet eine einheitliche und nachvollziehbare Interpretation des PNF als relatives Maß der lokalen Vorziehungswürdigkeit der Ausprägung hinsichtlich einer Dimension. Die Lage des Ankerpunkts, also die Ausprägung $x_{i,\text{Anker}}$ mit einem PNF in Höhe von $p_{i,\text{Anker}} = 1$, ist erfolgskritisch für die Interpretation und Aussagekraft des GNF-Modells. Im Folgenden werden systematisch unterschiedliche, lokale Ankerpunkte dargestellt und hinsichtlich ihrer Eignung im GNF-Modell analysiert.

In den bisherigen Ausführungen liegt der lokale Ankerpunkt $x_{i,\text{Anker}}$ jeweils bei einer durchschnittlich bewerteten Ausprägung. Im Regelfall liegen durchschnittlich bewertete Ausprägungen im mittleren und nicht im extremen Bereich der Ausprägungen.[372] Prinzipiell kann die Erhebung des Verlaufs eines PNF auch anhand jeder anderen Ausprägung erfolgen. Als Ankerpunkt ist auch eine extrem bewertete Ausprägung vorstellbar, wie beispielsweise die am schlechtesten bewertete Ausprägung.[373] In einem solchen Fall bekommt die am schlechtesten bewertete Ausprägung den Ankerwert $p_{i,\text{Anker,min}} = 1$ zugewiesen. Als problematisch kann sich für die Erhebung der PNF ein für den Entscheidungsträger relativ schwierig zu fassender Vergleich mit der schlechtesten Ausprägung erweisen. Es erscheint einfacher, die schlechteste und die beste Ausprägung jeweils mit der durchschnittlichen Ausprägung in Relation zu setzten, als die schlechteste direkt mit der besten zu vergleichen. Zudem kann der Abstand von einer gut bewerteten und der am schlechtesten bewerteten Ausprägung sehr groß werden. Die relative Bewertung zweier Ausprägungen wird nicht durch die Lage des Ankerpunkts tangiert.

371 Vgl. hierzu auch Abschnitt 3.1.

372 Eine Ausnahme davon bildet beispielsweise der in Abbildung 3-5 dargestellte „U-förmige“-Verlauf des PNF.

373 Dieses Beispiel bezieht sich auf einen monoton ansteigenden PNF, sodass die geringste der am schlechtesten bewerteten Ausprägung entspricht. Alternative Verläufe des PNF sind in Abschnitt 3.2.1.3 dargestellt.

Ein mithilfe des Ankerpunkts $x_{i,\text{Anker}}$ erhobener PNF p_i, kann beispielsweise in einen modifizierten PNF $p_{i,\text{mod}}$ mit einem Ankerpunkt an der Stelle $x_{i,\text{mod,Anker}}$ überführt werden:

$$p_{i,\text{mod}} = \frac{p_i}{p_{i,\text{Anker,mod}}}. \tag{3-18}$$

Für einen rationalen Entscheidungsträger ergibt sich der systematisch gleiche, aber um einen konstanten Faktor höhere Verlauf des PNF wie unter Berücksichtigung des nicht-modifizierten Ankerpunkts $x_{i,\text{Anker}}$. Zum Beispiel weist eine Dimension mit einem maximalen PNF $p_{i,\max} = 2$ und einem minimalen PNF $p_{i,\min} = 0{,}5$ sowie einem modifizierten Ankerpunkt bei der minmal bewerteten Ausprägung $x_{i,\min}$ demzufolge doppelt so große modifizierte PNF in Höhe zwischen $p_{i,\min,\text{mod}} = 1$ und $p_{i,\max,\text{mod}} = 4$ auf. Die Bandbreite beträgt nach wie vor $b_{i,p} = 4$ ($= 2/0{,}5 = 4/1$). Da alle modifizierten PNF $p_{i,\text{mod}}$ größer oder gleich eins sind, entfallen die mit PNF $p_i < 1$ verbundenen Probleme in der Berechnung des GNF.[374] Das GNF-Modell ähnelt mit diesem Ankerpunkt bis auf die hier freie Wahl der Interaktionskoeffizienten und die Erhebungsmethode dem multiplikativen Aggregationsmodell der „additiven Modellwelt" der MAUT.[375] Deren zentraler Kritikpunkt liegt in der fehlenden Abgrenzung von Interaktionsbereichen, sodass keine anforderungsgerechte Modellierung komplementärer Interaktionen möglich ist. Dieser Kritikpunkt gilt gleichermaßen für ein GNF-Modell mit einem Ankerpunkt an der am schlechtesten bewerteten Ausprägung.[376] Eine Abgrenzung von Bereichen mit und ohne Interaktion sowie eine anschauliche, ökonomisch sinnvoll interpretierbare Modellierung komplementärer Interaktionen ist damit nicht möglich. Aus diesen Gründen sind Ankerpunkte im extremen Bereich der Ausprägungen nicht geeignet und Ankerpunkte aus dem mittleren Bereich der Ausprägungen trotz der aus PNF $p_i < 1$ resultierenden Probleme bei der Berechnung des GNF oder der Interpretation primären und sekundären Anteils dringend zu empfehlen.[377]

In Abhängigkeit von der Entscheidungssituation und der Relevanz der ökonomischen Interpretation des globalen Ankerpunkts gibt es zwei einfache Möglichkeiten zur Festlegung des

[374] Vgl. die Ausführungen zu den Rechenregeln im GNF-Modell in Abschnitt 3.3 und zur Modellierung von Interaktionen im GNF-Modell in Abschnitt 4.1.2.2.2.

[375] Vgl. die Eignungsanalyse des multiplikativen Aggregationsmodells in der „additiven Modellwelt" der MAUT in Abschnitt 4.1.2.1.

[376] Vgl. die Analyse in Abschnitt 4.1.2.2.1 inwiefern das multiplikative Aggregationsmodell den Anforderungen an eine Modellierung von Interaktionen gerecht wird.

[377] Vgl. die Diskussion hinsichtlich der erforderlichen Modifikationen für PNF kleiner als eins in Abschnitt 3.3.1. Eine explizite Interpretation primären und sekundären Anteils ist nur im Fall I möglich. Vgl. Abschnitt 4.1.2.2.2.

Ankerpunkts im mittleren Bereich der bewerteten Ausprägungen. Dabei handelt es sich um die bereits bekannte Festlegung des globalen Ankerpunkts mithilfe der durchschnittlich bewerteten Ausprägung und die Festlegung mithilfe einer Zielvorgabe.

Wenn die einmalige Beurteilung von Alternativen, wie etwa im Rahmen einer Bewertung von Bewerbern um einen Arbeitsplatz aus Sicht des Unternehmens, im Vordergrund steht, eignet sich die **durchschnittlich bewertete Alternative** als globaler Ankerpunkt. Diese erlaubt eine relativ einfache Interpretation der Interaktionsbereiche, wobei beispielsweise zwei überdurchschnittlich bewertete Ausprägungen eine positive komplementäre Interaktion implizieren. Die Ermittlung der durchschnittlich bewerteten Alternative ist allerdings mit einem Aufwand verbunden.

In Entscheidungssituationen, in denen ein Vergleich prognostizierter Ausprägungen unterschiedlicher Alternativen mit der Ausgangsituation oder Zielsituation möglich ist, eignet sich die Bestimmung des Ankerpunkts mithilfe einer **Zielvorgabe**. Im einfachsten Fall liegt der globale Ankerpunkt bei den Ausprägungen der Ausgangssituation bzw. der Unterlassensalternative. Ein Arbeitnehmer kann beispielsweise unterschiedliche Arbeitsangebote bezüglich der Dimensionen *Gehalt* und *Wochenarbeitszeit* in Relation zu seinem aktuellen Arbeitsplatz setzen. KLEIN und SCHOLL weisen darauf hin, dass die Bewertung der Ausprägungen der Dimensionen *Gehalt* und *Wochenarbeitszeit* von den bisherigen Ausprägungen abhängen können.[378] Die Festlegung des globalen Ankerpunkts mithilfe einer Zielvorgabe gewährleistet eine Berücksichtigung dieser Beobachtung. Wenn die Ausgangssituation als globaler Ankerpunkt festgelegt wird, entfällt im Rahmen der Präferenzerhebung der Schritt der Bestimmung der lokalen Ankerpunkte. Darüber hinaus repräsentiert der globale Ankerpunkt eine reale und bekannte Alternative, welches die Artikulation des PNF erleichtern kann. Die Aussagekraft des GNF erhöht sich zudem, da die bewerteten Alternativen direkt in Bezug auf die Ausgangssituation bezogen werden können. Das GNF-Modell ermöglicht damit in Abhängigkeit der Entscheidungssituation eine ökonomisch sinnvolle Festlegung des globalen Ankerpunkts.

3.2.1.5.2 Relevanz eines korrekten Ankerpunkts

Bei monotonen PNF existiert genau ein globaler Ankerpunkt, der die Präferenzen des Entscheidungsträgers präferenzgerecht und damit korrekt abbildet. Wenn hingegen aufgrund einer fehlerhaften Erhebung ein nicht-präferenzgerechter Ankerpunkt Eingang in das GNF-

[378] Vgl. Klein und Scholl (2004), S. 98.

Modell findet, kommt es zu dem Phänomen einer fehlerhaften Abgrenzung der Interaktionsbereiche und einer daraus resultierenden Veränderung der Werte des PNF. Zur Illustration der Konsequenzen des Einsatzes eines nicht-präferenzgerechten, fehlerhaften Ankerpunkts und der daraus folgenden Relevanz der Erhebung des präferenzgerechten Ankerpunkts dient folgendes Beispiel.

Ein Unternehmen bewertet unterschiedliche Ausprägungen der Dimension *Wochenarbeitszeit* mit einer Bandbreite von $x_{i,\min} = 20$ bis $x_{i,\max} = 60$ Stunden. Der PNF beträgt zwischen $p_{i,\min} = 0{,}5$ und $p_{i,\max} = 2$. Im Falle einer reziproken Skalierung der Ordinate und einer linearen Abszisse entspricht der Verlauf des PNF einer Geraden, wobei der präferenzgerechte Ankerpunkt bei 40 Stunden liegt. Für einen nicht-präferenzgerechten Ankerpunkt an der Stelle einer *Wochenarbeitszeit* in Höhe von 35 Stunden ergeben sich beispielsweise nach Formel (3-18) um den Faktor 1,25 (= 1 / 0,8) höhere modifizierte PNF $p_{i,\mathrm{mod}}$. Diese geringfügige Verschiebung des Ankerpunkts führt bei konstanter Bandbreite zu einem minimalen modifizierten PNF in Höhe von $p_{i,\min,\mathrm{mod}} = 0{,}625$ und einem maximalen modifizierten PNF in Höhe von $p_{i,\max,\mathrm{mod}} = 2{,}5$. In Abbildung 3-9 sind exemplarisch die Auswirkungen eines nicht-präferenzgerechten Ankerpunkts auf den Verlauf des PNF dargestellt.

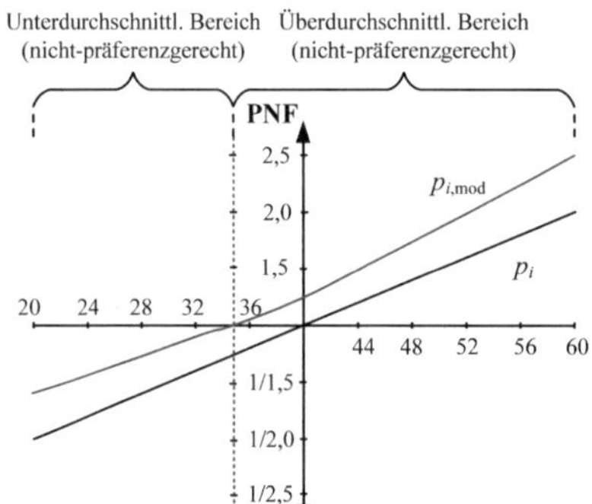

	PNF		Primärer Anteil	
Wochen-arbeitszeit	p_i	$p_{i,\mathrm{mod}}$	Δp_i	$\Delta p_{i,\mathrm{mod}}$
20	0,500	0,625	-0,500	-0,375
24	0,556	0,694	-0,444	-0,306
28	0,625	0,781	-0,375	-0,219
32	0,714	0,893	-0,286	-0,107
35	0,800	**1,000**	-0,200	0,000
36	0,833	1,042	-0,167	0,042
40	**1,000**	1,250	0,000	0,250
44	1,200	1,500	0,200	0,500
48	1,400	1,750	0,400	0,750
52	1,600	2,000	0,600	1,000
56	1,800	2,250	0,800	1,250
60	2,000	2,500	1,000	1,500

Abbildung 3-9: Präferenzgerechter und nicht-präferenzgerechter Ankerpunkt.

Der modifizierte, nicht-präferenzgerechte PNF verläuft weiter links bzw. oben als der präferenzgerechte PNF. Im Gegensatz zu einem präferenzgerechten Ankerpunkt werden auch *Wochenarbeitszeiten* im Bereich von 35 bis 40 Stunden überdurchschnittlich bewertet. Darüber hinaus erhöhen sich die primären Anteile überproportional stark. Während der maximale primäre Anteil um $\Delta p_i = 0{,}5$ ansteigt, erhöht sich der minimale primäre Anteil nur um

$\Delta p_i = 0{,}125$. Beides stellt einen systematischen Fehler dar und beeinflusst in mehrdimensionalen Zielsystemen in der Wechselwirkung mit anderen PNF den GNF. Die Erhebung des präferenzgerechten Ankerpunkts ist erfolgskritisch für das GNF-Modell. Daher sollte dieser besondere Aufmerksamkeit geschenkt werden.

3.2.2 Interaktionskoeffizienten

3.2.2.1 Allgemeine Vorgehensweise

Neben PNF sind im Rahmen des GNF-Modells in zwei- oder mehrdimensionalen Zielsystemen Interaktionskoeffizienten zu erheben. Die in der vorliegenden Arbeit im Fokus stehenden partiell präferenzabhängigen Zielsysteme zeichnen sich durch eine relativ geringe Anzahl an Interaktionen aus.[379] Eine systematische Erhebung gewährleistet die Identifikation aller möglichen Interaktionen zulasten eines relativ hohen Aufwands. Um den Erhebungsaufwand in Grenzen zu halten, ist daher der Entscheidungsträger zunächst zu befragen, zwischen welchen Dimensionen seines Erachtens eine Interaktion vorliegt. Diese offene Frage birgt allerdings das Risiko, dass Interaktionen versehentlich nicht berücksichtigt werden. Liegt keine Interaktion vor, dann bekommt der entsprechende Interaktionskoeffizient den Wert null zugewiesen. Liegen eine oder mehrere Interaktionen im Zielsystem vor, dann sind die erforderlichen Interaktionskoeffizienten zu ermitteln.

Im Rahmen der „additiven Modellwelt“ der MAUT werden die Gewichte in Zusammenhang mit der Bandbreite der Ausprägungen erhoben.[380] Ein Interaktionskoeffizient ist analog dazu ausschließlich sinnvoll im Zusammenhang mit den Bandbreiten der PNF der relevanten Dimensionen zu interpretieren. Die folgenden Ausführungen beschränken sich auf positive komplementäre Interaktionen (Fall I) und einen positiven Interaktionskoeffizienten, also auf verstärkende Interaktionen zwischen Dimensionen in dem Bereich der PNF $p_i > 1$.[381]

$$g\left(p_1>1, p_2>1; I_{1,2}\right) = \underbrace{1\times 1}_{\text{Ankerwert}} + \underbrace{\Delta p_1}_{\text{Primärer Anteil } X_1} + \underbrace{\Delta p_2}_{\text{Primärer Anteil } X_2} + \underbrace{\Delta p_1 I_{1,2} \Delta p_2}_{\text{Sekundärer Anteil } X_{1,2}}. \qquad \textbf{(3-19)}$$

Die Normierung der Interaktionskoeffizienten findet stets an der maximal bewerteten Ausprägung statt, da an dieser Stelle die für die Adjustierung des Modells relevante maximale Inter-

[379] Vgl. die Diskussion hinsichtlich der in der Praxis vorliegenden Zielsysteme in Abschnitt 2.3.3 und Abschnitt 2.4.1.

[380] Vgl. die Diskussion zum Bandbreiteneffekt in der „additiven Modellwelt“ der MAUT in Abschnitt 4.2.4.

[381] Für eine negative komplementäre Interaktion (Fall II) sind eine anschauliche Darstellung nicht möglich und die in Abschnitt 3.3 vorgestellte Rechenregel zu beachten.

aktion vorliegt.[382] Der Interaktionskoeffizient $I_{1,2}$ ist in einem zweidimensionalen Zielsystem definiert als das Maß für die Relation der Summe der primären Anteile zum sekundären Anteil.[383] Daher gilt:

$$I_{1,2} = \frac{\Delta p_{1,\max} + \Delta p_{2,\max}}{\Delta p_{1,\max} \Delta p_{2,\max}}. \tag{3-20}$$

Die Notwendigkeit der Berücksichtigung der Bandbreite bei der Erhebung von Interaktionskoeffizienten zeigt folgendes Beispiel auf.

Das Zielsystem eines Entscheidungsträgers besteht aus den Dimensionen *Urlaubsqualität* (X_1) und *Urlaubsdauer* (X_2). Die Präferenzstruktur des Entscheidungsträgers zeichnet sich durch zwei Charakteristika aus. Je höher die Ausprägungen *Urlaubsqualität* und *Urlaubsdauer* sind, desto mehr präferiert der Entscheidungsträger eine Alternative. Darüber hinaus liegt eine komplementäre Interaktion zwischen beiden Dimensionen vor, der zur Folge die Kombination überdurchschnittlicher PNF eine überproportionale Bewertung impliziert. Die Abbildung dieses sekundären Anteils erfolgt mithilfe des Interaktionsterms. Die PNF sind differenzierbar und verlaufen monoton. Der Entscheidungsträger bewertet in diesem Beispiel die Summe der maximalen primären Anteile $\Sigma\Delta p_{i,\max}$ der Dimensionen *Urlaubsqualität* und *Urlaubsdauer* genauso hoch wie den sekundären Anteil $\Delta p_{1,\max} I_{1,2} \Delta p_{2,\max}$ beider Dimensionen. In diesem Beispiel betragen die maximalen PNF $p_{i,\max} = 2$ bzw. die maximalen primären Anteile $\Delta p_{i,\max} = 1$ und es resultiert

$$I_{1,2} = \frac{1+1}{1 \times 1} = 2. \tag{3-21}$$

In einem solchen Fall beträgt der Interaktionskoeffizient $I_{1,2} = 2$. Der sekundäre Anteil entspricht annahmegemäß dem Produkt der primären Anteile und des Interaktionskoeffizienten.

---

382 Die Erhebung von Interaktionskoeffizienten in der „additiven Modellwelt" der MAUT geht analog vor. Vgl. Abschnitt 4.1.2.1.2. Die Erhebung eines Interaktionskoeffizienten erfolgt in den dargestellten Methoden jeweils anhand des maximal möglichen sekundären Anteils. Für andere Konstellationen ergibt sich der sekundäre Anteil als Produkt der primären Anteile. Prinzipiell wäre eine Erhebung des Interaktionskoeffizienten an anderen Stellen des sekundären Anteils, beispielsweise eines durchschnittlichen sekundären Anteils oder für eine konkrete Kombination primärer Anteile und anschließender Normierung vorstellbar. Dagegen spricht, dass der Entscheidungsträger sich bei der Einschätzung des Interaktionskoeffizienten gar nicht der Implikation für den quadratisch wachsenden, maximalen sekundären Anteil bewusst ist und, dass die Bewertung von Durchschnittlichem große Erfahrung voraussetzt. Vgl. Abschnitt 3.2.1.2.

383 Im Rahmen der Darstellung der Modellierungsmöglichkeiten von Interaktionen in einem erweiterten additiven Aggregationsmodell ohne die Prämisse der Präferenzunabhängigkeit in Abschnitt 4.1.2.1.2 findet sich eine grundsätzlich sehr ähnliche Vorgehensweise. Für die Ermittlung eines Interaktionskoeffizienten zweiter Ordnung sind der primäre und der tertiäre Anteil der relevanten Dimensionen gegenüberzustellen. Alternativ besteht die Möglichkeit, den Interaktionskoeffizienten zweiter Ordnung $I_{1,2,3}$ unter Berücksichtigung der Bandbreite aus den drei relevanten Interaktionskoeffizienten erster Ordnung $I_{1,2}$, $I_{1,3}$ und $I_{1,3}$ abzuleiten. Vgl. hierzu auch die Eignung des bilinearen GNF-Modells in Abschnitt 4.1.2.3.2.

Ein anderer Entscheidungsträger zeichnet sich bis auf die Bandbreite der PNF $b_{i,p}$ durch die gleiche Präferenzstruktur aus. Der maximale PNF beträgt in beiden Dimensionen nicht $p_{1,max} = p_{2,max} = 2$, sondern nur $p_{1,max} = p_{2,max} = 1{,}2$.[384] Es ergibt sich folgende Berechnung des Interaktionskoeffizienten $I_{1,2}$.

$$I_{1,2} = \frac{0,2+0,2}{0,2 \times 0,2} = \frac{0,4}{0,04} = 10. \tag{3-22}$$

Wenn der Entscheidungsträger auch hier den primären Anteil genauso hoch bewertet wie den sekundären, muss der Interaktionskoeffizient $I_{1,2} = 10$ betragen. Bei der Erhebung von Interaktionskoeffizienten ist daher die Bandbreite der PNF und damit der Dimensionen explizit zu beachten.

3.2.2.2 Konkrete Methoden

Die Bestimmung der Interaktionskoeffizienten kann direkt, indirekt oder empirisch erfolgen. Die **direkten** Methoden erfassen parametrisch oder linguistisch das Verhältnis der Summe der primären Anteile und des sekundären Anteils der relevanten Dimensionen. Der Entscheidungsträger muss bei einem **parametrischen** Verfahren wie bei dem Einsatz des Direct-Ratio-Verfahrens im Rahmen der Zielgewichtsbestimmung in der „additiven Modellwelt" der MAUT das Verhältnis der Gewichte zweier Dimensionen direkt angeben.[385] Die direkte Angabe eines Wertes kann ebenso **linguistisch** mithilfe einer im AHP eingesetzten 9-Punke-Skala nach SAATY erfolgen.[386] Dafür sind zwei Schritte erforderlich.

Der **erste Schritt** transformiert die linguistischen Variablen in konkrete Verhältnisse der Summe der maximalen primären Anteile zur Summe des maximalen sekundären Anteils. Eine 9-Punkte-Skala sieht nach SAATY wie folgt aus.

Beschreibung	SAATY-Faktor $s_{1,2}$
Gleiche Bedeutung	1
Etwas größere Bedeutung	3
Erheblich größere Bedeutung	5
Sehr viel größere Bedeutung	7
Absolute Dominanz	9

Tabelle 3-1: 9-Punkte-Skala zur Bestimmung eines Interaktionskoeffizienten.

[384] In Abschnitt 4.2.3 wird gezeigt, dass der Sachverhalt durch eine Transformation ineinander überführt werden kann. Vgl. auch die Anmerkungen zur Verringerung der Bandbreite der PNF im GNF-Modell in Abschnitt 4.2.6.

[385] Vgl. Abschnitt 2.2.3.2.2.

[386] Die Originalskala findet sich bei Saaty (1977), S. 246 oder Saaty (1980), S. 54; Zelewski und Peters (2006), S. 1070 und Abschnitt 2.2.2.

Im Falle gleicher Bedeutung zweier Dimensionen ergibt sich ein SAATY-Faktor in Höhe von $s_{1,2} = 1$. Für eine „etwas größere Bedeutung“ über eine „erheblich größere Bedeutung“ bis hin zu einer „sehr viel größere Bedeutung“ und einer „absoluten Dominanz“ ergeben sich SAATY-Faktoren von $s_{1,2} = 3$ bis $s_{1,2} = 9$. Die Kehrwerte $1/s_{1,2}$ stehen für Verhältnisse, in denen der maximale primäre Anteil größer als der maximale sekundäre Anteil ist.

Im **zweiten Schritt** sind diese Verhältnisse den Bandbreiten der Dimensionen anzupassen. Dafür ist die Summe der maximalen primären Anteile zu berechnen und mit dem maximalen sekundären Anteil in Relation zu setzen:

$$s_{1,2} = \frac{\Delta p_{1,\max} I_{1,2} \Delta p_{2,\max}}{\Delta p_{1,\max} + \Delta p_{2,\max}} \tag{3-23}$$

führt zu

$$I_{1,2} = \frac{\Delta p_{1,\max} \Delta p_{2,\max}}{\Delta p_{1,\max} + \Delta p_{2,\max}} s_{1,2}. \tag{3-24}$$

Für das vorhergehende Beispiel der Urlaubswahl mit maximalen PNF in Höhe von $p_{i,\max} = 2$ betragen die Summe der primären Anteile $\Delta p_{1,\max} + \Delta p_{2,\max} = 2$ und der sekundäre Anteil $\Delta p_{1,\max} \Delta p_{2,\max} I_{1,2} = 1$. Bei „gleicher Bedeutung“, also einem SAATY-Faktor $s_{1,2} = 1$, ergibt sich ein Interaktionskoeffizient in Höhe von $I_{1,2} = 2$, wie folgende Rechnung zeigt:

$$I_{1,2} = \left(\frac{1+1}{1} \right) \times 1 = 2. \tag{3-25}$$

Die Interaktionskoeffizienten für die anderen SAATY-Faktoren sind in Tabelle 3-2 dargestellt.

	SAATY-Faktor	**Interaktionskoeffizient**
Beschreibung	$s_{1,2}$	$I_{1,2}$
Gleiche Bedeutung	1	2
Etwas größere Bedeutung	3	6
Erheblich größere Bedeutung	5	10
Sehr viel größere Bedeutung	7	14
Absolute Dominanz	9	18

Tabelle 3-2: Bestimmung der Interaktionskoeffizienten mit SAATY-Faktoren.

Der Einsatz der SAATY-Faktoren erweist sich jedoch als problematisch. Die Interpretation und zahlenmäßige Umsetzung der linguistischen Variablen „gleiche Bedeutung“ in das relative Verhältnis vom sekundären zum gesamten primären Anteil ist gut nachvollziehbar. Die übrigen linguistischen Variablen und deren zahlenmäßige Übersetzung sind nur bedingt geeignet für die relative Beurteilung des Verhältnisses sekundären zu primären Anteils. Die absolute Dominanz des sekundären gegenüber dem primären Anteil impliziert eine nicht-präferenzgerechte, inadäquate Modellformulierung, da in solchen Fällen eine Redefinition des Zielsystems angebracht ist.[387] Die linguistischen Variablen und deren Quantifizierung sind den spezifischen Anforderungen der relativen Abbildung sekundären zu primären Anteils in partiell präferenzabhängigen Zielsystemen anzupassen. In Tabelle 3-3 ist exemplarisch eine Möglichkeit dazu dargestellt.

	SAATY-Faktor	**Interaktionskoeffizient**
Beschreibung	$s_{1,2,mod}$	$I_{1,2}$
Gleiche Bedeutung	1	2
Etwas größere Bedeutung	1,25	2,5
Größere Bedeutung	1,5	3
Viel größere Bedeutung	1,75	3,5
Sehr viel größere Bedeutung	2	4

Tabelle 3-3: Bestimmung der Interaktionskoeffizienten mit modifizierten SAATY-Faktoren.

Wenn die Summe des primären Anteils kleiner ist als der sekundäre Anteil, dann sind die reziproken Werte des SAATY-Faktors entsprechend einzusetzen.[388] Der modifizierte SAATY-Faktor für „viel größere Bedeutung“ beträgt $s_{1,2,mod} = 1,75$ und in diesem Beispiel der maximale Interaktionskoeffizient $I_{1,2} = 3,5$. Die Übersetzung der linguistischen Variablen unterliegt allerdings einem gewissen subjektiven Ermessungsspielraum, wie es auch bei der Skala von SAATY der Fall ist.[389] Die Eignung dieser oder anderer Tabellen zur linguistischen Erhebung des Interaktionskoeffizienten ist daher in der Praxis zu erproben. Wenn eine geeignete Umrechnungstabelle gefunden ist, dann zeichnet sich die Methode der linguistischen Erhebung von Interaktionskoeffizienten mit anschließender zahlenmäßiger Interpretation durch einen relativ geringen Erhebungsaufwand aus. Die Erfahrungen aus dem AHP zeigen, dass Entscheidungsträger zur relativen Bewertung von zwei Dimensionen in der Lage sind. Da der Entscheidungsträger nicht abstrakt in Zahlen denken muss, sondern sich an ihm bekannten

[387] Je größer der sekundäre Anteil in Relation zu den primären Anteilen in einem präferenzunabhängig postulierten Zielsystem ist, desto eher ist es notwendig, das Zielsystem umzuformulieren. Wenn beispielsweise in einem zweidimensionalen Zielsystem der sekundäre Anteil den primären Anteil dominiert, wäre eine Zusammenfassung der Dimensionen nahezu ohne Informationsverlust möglich. Vgl. die Ausführungen in Bezug auf die Möglichkeiten der Umformulierung von Zielsystemen in Abschnitt 2.3.3 sowie die Diskussion hinsichtlich der in der Praxis vorliegenden Zielsysteme in Abschnitt 2.4.1.

[388] Es ergeben sich Interaktionskoeffizienten zwischen von $I_{1,2} = 2$ für gleiche Bedeutung und $I_{1,2} = 0,5$ für sehr viel geringere Bedeutung.

[389] Vgl. Abschnitt 2.2.2.

linguistischen Variablen orientieren kann, erscheinen die kognitiven Anforderungen eher gering auszufallen.

Indirekte Methoden erfassen Interaktionskoeffizienten implizit auf Basis von Paarvergleichen der Summe der primären Anteile mit dem sekundären Anteil. Es besteht die Möglichkeit, wie im Rahmen eines AHP, die relative Wichtigkeit der primären Anteile und des sekundären Anteils zueinander bewerten zu lassen. Aufgrund der Korrelation zwischen einem primären Anteil und dem sekundären Anteil ist jedoch ein solches Vorgehen nur sehr eingeschränkt sinnvoll. Des Weiteren ist diese Vorgehensweise mit einem relativ hohen Aufwand verbunden. Im Gegensatz dazu bietet sich der AHP eher zur Konsistenzprüfung der relativen Gewichtung bei dem Vorliegen mehrerer Interaktionsterme an, denn der Vergleich maximaler Interaktionsausprägungen unterliegt nicht der genannten Einschränkung.

Darüber hinaus besteht die Möglichkeit der **empirischen** Ermittlung der Interaktionskoeffizienten. Dafür sind die PNF zu erheben und eine große Anzahl an Paarvergleichen durchzuführen. Mithilfe statistischer Verfahren lassen sich dabei die Interaktionskoeffizienten schätzen.

Die skizzierten rudimentären Verfahren sind weiter zu verfeinern. Da im Normalfall nur einige wenige Interaktionen vorliegen, hält sich der Erhebungsaufwand unabhängig von der konkreten Methode jedoch insgesamt in Grenzen. Eine direkte Erhebung ist am einfachsten durchzuführen. Im Rahmen einer direkten parametrischen Abfrage des Interaktionskoeffizienten sind die Anforderungen an den Entscheidungsträger relativ hoch, da keine Orientierungspunkte vorliegen. Eine linguistische Erhebung des Interaktionskoeffizienten überwindet genau diesen Kritikpunkt und „übersetzt" Ausdrücke mithilfe der modifizierten SAATY-Faktoren in Interaktionskoeffizienten. Nachteilig ist hierbei allerdings die relativ grobe Klassifizierung der Interaktionskoeffizienten. Um eine höhere Genauigkeit zu erreichen, sollten die modifizierten SAATY-Faktoren daher als Orientierungshilfe für die direkte parametrische Erhebung dienen. Wenn es mit relativ geringem Aufwand möglich ist, eine große Anzahl an Paarvergleichen durchzuführen, dann bietet die empirische Erhebung des Interaktionskoeffizienten die erfolgversprechendste Möglichkeit. Die empirische Erhebung von Interaktionskoeffizienten kann zugleich der Verifikation der Modellformulierung dienen. Denn ausschließlich in einem korrekt formulierten Modell ergibt sich ein einheitlicher, sinnvoll zu interpretierender Interaktionskoeffizient. Derzeit existieren keine empirischen Erkenntnisse hinsichtlich der Erhebung von Interaktionskoeffizienten. Die konkrete Vorgehensweise für eine möglichst effiziente und korrekte Erhebung der Interaktionskoeffizienten ist eine offene Forschungsfrage.

3.2.2.3 Erhebungsaufwand

Die Anzahl der im GNF-Modell zu erhebenden Interaktionskoeffizienten könnte dessen Akzeptanz mindern, wie es beispielsweise im multilinearen Aggregationsmodell der Fall ist. In Tabelle 3-4 ist in Abhängigkeit der Anzahl der Dimensionen die Anzahl der maximal zu erhebenden Interaktionskoeffizienten erster Ordnung dargestellt.

Anzahl an Dimensionen *n*	1	2	3	4	5	6	7	8
Anzahl Interaktionskoeffizienten (sekundärer Anteil: $k=2$ in der Taylorreihe)	0	1	3	6	10	15	21	28

Tabelle 3-4: Zu erhebende Interaktionskoeffizienten erster Ordnung in Abhängigkeit der Anzahl der Dimensionen.

Bei acht Dimensionen ist im bilinearen GNF-Modell die Erhebung von bis zu 28 Interaktionskoeffizienten erster Ordnung erforderlich.[390] Neben dem unverhältnismäßig großen Aufwand ist zu überlegen, ob bzw. inwiefern diese maximal 28 Interaktionskoeffizienten sich in den Wirkungen überlagern und damit ökonomisch sinnvolle Interpretationen erlauben. Je mehr Interaktionskoeffizienten in ein GNF-Modell eingehen, desto unübersichtlicher und weniger nachvollziehbar ist das GNF-Modell für den Entscheidungsträger.

In der tatsächlichen Anwendung des Modells ist der Bedarf der Modellierung von 28 Interaktionskoeffizienten aufgrund der zumeist partiell präferenzabhängigen Zielsysteme relativ unwahrscheinlich. Im Zuge der Erhebung der Interaktionskoeffizienten beurteilen die Entscheidungsträger zunächst das Vorliegen von einer Interaktion zwischen zwei Dimensionen und nur bei Bedarf anschließend die Höhe des Interaktionskoeffizienten. Die Anzahl der vorliegenden Interaktionen dient zur Einordnung eines Zielsystems zwischen einem präferenzunabhängigen und einem präferenzabhängigen Zielsystem. Mithilfe der Systematik des GNF-Modells ist eine Modellierung präferenzunabhängiger, partiell präferenzabhängiger und präferenzabhängiger Zielsysteme möglich. In der Praxis sind die eingesetzten Zielsysteme entweder im Idealfall präferenzunabhängig oder partiell präferenzunabhängig. Bei acht Dimensionen können beispielsweise nur vier Interaktionen zwischen einzelnen Dimensionen vorliegen. In diesem Fall wäre von maximal 28 möglichen nur die Erhebung

390 Das bilineare GNF-Modell betrachtet ausschließlich Interaktionen erster Ordnung. Vgl. Abschnitt 3.3.2. Wenn auch Interaktionen höherer Ordnung betrachtet werden, dann sind bei *n* Dimensionen bis zu $\binom{n}{k} = \frac{n!}{k!(n-k)!}$ Interaktionskoeffizienten *k*-ter Ordnung zu erheben. Vgl. hierzu auch von Winterfeldt und Edwards (1986), S. 307.

von vier Interaktionskoeffizienten explizit erforderlich, während die anderen Interaktionskoeffizienten gleich null gesetzt werden.

Eine weitere Komplexitätsreduktion und damit einhergehend weniger zu erhebende Interaktionskoeffizienten kann mithilfe der Hierarchisierung des Zielsystems erfolgen.[391] Das nicht-hierarchisierte GNF-Modell bezieht alle Ziele mithilfe PNF direkt auf den GNF. Dieses ist in der Abbildung 3-10 dargestellt.

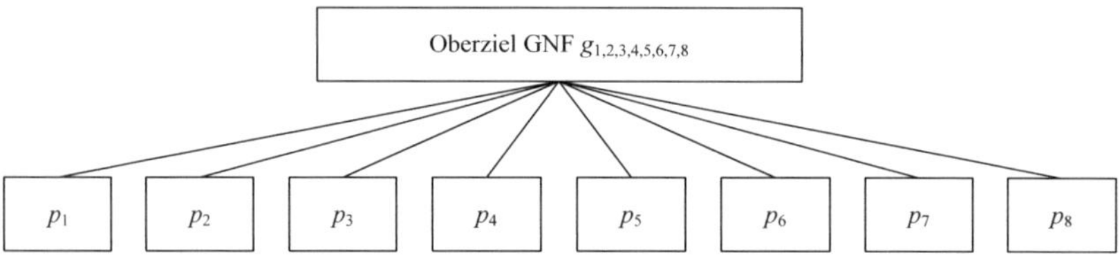

Abbildung 3-10: Nicht-hierarchisch aufgebautes Zielsystem im GNF-Modell.

Zwischen den acht Zieldimensionen können, wie in Tabelle 3-4 dargestellt, maximal 28 Interaktionen vorliegen. Inhaltlich kann es möglich sein, mehrere Zieldimensionen zu Unterzielen zusammenzufassen. Nur innerhalb eines Unterziels und nicht zwischen Zielen verschiedener Unterziele können Interaktionen vorliegen. Die Abbildung von Interaktionen zwischen Dimensionen unterschiedlicher Unterziele erfolgt implizit auf der Ebene der Unterziele. Ein hierarchisch aufgebautes Zielsystem für das GNF-Modell ist in Abbildung 3-11 dargestellt.

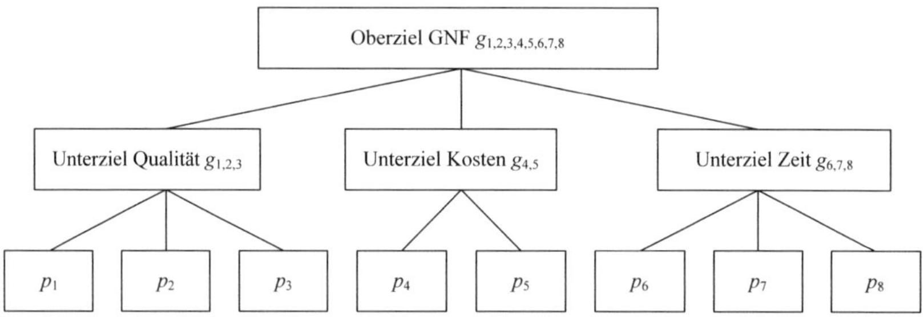

Abbildung 3-11: Hierarchisch aufgebautes Zielsystem im GNF-Modell.

Die Ermittlung des GNF des Oberziels geschieht in diesem hierarchisch aufgebauten Zielsystem in zwei Schritten. Im ersten Schritt fasst der Entscheidungsträger alle Dimensionen innerhalb der Unterziele zusammen und berücksichtigt dabei die Interaktionen im Rahmen der Bewertungssystematik des GNF-Modells. Hierfür sind im oben dargestellten Beispiel

---

[391] Vgl. Abbildung 2-2 in Abschnitt 2.1.4.

maximal sieben Interaktionskoeffizienten erforderlich, je drei für die Unterziele *Qualität* und *Zeit* und einer für das Unterziel *Kosten*. Im zweiten Schritt bestimmt der Entscheidungsträger die maximal drei Interaktionskoeffizienten zwischen den Unterzielen *Qualität*, *Zeit* und *Kosten*. Das dargestellte hierarchisch aufgebaute GNF-Zielsystem erfordert zur Berechnung der GNF nicht mehr die Erhebung von maximal 28, sondern nur noch maximal zehn Interaktionskoeffizienten. Dadurch erhöht sich auch die Transparenz und Nachvollziehbarkeit für den Entscheidungsträger. Insgesamt ist zu konstatieren, dass aufgrund der meist vorliegenden partiell präferenzabhängigen Zielsysteme und der Möglichkeit deren Hierarchisierung insbesondere im bilinearen GNF-Modell nur eine überschaubare Anzahl an Interaktionskoeffizienten zu erheben ist.

3.2.3 Zwischenfazit

Die wesentlichen Unterschiede zwischen der „additiven Modellwelt" und der „multiplikativen Modellwelt" der MAUT liegen in der Präferenzerhebung und damit dem Skalenniveau der bewerteten Ausprägungen sowie dem Ansatz zur Verknüpfung der Präferenzen. Die Zielsetzung in der MAUT besteht darin, eine Entscheidung mit möglichst wenigen Zieldimensionen präferenzgerecht darzustellen. Die Verfahren der „additiven Modellwelt" der MAUT setzen dieses mithilfe der aus der Prämisse der Präferenzunabhängigkeit resultierenden unabhängigen Erhebung von Höhen- und Artenpräferenz und eines unabhängigen Aggregationsmechanismus um.[392] Das GNF-Modell basiert hingegen auf einer ankerpunktbasierten Präferenzerhebung, die mit einer geringfügig größeren Anzahl an Parametern auskommt. Für die Erhebung von partiellen Nutzenfaktoren existieren in der „multiplikativen Modellwelt" der MAUT noch keine etablierten Verfahren. Die Übertragung der aus der „additiven Modellwelt" der MAUT bekannten Verfahren erscheint allerdings mit einigen Modifikationen, die das unterschiedliche Skalenniveau berücksichtigen, möglich. Für eine strukturierte Präferenzerhebung dient im GNF-Modell ein schrittweises Vorgehen, das zunächst den Ankerpunkt bestimmt. Dieser ist erfolgskritisch für das GNF-Modell und sollte mit äußerster Sorgfalt erhoben werden. Der Ankerpunkt und die extrem bewerteten Ausprägungen bilden anschließend den Orientierungsrahmen, innerhalb dessen der konkrete Verlauf des PNF zu bestimmen ist. Dieses Vorgehen soll die kognitiven Anforderungen des Entscheidungsträgers reduzieren und die Konsistenz innerhalb der Präferenzen sichern. Erweiterungen erlauben es, auch komplexe Präferenzen, beispielsweise mit Ausschlusskriterien und mehreren Ankerpunkten, zu

[392] Vgl. Abschnitt 2.2.3.2.

erheben. Insbesondere bei grafisch unterstützten Verfahren und auch bei der Visualisierung von Präferenzen ist die Skalierung der Achsen zu beachten. Hierbei erscheinen eine reziproke Ordinate und eine lineare Abszisse als besonders geeignet.

Insgesamt ist zu konstatieren, dass derzeit nur sehr wenige Erfahrungen hinsichtlich der Erhebung von PNF und Interaktionskoeffizienten im GNF-Modell existieren. Die Möglichkeit der Übertragung der Verfahren aus der „additiven Modellwelt" der MAUT erscheint allerdings erfolgsversprechend, Präferenzen mit vergleichbaren kognitiven Anforderungen und Aufwand zu erheben.

3.3 Präferenzaggregation

Die Grundgedanken der Präferenzaggregation werden zunächst anhand eines zweidimensionalen Zielsystems dargelegt. Anschließend erfolgt eine Übertragung auf drei und mehr Dimensionen.

3.3.1 Zweidimensionales Zielsystem

Im Rahmen der spezifischen Summenschreibweise im GNF-Modell sind die PNF in Relation zum Ankerpunkt $p_{i,\text{Anker}} = 1$ zu setzen. Die primären Anteile einer Dimension berechnen sich wie folgt:

$$\Delta p_i = p_i - 1 \tag{3-26}$$

Die primären Anteile können $\Delta p_i > 0$, $\Delta p_i = 0$ oder $\Delta p_i < 0$ sein. Ein PNF in Höhe von $\Delta p_i = 0$ ist ein Spezialfall und impliziert einen sekundären Anteil von null. Die Konstellationen, in denen ein PNF oder beide PNF einen Wert in Höhe von eins aufweisen, können als Grenzfälle der Kategorie $\Delta p_i > 0$ zugeordnet werden.[393] Der Fokus liegt daher im Folgenden ausschließlich auf der Untersuchung primärer Anteile $\Delta p_i > 0$ und $\Delta p_i < 0$. Die multiplikative Verknüpfung zweier PNF führt damit zu drei systematisch unterschiedlichen Fällen, die in Tabelle 3-5 dargestellt sind.[394]

---

[393] Wenn $p_1 = p_2 = 1$ betragen, also die PNF jeweils genau dem lokalen Ankerpunkt entsprechen, dann ergibt sich als GNF exakt der Ankerwert $g_{j,\text{Anker}} = 1$. Sowohl der zweite als auch der dritte Summand weisen einen primären Anteil $\Delta p_i = 0$ auf. Auch der sekundäre Anteil ist unabhängig von der Höhe des Interaktionskoeffizienten gleich null. Wenn der erste PNF $p_1 = 1$ und der zweite PNF $p_2 \neq 1$ sind, dann existiert neben dem Ankerwert ausschließlich der primäre Anteil der ersten Dimension. Der sekundäre Anteil beträgt auch in diesem Fall unabhängig von der Höhe des Interaktionskoeffizienten null.

[394] Vgl. die Fallunterscheidung für komplementäre Interaktionen in Abbildung 2-13.

		PNF	
		$p_2<1$	$p_2>1$
		Primärer Anteil	
PNF	Primärer Anteil	$\Delta p_2<0$	$\Delta p_2>0$
$p_1>1$	$\Delta p_1>0$	Fall III	Fall I
$p_1<1$	$\Delta p_1<0$	Fall II	Fall III

Tabelle 3-5: Fälle in einem zweidimensionalen Zielsystem.

Bislang ist das GNF-Modell in Formel (3-14) ausschließlich als Kombination überdurchschnittlich bewerteter Ausprägungen (Fall I) vorgestellt worden:

$$g_{1,2}\left(p_1>1, p_2>1; I_{1,2}\right)=\underbrace{1\times 1}_{\text{Ankerpunkt}}+\underbrace{\Delta p_1}_{\text{Primärer Anteil } X_1}+\underbrace{\Delta p_2}_{\text{Primärer Anteil } X_2}+\underbrace{\Delta p_1 I_{1,2}\Delta p_2}_{\text{Sekundärer Anteil } X_{1,2}}. \quad \textbf{(3-27)}$$

Dieses Grundmodell ist für unterschiedliche Konstellationen der PNF unter Einsatz pragmatischer und nachvollziehbarer Aggregationsregeln zu modifizieren, um den Anforderungen an eine Modellierung komplementärer Interaktionen gerecht zu werden. Es folgt eine differenzierte Darstellung der Aggregationsregeln für die Fälle I bis III.

Fall I: Wenn die PNF $p_1>1$ und $p_2>1$ sind, dann existiert neben zwei primären Anteilen ein sekundärer Anteil. Für PNF in Höhe von $p_1=2$ und $p_2=3$ resultiert folgender GNF in Abhängigkeit des Interaktionskoeffizienten $I_{1,2}$:

$$g\left(p_1=2, p_2=3; I_{1,2}\right)=1+1+2+1\times 2\times I_{1,2}=4+2\times I_{1,2}. \quad \textbf{(3-28)}$$

Die Auswirkungen unterschiedlicher Interaktionskoeffizienten in Höhe $I_{1,2}=0$ bis $I_{1,2}=2$ sind in Tabelle 3-6 dargestellt:

Interaktions-koeffizient	Ergebnis
$I_{1,2}=0$	$g\left(p_1=2, p_2=3; I_{1,2}=0\right)=1+1+2+1\times 2\times 0=4+0=4$
$I_{1,2}=0{,}5$	$g\left(p_1=2, p_2=3; I_{1,2}=0{,}5\right)=1+1+2+1\times 2\times 0{,}5=4+1=5$
$I_{1,2}=1{,}0$	$g\left(p_1=2, p_2=3; I_{1,2}=1\right)=1+1+2+1\times 2\times 1=4+2=6$
$I_{1,2}=1{,}5$	$g\left(p_1=2, p_2=3; I_{1,2}=1{,}5\right)=1+1+2+1\times 2\times 1{,}5=4+3=7$
$I_{1,2}=2{,}0$	$g\left(p_1=2, p_2=3; I_{1,2}=2\right)=1+1+2+1\times 2\times 2=4+4=8$

Tabelle 3-6: Einfluss des Interaktionskoeffizienten bei einer positiven komplementären Interaktion (Fall I).

Je größer der Interaktionskoeffizient $I_{1,2}$ ausfällt, desto proportional größer ist auch der sekundäre Anteil. Das Ausmaß der Wirkung des Interaktionskoeffizienten auf den GNF ist darüber hinaus von den Ausprägungen der PNF abhängig. Je größer die PNF sind, desto stärker ist relativ der Einfluss des Interaktionskoeffizienten $I_{1,2}$ auf den GNF.[395]

Fall II: Wenn die PNF $p_1 < 1$ und $p_2 < 1$ sind, existiert wiederum neben den zwei primären Anteilen auch ein sekundärer Anteil, der die primären Anteile noch verstärkt (und in diesem Fall II den GNF weiter reduziert). Für PNF $p_1 = \frac{1}{2}$ und $p_2 = \frac{1}{3}$ berechnet sich der GNF ohne Modifikationen in Abhängigkeit des Interaktionskoeffizienten $I_{1,2}$ wie folgt:

$$g\left(p_1 = \tfrac{1}{2}, p_2 = \tfrac{1}{3}; I_{1,2}\right) = 1 - \tfrac{1}{2} - \tfrac{2}{3} + \tfrac{1}{2} \times \tfrac{2}{3} \times I_{1,2} = -\tfrac{1}{6} + \tfrac{1}{3} I_{1,2}. \tag{3-29}$$

Für unterschiedliche Interaktionskoeffizienten in Höhe $I_{1,2} = 0$ bis $I_{1,2} = 2$ ergibt sich:

Interaktions-koeffizient	**Ergebnis**
$I_{1,2} = 0$	$g\left(p_1 = \tfrac{1}{2}, p_2 = \tfrac{1}{3}; I_{1,2} = 0\right) = 1 - \tfrac{1}{2} - \tfrac{2}{3} + \tfrac{1}{2} \times \tfrac{2}{3} \times 0 = -\tfrac{1}{6} + 0 = -\tfrac{1}{6}$
$I_{1,2} = 0{,}5$	$g\left(p_1 = \tfrac{1}{2}, p_2 = \tfrac{1}{3}; I_{1,2} = \tfrac{1}{2}\right) = 1 - \tfrac{1}{2} - \tfrac{2}{3} + \tfrac{1}{2} \times \tfrac{2}{3} \times \tfrac{1}{2} = -\tfrac{1}{6} + \tfrac{1}{6} = 0$
$I_{1,2} = 1{,}0$	$g\left(p_1 = \tfrac{1}{2}, p_2 = \tfrac{1}{3}; I_{1,2} = 1\right) = 1 - \tfrac{1}{2} - \tfrac{2}{3} + \tfrac{1}{2} \times \tfrac{2}{3} \times 1 = -\tfrac{1}{6} + \tfrac{1}{3} = \tfrac{1}{6}$
$I_{1,2} = 1{,}5$	$g\left(p_1 = \tfrac{1}{2}, p_2 = \tfrac{1}{3}; I_{1,2} = \tfrac{3}{2}\right) = 1 - \tfrac{1}{2} - \tfrac{2}{3} + \tfrac{1}{2} \times \tfrac{2}{3} \times \tfrac{3}{2} = -\tfrac{1}{6} + \tfrac{1}{2} = \tfrac{1}{3}$
$I_{1,2} = 2{,}0$	$g\left(p_1 = \tfrac{1}{2}, p_2 = \tfrac{1}{3}; I_{1,2} = 2\right) = 1 - \tfrac{1}{2} - \tfrac{2}{3} + \tfrac{1}{2} \times \tfrac{2}{3} \times 2 = -\tfrac{1}{6} + \tfrac{2}{3} = \tfrac{1}{2}$

Tabelle 3-7: Einfluss des Interaktionskoeffizienten bei einer negativen komplementären Interaktion (Fall II).

Bei niedrigen Interaktionskoeffizienten können negative GNF resultieren. Diese lassen sich **ökonomisch nicht sinnvoll** interpretieren. Die Ursache für dieses Phänomen liegt in der falschen Wirkungsrichtung des Interaktionsterms. Je größer der Interaktionskoeffizient ist, desto geringer müsste der GNF sein. Die Anforderungen zur Modellierung komplementärer Interaktionen beinhalten den reziproken Verlauf positiver und negativer komplementärer Interaktionen.[396]

$$g\left(p_1 < 1, p_2 < 1; I_{1,2} = 1\right) \stackrel{!}{=} \frac{1}{g\left(p_1 > 1, p_2 > 1; I_{1,2} = 1\right)}. \tag{3-30}$$

Die Verknüpfung zweier im Vergleich zum Ankerwert doppelt so großer PNF muss daher genau zum Kehrwert der Verknüpfung zweier im Vergleich zum Ankerwert halb so großer PNF führen. Bei einem Interaktionskoeffizienten $I_{1,2} = 1$ bedeutet dieses exemplarisch:

---

395 Vgl. die Argumentation im Rahmen der Vorstellung der Methoden zur Erhebung des Interaktionskoeffizienten in Abschnitt 3.2.2.

396 Vgl. die zweite Anforderung zur Modellierung komplementärer Interaktionen in Abschnitt 2.3.2.3.4.

$$g\left(p_1 = \tfrac{1}{2}, p_2 = \tfrac{1}{2}; I_{1,2} = 1\right) \overset{!}{=} \frac{1}{g\left(p_1 = 2, p_2 = 2; I_{1,2} = 1\right)} \overset{!}{=} \tfrac{1}{4}. \tag{3-31}$$

Es ist schlüssig und pragmatisch diesen Zusammenhang auch auf andere Konstellationen der PNF und Interaktionskoeffizienten zu übertragen. Wenn beide PNF kleiner als eins sind, erfolgt die Berechnung einer negativen komplementären Interaktion daher grundsätzlich über den Kehrwert. Die Ergebnisse für unterschiedliche Interaktionskoeffizienten sind in Tabelle 3-8 dargestellt.

Interaktions-koeffizient	**Ergebnis**
$I_{1,2}=0$	$g\left(p_1 = \tfrac{1}{2}, p_2 \tfrac{1}{3}; I_{1,2} = 0\right) = \frac{1}{g\left(p_1 = 2, p_2 = 3; I_{1,2} = 0\right)} = \frac{1}{1+1+2+1\times 2\times 0} = \frac{1}{4}$
$I_{1,2}=0{,}5$	$g\left(p_1 = \tfrac{1}{2}, p_2 \tfrac{1}{3}; I_{1,2} = \tfrac{1}{2}\right) = \frac{1}{g\left(p_1 = 2, p_2 = 3; I_{1,2} = \tfrac{1}{2}\right)} = \frac{1}{1+1+2+1\times 2\times 0{,}5} = \frac{1}{5}$
$I_{1,2}=1{,}0$	$g\left(p_1 = \tfrac{1}{2}, p_2 \tfrac{1}{3}; I_{1,2} = 1\right) = \frac{1}{g\left(p_1 = 2, p_2 = 3; I_{1,2} = 1\right)} = \frac{1}{1+1+2+1\times 2\times 1} = \frac{1}{6}$
$I_{1,2}=1{,}5$	$g\left(p_1 = \tfrac{1}{2}, p_2 \tfrac{1}{3}; I_{1,2} = \tfrac{3}{2}\right) = \frac{1}{g\left(p_1 = 2, p_2 = 3; I_{1,2} = \tfrac{3}{2}\right)} = \frac{1}{1+1+2+1\times 2\times 1{,}5} = \frac{1}{7}$
$I_{1,2}=2{,}0$	$g\left(p_1 = \tfrac{1}{2}, p_2 \tfrac{1}{3}; I_{1,2} = 2\right) = \frac{1}{g\left(p_1 = 2, p_2 = 3; I_{1,2} = 2\right)} = \frac{1}{1+1+2+1\times 2\times 2} = \frac{1}{8}$

Tabelle 3-8: **Einfluss des Interaktionskoeffizienten bei einer negativen komplementären Interaktion (Fall II) nach Berechnung über den Kehrwert.**

Mit steigendem Interaktionskoeffizienten gewinnt die interaktionsbedingte Abschwächung an Bedeutung. Die Ergebnisse nach der Berechnung über den Kehrwert sind ökonomisch sinnvoll interpretierbar. Es ist allerdings zu konstatieren, dass der sekundäre Anteil als Summand eines Nenners im Gegensatz zu Fall I nicht explizit isoliert interpretiert werden kann.

Fall III: Wenn ein PNF größer und der andere kleiner als null ist, dann ergibt sich ein negativer sekundärer Anteil. Ohne Modifikationen ergeben beispielsweise PNF in Höhe von $p_1 = 0{,}25$ und $p_2 = 4$ folgenden GNF in Abhängigkeit des Interaktionskoeffizienten $I_{1,2}$:

$$g\left(p_1 = \tfrac{1}{4}, p_2 = 4; I_{1,2}\right) = 1 - 0{,}75 + 3 - 0{,}75 \times 3 \times I_{1,2} = 3{,}25 - 1{,}5 I_{1,2}. \tag{3-32}$$

Der vierte Summand reduziert ausschließlich den GNF, wobei das Ausmaß neben dem Interaktionskoeffizienten noch von den primären Anteilen abhängt. Die Wirkungsweise unterschiedlicher Interaktionskoeffizienten $I_{1,2}$ ist in Tabelle 3-9 dargestellt.

Interaktions-koeffizient	**Ergebnis**
$I_{1,2}=0$	$g\left(p_1=\frac{1}{4}, p_2=4; I_{1,2}=0\right)=1-0,75+3-0,75\times3\times0=3,25+0=3,25$
$I_{1,2}=0,5$	$g\left(p_1=\frac{1}{4}, p_2=4; I_{1,2}=0,5\right)=1-0,75+3-0,75\times3\times0,5=3,25-1,125=2,125$
$I_{1,2}=1,0$	$g\left(p_1=\frac{1}{4}, p_2=4; I_{1,2}=1\right)=1-0,75+3-0,75\times3\times1=3,25-2,25=1$
$I_{1,2}=1,5$	$g\left(p_1=\frac{1}{4}, p_2=4; I_{1,2}=1,5\right)=1-0,75+3-0,75\times3\times1,5=3,25-3,325=-0,125$
$I_{1,2}=2,0$	$g\left(p_1=\frac{1}{4}, p_2=4; I_{1,2}=2\right)=1-0,75+3-0,75\times3\times2=3,25-4,5=-1,25$

Tabelle 3-9: Sekundärer Anteil ohne Modifikation (Fall III).

Große Werte des Interaktionskoeffizienten können negative GNF bewirken und eine ökonomische Interpretation ist grundsätzlich **nicht sinnvoll**. Ursächlich hierfür ist die nicht sinnvoll interpretierbare Wirkungsrichtung des Interaktionsterms. Gemäß der Fallunterscheidung komplementärer Interaktionen liegt in dem Fall III keine Interaktion vor. Ohne Interaktionen müssen sich die primären Anteile zweier reziproker PNF ausgleichen:

$$\underbrace{\left(p_1-1\right)}_{\text{Primären Anteil } X_1} \overset{!}{=} \underbrace{\left(\frac{1}{p_2}-1\right)}_{\text{Primärer Anteil } X_2} . \tag{3-33}$$

Andernfalls kommt es zu einer systematischen Abweichung, der zur Folge die Dimension des überdurchschnittlichen PNF einen unzulässig stärkeren Einfluss auf den GNF für Interaktionskoeffizienten $I_{1,2}>1$ und einen unzulässig geringeren Einfluss für Interaktionskoeffizienten $I_{1,2}<1$ erhält ($\Delta p_1=-0{,}75$ vs. $\Delta p_2=3{,}0$). Der sekundäre Anteil kann gewährleisten, dass bei reziproken PNF, wie gefordert, der Ankerwert resultiert:

$$\underbrace{\left(p_1-1\right)+\left(\frac{1}{p_2}-1\right)}_{\text{Summe primären Anteils}}+\underbrace{\left(p_1-1\right)I_{1,2}\left(\frac{1}{p_2}-1\right)}_{\text{Sekundärer Anteil}}=0. \tag{3-34}$$

In dem Rechenbeispiel aus Tabelle 3-9 ergibt sich eine Summe primären Anteils in Höhe von 2,25. In Abhängigkeit vom Interaktionskoeffizienten $I_{1,2}$ variiert der sekundäre Anteil in Höhe von $\Delta p_1 I \Delta p_2=0$ bis $\Delta p_1 I \Delta p_2=-4{,}5$. Der Interaktionskoeffizient $I_{1,2}$, der die obige Bedingung erfüllt, lässt sich formal ableiten. Aus Formel (3-34) ergibt sich:

$$I_{1,2}=\frac{p_1+\frac{1}{p_2}-2}{p_1\frac{1}{p_2}-2}=1. \tag{3-35}$$

Die geforderte ausgleichende Wirkung des sekundären Anteils erfüllt erwartungsgemäß der Interaktionskoeffizient in Höhe von $I_{1,2} = 1$.[397] Wenn keine Interaktionen vorliegen, wird daher in Fall III ein **verrechneter Interaktionskoeffizient** in Höhe von $I_{1,2,\text{ver}} = 1$ eingesetzt. Dies gilt auch für PNF, die nicht als Kehrwert voneinander hervorgehen. Unabhängig von der Höhe des erhobenen Interaktionskoeffizienten $I_{1,2}$ berücksichtigt der Fall III in der Berechnung immer einen verrechneten Interaktionskoeffizient in Höhe von $I_{1,2,\text{ver}} = 1$. Damit handelt es sich in diesen Fällen um eine Multiplikation der PNF. Für unterschiedliche erhobene Interaktionskoeffizienten $I_{1,2}$ ergibt sich dennoch immer der gleiche GNF, wie Tabelle 3-10 verdeutlicht.

Interaktions-koeffizient	Ergebnis
$I_{1,2}=0$	$g\left(p_1 = 1/4, p_2 = 4; I_{1,2} = 0\right) = 1 - 0,5 + 3 - 0,5 \times 3 \times 1 = 1/4 \times 4 = 1$
$I_{1,2}=1$	$g\left(p_1 = 1/4, p_2 = 4; I_{1,2} = 1\right) = 1 - 0,5 + 3 - 0,5 \times 3 \times 1 = 1/4 \times 4 = 1$
$I_{1,2}=2$	$g\left(p_1 = 1/4, p_2 = 4; I_{1,2} = 2\right) = 1 - 0,5 + 3 - 0,5 \times 3 \times 1 = 1/4 \times 4 = 1$

Tabelle 3-10: Sekundärer Anteil mit einem verrechneten Interaktionskoeffizienten $I_{1,2,ver} = 1$ (Fall III).

In der folgenden Tabelle ist das zweidimensionale Modell unter Berücksichtigung der dargestellten Aggregationsregeln zusammengefasst.

		PNF	
		$p_2 < 1$	$p_2 \geq 1$
PNF	$p_1 \geq 1$	Fall III: $g = p_1 p_2$ (Nicht modifiziert: $I_{1,2,\text{ver}} = 1$)	Fall I $g = 1 + \Delta p_1 + \Delta p_2 + \Delta p_1 I_{1,2} \Delta p_2$
	$p_1 < 1$	Fall II: $g = \frac{1}{1 + \left(\frac{1}{p_1} - 1\right) + \left(\frac{1}{p_2} - 1\right) + \left(\frac{1}{p_1} - 1\right) I_{1,2} \left(\frac{1}{p_2} - 1\right)}$ [398]	Fall III: $g = p_1 p_2$ (Nicht modifiziert: $I_{1,2,\text{ver}} = 1$)

Tabelle 3-11: Berechnung des GNF in einem zweidimensionalen Zielsystem.

[397] Neben dieser formalen Begründung spricht gegen andere, willkürlich gewählte Interaktionskoeffizienten, dass diese zu Sprüngen des GNF an den Grenzen der Fälle führen.

[398] Im Rahmen der formalen Darstellung des Falls II wird ein Doppelbruch eingesetzt, um die Grundidee der Aggregationsregel zu verdeutlichen.

Die Konstellationen, in denen ein PNF oder beide PNF einen Wert in Höhe von eins aufweisen, werden als Grenzfälle dem Fall I zugeordnet und sind daher nicht explizit aufzuführen. Im folgenden Abschnitt findet eine Übertragung der Aggregationsregeln auf ein dreidimensionales Modell bzw. mehrdimensionales Modell statt.

3.3.2 Drei- und mehrdimensionales Zielsystem

Hinsichtlich der Interpretation sind wiederum PNF $p_i > 1$, $p_i = 1$ und $p_i < 1$ zu unterscheiden. In einem dreidimensionalen Zielsystem wären daher 27 $(=3^3)$ Fälle zu differenzieren. Zur Vereinfachung werden wieder PNF $p_i = 1$ dem Fall $p_i > 1$ zugeordnet. Diese Vereinfachung hat keinerlei Konsequenzen auf den GNF g_j, da primäre Anteile in Höhe von $\Delta p_i = 0$ sekundäre oder höherrangige Anteile in Höhe von null implizieren. Die Anzahl der zu untersuchenden Fälle reduziert sich daher von 27 möglichen zunächst auf acht unterschiedliche Fälle, die in Tabelle 3-12 dargestellt sind.

	PNF p_1	**PNF p_2**	**PNF p_3**
Fall I	>1	>1	>1
Fall II	<1	<1	<1
Fall III	>1	>1	<1
Fall III	>1	<1	>1
Fall III	>1	<1	<1
Fall III	<1	>1	>1
Fall III	<1	>1	<1
Fall III	<1	<1	>1

Tabelle 3-12: Fälle in einem dreidimensionalen Zielsystem.

Von diesen acht zu betrachtenden Fällen unterscheiden sich drei Fälle systematisch voneinander:

Fall I: Alle drei PNF sind größer als eins. In diesem Fall existieren maximal drei sekundäre Anteile, die in Abhängigkeit der jeweiligen Interaktionskoeffizienten den GNF mehr oder weniger stark erhöhen. Darüber hinaus liegt ein tertiärer Anteil in Form einer zwischen allen drei Dimensionen gemeinsam wirkenden Interaktion vor. Unter Berücksichtigung eines explizit modellierten tertiären Anteils ergibt sich folgende Berechnung des GNF g:

$$g = 1 + \Delta p_1 + \Delta p_2 + \Delta p_3 + \Delta p_1 I_{1,2} \Delta p_2 + \Delta p_2 I_{2,3} \Delta p_3 + \Delta p_1 I_{1,3} \Delta p_3 + \Delta p_1 \Delta p_2 I_{1,2,3} \Delta p_3. \quad \textbf{(3-36)}$$

Wenn beispielsweise alle Interaktionskoeffizienten gleich eins sind, resultiert für PNF in Höhe von $p_{1,j} = 1{,}5$, $p_{2,j} = 2$ sowie $p_{3,j} = 2{,}5$ folgender nicht-modifizierter GNF g_j:

$$g_j = 1 + 0,5 + 1,0 + 1,5 + 0,5 \times 1,0 + 1,0 \times 1,5 + 0,5 \times 1,5 + 0, \times 1,0 \times 1,5 = 7,5. \quad \textbf{(3-37)}$$

Es ist möglich, sekundäre Anteile und den tertiären Anteil explizit zu ökonomisch interpretieren. Um die Auswirkungen der Interaktionskoeffizienten auf den GNF und die sekundären sowie den tertiären Anteil zu demonstrieren, sind in Tabelle 3-13 die GNF g_j für unterschiedliche Interaktionskoeffizienten berechnet.

Interaktionskoeffizient				**Anker -wert**	**Primärer Anteil**			**Sekundärer Anteil**			**Tert. Anteil**	**GNF**
$I_{1,2}$	$I_{2,3}$	$I_{1,3}$	$I_{1,2,3}$		Δp_1	Δp_2	Δp_3	$\Delta p_1 \Delta p_2$	$\Delta p_2 \Delta p_3$	$\Delta p_1 \Delta p_3$	$\Delta p_1 \Delta p_2 \Delta p_3$	g_j
0	0	0	0	1	0,5	1,0	1,5	0	0	0	0	4,0
1	0	0	0	1	0,5	1,0	1,5	0,5	0	0	0	4,5
1	1	0	0	1	0,5	1,0	1,5	0,5	1,5	0	0	6,0
1	1	1	0	1	0,5	1,0	1,5	0,5	1,5	0,75	0	6,75
1	1	1	1	1	0,5	1,0	1,5	0,5	1,5	0,75	0,75	**7,5**
2	1	1	1	1	0,5	1,0	1,5	1,0	1,5	0,75	0,75	8,0
3	1	1	1	1	0,5	1,0	1,5	1,5	1,5	0,75	0,75	8,5
3	2	1	1	1	0,5	1,0	1,5	1,5	3,0	0,75	0,75	10,0

Tabelle 3-13: Einfluss unterschiedlicher Interaktionskoeffizienten im dreidimensionalen Zielsystem für die Kombination überdurchschnittlicher PNF (Fall I).[399]

Der GNF ergibt sich jeweils als Summe des Ankerwerts, der primären und sekundären Anteile sowie des tertiären Anteils. Zunächst sind alle Interaktionskoeffizienten auf null gesetzt, sodass nur der Ankerwert und der primäre Anteil zu berücksichtigen sind. Der GNF in Höhe von $g_j = 4$ wird durch sequenzielle Erhöhungen der einzelnen Interaktionskoeffizienten von null auf eins gesteigert. Das Ausmaß der Steigerung ist nicht ausschließlich von den Interaktionskoeffizienten, sondern auch von der Höhe der primären Anteile abhängig. In der fünften Zeile betragen alle Interaktionskoeffizienten eins, sodass sich das Ergebnis der nichtmodifizierten Multiplikation, ein GNF in Höhe von $g_j = 7,5$ einstellt. Die weiteren Erhöhungen der Interaktionskoeffizienten schlagen sich in Steigerungen bis zu einem GNF in Höhe von $g_j = 10$ nieder. In diesem Beispiel zeigt sich der signifikante Einfluss der Interaktionskoeffizienten auf den GNF besonders deutlich.

Fall II: Alle drei PNF sind kleiner als eins. In diesem Fall existieren maximal drei sekundäre Anteile und Interaktionskoeffizienten erster Ordnung, die in Abhängigkeit ihrer Ausprägung, den GNF reduzieren. Die Berechnung erfolgt wie im zweidimensionalen Zielsystem mithilfe des Kehrwerts von Fall I. Dazu sind zunächst die reziproken Werte der PNF zu ermitteln und

---

399 Da hier ausschließlich die Alternative *j* im Fokus steht, wird aus Gründen der Übersichtlichkeit auf den Index *j* bei den primären und sekundären Anteilen sowie dem teritären Anteil verzichtet.

nach der Berechnung des GNF im Nenner, dessen Kehrwert zu bilden. Für eine verkürzte Schreibweise wird der Ausdruck $(1/p_1 - 1)$ durch $\Delta\tilde{p}_1$ ersetzt. Es ergibt sich:

$$g = \frac{1}{1 + \Delta\tilde{p}_1 + \Delta\tilde{p}_2 + \Delta\tilde{p}_3 + \Delta\tilde{p}_1 I_{1,2} \Delta\tilde{p}_2 + \Delta\tilde{p}_1 I_{1,3} \Delta\tilde{p}_3 + \Delta\tilde{p}_2 I_{2,3} \Delta\tilde{p}_3 + \Delta\tilde{p}_1 \Delta\tilde{p}_2 I_{1,2,3} \Delta\tilde{p}_3}$$

mit

$$\Delta\tilde{p}_1 = \left(\frac{1}{p_1} - 1\right) \qquad \textbf{(3-38)}$$

$$\Delta\tilde{p}_2 = \left(\frac{1}{p_2} - 1\right)$$

$$\Delta\tilde{p}_3 = \left(\frac{1}{p_3} - 1\right).$$

Eine direkte ökonomische Interpretation der primären und sekundären Anteile sowie des tertiären Anteils ist im Gegensatz zu Fall I allerdings nicht möglich, da die Veränderungen im Nenner stattfinden.[400]

Fall III: Es handelt sich in diesem Fall um Konstellationen, in denen jeweils genau zwei PNF entweder über- oder unterdurchschnittlich sind. Für diese Fälle werden die aus dem zweidimensionalen Zielsystem bekannten Aggregationsregeln hinsichtlich ihrer Eignung untersucht.

Die Anwendung der Aggregationsregel für ausschließlich überdurchschnittliche PNF (Fall I) ergibt für die überdurchschnittlichen PNF $p_{1,j} = 1{,}5$ und $p_{2,j} = 2$ sowie den unterdurchschnittlichen PNF $p_{3,j} = 0{,}5$ in Abhängigkeit der Interaktionskoeffizienten die in Tabelle 3-14 dargestellten Werte:

Interaktionskoeffizient				Anker -wert	Primärer Anteil			Sekundärer Anteil			Tert. An.	GNF
$I_{1,2}$	$I_{2,3}$	$I_{1,3}$	$I_{1,2,3}$		Δp_1	Δp_2	Δp_3	$\Delta p_1 \Delta p_2$	$\Delta p_2 \Delta p_3$	$\Delta p_1 \Delta p_3$	$\Delta p_1 \Delta p_2 \Delta p_3$	g_i
0	0	0	0	1	0,5	1	-0,5	0	0	0	0	2
0	1	1	1	1	0,5	1	-0,5	0	-0,5	-0,25	-0,25	1
1	1	1	1	1	0,5	1	-0,5	0,5	-0,5	-0,25	-0,25	1,5
2	1	1	1	1	0,5	1	-0,5	1	-0,5	-0,25	-0,25	2

Tabelle 3-14: **Berechnung des GNF im Fall III unter alleiniger Anwendung der Rechenregel für die Kombination überdurchschnittlicher PNF (Fall I).**[401]

[400] Eine isolierte Betrachtung der Summe des primären und des sekundären Anteils ist auf der Ergebnisebene des GNF nicht möglich. Der Grund hierfür liegt in der unterschiedlichen Wirkung der Addition von zwei Summanden und der Addition deren Kehrwerte. Vgl. die Erläuterungen hierzu in Abschnitt 3.3.1 und Abschnitt 4.1.2.2.2.

In der Ausgangssituation liegen keine Interaktionen vor, die Interaktionskoeffizienten betragen null. Wie im Fall III des zweidimensionalen Zielsystems ergibt sich eine systematische Abweichung, der zufolge unter anderem überdurchschnittliche PNF einen unzulässig stärkeren Einfluss auf den GNF für Interaktionskoeffizienten größer als eins haben als unterdurchschnittliche (1,0 vs. -0,5). Da aufgrund ihrer Ausprägung zwischen den PNF p_2 und p_3 sowie p_1 und p_3 definitionsgemäß keine Interaktionen vorliegen dürfen, sind die betroffenen Interaktionskoeffizienten auf eins zu setzen. Eine Interaktion zweiten Grades (tertiärer Anteil) kann ebenso definitionsgemäß nicht existieren. Der Interaktionskoeffizient ist mit der gleichen Begründung auf $I_{1,2,3} = 0$ zu fixieren.

Zwischen den beiden überdurchschnittlichen PNF p_1 und p_2 kann eine positive komplementäre Interaktion vorliegen. Die zweite bis vierte Zeile in Tabelle 3-14 zeigen die Konsequenzen für unterschiedliche Interaktionskoeffizienten von $I_{1,2} = 0$ bis $I_{1,2} = 2$. Auch hier kommt es zu einem systematischen Bias des sekundären Anteils der Dimensionen X_1 und X_2 im Verhältnis zum primären Anteil der Dimension X_3 in Abhängigkeit vom Interaktionskoeffizienten. Wenn zwei PNF unterdurchschnittlich sind, dann kommt zusätzlich die Problematik der falschen Wirkungsrichtung des sekundären Anteils hinzu.[402] Die Aggregationsregel für ausschließlich überdurchschnittliche PNF ist daher nicht sinnvoll einzusetzen. Da die Aggregationsregel für ausschließlich unterdurchschnittliche PNF aus der Aggregationsregel für ausschließlich überdurchschnittliche PNF abgeleitet wird, ist deren Einsatz ebenso als nicht sinnvoll einzustufen. Die konsequente Anwendung der Aggregationsregel des Falls III im zweidimensionalen Zielsystem impliziert das automatische Fixieren der Interaktionskoeffizienten auf $I_{1,2,ver} = 1$. Dadurch ergeben sich unabhängig von den erhobenen Interaktionskoeffizienten immer die gleichen GNF. Eine anforderungsgerechte und differenzierte Modellierung komplementärer Interaktion ist damit nicht möglich. Es ist zu konstatieren, dass keine der drei Aggregationsregeln des zweidimensionalen Modells allein eine sinnvolle Anwendung finden kann.

Diese Feststellung führt zu einem Lösungsansatz, der für die Berechnung des GNF eine sequenzielle Anwendung der genannten Aggregationsregeln in drei Schritten vorsieht. Der erste Schritt unterteilt die PNF in $p_i > 1$ und $p_i < 1$. Schritt zwei beinhaltet eine Verknüpfung gleichartiger PNF unter Berücksichtigung des Interaktionskoeffizienten gemäß den Aggregationsregeln für ausschließlich über- oder unterdurchschnittliche PNF. Im dritten Schritt erfolgt

---

401 Da hier ausschließlich die Alternative *j* im Fokus steht, wird aus Gründen der Übersichtlichkeit auf den Index *j* bei den primären und sekundären Anteilen sowie dem teritären Anteil verzichtet.

402 Vgl. die Berechnungen zum Fall II im zweidimensionalen Zielsystem in Abschnitt 3.3.1.

die Verknüpfung nach der Aggregationsregel von Fall III, wobei der Interaktionskoeffizient definitionsgemäß in Höhe von $I_{1,2,\text{ver}} = 1$ festgesetzt ist. Dieses wird anhand der bereits bekannten PNF $p_{1,j} = 1{,}5$, $p_{2,j} = 2$ sowie $p_{3,j} = 0{,}5$ demonstriert.

Schritt 1: Die PNF sind größer als eins und der dritte PNF ist kleiner als eins.

Schritt 2: Der Interaktionskoeffizient zwischen der ersten und zweiten Dimension beträgt $I_{1,2} = 2$. Es ergibt sich ein GNF g_j unter ausschließlicher Betrachtung der ersten zwei Dimensionen in Höhe von 3,5 $(= 1 + 0{,}5 + 1 + 0{,}5 \times 1 \times 2)$.

Schritt 3: Das Ergebnis des ersten Schritts beträgt 3,5 und ist zwangsläufig größer als eins. Die Verknüpfung eines PNF größer und eines PNF kleiner als eins führt unter Berücksichtigung eines verrechneten Interaktionskoeffizienten in Höhe von $I_{1,2,\text{ver}} = 1$ zu einem GNF in Höhe von $g_j = 1{,}75$ $(= 1 + 2{,}5 - 0{,}5 - 2{,}5 \times 0{,}5 \times 1 = 3{,}5 \times 0{,}5)$.

Eine Erweiterung dieser sequenziellen Vorgehensweise berücksichtigt, dass Interaktionen nur in bestimmten Kombinationen schlagend werden. Sie ist ohne Weiteres auf beliebig viele Dimensionen anzuwenden. Die Formel für die Berechnung aller drei Fälle ist nachfolgend dargestellt.

$$g \begin{cases} 1 + \Delta p_1 + \Delta p_2 + \Delta p_3 + \Delta p_1 I_{1,2} \Delta p_2 + \Delta p_2 I_{2,3} \Delta p_3 + \Delta p_1 I_{1,3} \Delta p_3 + \Delta p_1 \Delta p_2 I_{1,2,3} \Delta p_3 & p_1 > 1, p_2 > 1, p_3 > 1 \\ \left[1 + \Delta p_1 + \Delta p_2 + \Delta p_1 I_{1,2} \Delta p_2\right] p_3 & p_1 > 1, p_2 > 1, p_3 < 1 \\ \left[1 + \Delta p_1 + \Delta p_3 + \Delta p_1 I_{1,3} \Delta p_3\right] p_2 & p_1 > 1, p_2 < 1, p_3 > 1 \\ \left[1 + \Delta p_2 + \Delta p_3 + \Delta p_2 I_{2,3} \Delta p_3\right] p_1 & p_1 < 1, p_2 > 1, p_3 > 1 \\ \left[\dfrac{1}{1 + \Delta \tilde{p}_2 + \Delta \tilde{p}_3 + \Delta \tilde{p}_2 I_{2,3} \Delta \tilde{p}_3}\right] p_1 & p_1 > 1, p_2 < 1, p_3 < 1 \\ \left[\dfrac{1}{1 + \Delta \tilde{p}_1 + \Delta \tilde{p}_3 + \Delta \tilde{p}_1 I_{1,3} \Delta \tilde{p}_3}\right] p_2 & p_1 < 1, p_2 > 1, p_3 < 1 \\ \left[\dfrac{1}{1 + \Delta \tilde{p}_1 + \Delta \tilde{p}_2 + \Delta \tilde{p}_1 I_{1,2} \Delta \tilde{p}_2}\right] p_3 & p_1 < 1, p_2 < 1, p_3 > 1 \\ \dfrac{1}{1 + \Delta \tilde{p}_1 + \Delta \tilde{p}_2 + \Delta \tilde{p}_3 + \Delta \tilde{p}_1 I_{1,2} \Delta \tilde{p}_2 + \Delta \tilde{p}_1 I_{1,3} \Delta \tilde{p}_3 + \Delta \tilde{p}_2 I_{2,3} \Delta \tilde{p}_3 + \Delta \tilde{p}_1 \Delta \tilde{p}_2 I_{1,2,3} \Delta \tilde{p}_3} & p_1 < 1, p_2 < 1, p_3 < 1 \\ \text{mit} & \\ \Delta \tilde{p}_1 = \left(\dfrac{1}{p_1} - 1\right) & \\ \Delta \tilde{p}_2 = \left(\dfrac{1}{p_2} - 1\right) & \\ \Delta \tilde{p}_3 = \left(\dfrac{1}{p_3} - 1\right). & \end{cases} \qquad \textbf{(3-39)}$$

Die Rechenregeln sind zwar relativ einfach ausgestaltet, allerdings sind die Berechnungen des GNF aufgrund der vielen Fallunterscheidungen komplex und aufwendig, insbesondere bei der Betrachtung einer großen Alternativenmenge. Daher sollte dem Entscheidungsträger hierfür ein Computerprogramm bereitgestellt werden. Je mehr Dimensionen ein Zielsystem aufweist, desto überproportional mehr Interaktionen höherer Ordnung fallen an. In der „additiven Modellwelt" der MAUT betrachtet das bilineare Aggregationsmodell unter der Prämisse, dass tertiäre Anteile mithilfe sekundärer Anteile approximiert werden können, ausschließlich primäre und sekundäre Anteile.[403] In der „multiplikativen Modellwelt" der MAUT ist analog dazu ein bilineares GNF-Modell vorstellbar. In Abschnitt 4.1.2.3.2 wird dafür die Relevanz der expliziten Modellierung tertiärer Anteile analysiert und die Möglichkeit der Substitution tertiärer Anteile mit sekundären Anteilen untersucht.

403 Vgl. das bilineare Aggregationsmodell in Abschnitt 2.2.3.3.

4 „Additive Modellwelt“ versus „multiplikative Modellwelt“ der MAUT

Die Gegenüberstellung der „additiven Modellwelt“ der MAUT nach KEENEY und RAIFFA und der „multiplikativen Modellwelt“ der MAUT erfolgt anhand der Anforderungen an ein Entscheidungsmodell nach LITTLE (Abschnitt 4.3). Um diesen beurteilen zu können, sind im Vorfeld zwei Aspekte zu untersuchen. Zum einen handelt es sich dabei um die Eignung der verschiedenen Modelle zur Abbildung von Interaktionen in partiell präferenzabhängigen Zielsystemen. Hierbei wird zunächst anhand des bereits eingeführten Gourmet-Beispiels untersucht, inwiefern die Präferenzen mit dem additiven Aggregationsmodell und dem GNF-Modell abgebildet werden können. Anschließend erfolgt eine Analyse hinsichtlich der Möglichkeiten zur Modellierung komplementärer Interaktionen mit kontinuierlichen Ausprägungen in zwei- und mehrdimensionalen Zielsystemen (Abschnitt 4.1). Zum anderen handelt es sich um eine Untersuchung weiterer relevanter Modelleigenschaften (Abschnitt 4.2). Als Referenzmodell für die „additive Modellwelt“ der MAUT dient zumeist das in der Praxis weitverbreitete additive Aggregationsmodell. Nur wenn es erforderlich ist, wird die Untersuchung auf die komplexeren Aggregationsmodelle ausgeweitet. Die „multiplikative Modellwelt“ der MAUT wird durch das GNF-Modell vertreten.

4.1 Modellierung von Interaktionen

4.1.1 Gourmet-Beispiel

Bei der Zusammenstellung einer Mahlzeit stehen, wie im Abschnitt 2.3.1, *Rot-* und *Weißwein* sowie *Rindfleisch* und *Fisch* zur Auswahl. Daraus resultieren vier verschiedene Kombinationen. Ausschließlich bei den Kombinationen *Rotwein* mit *Rindfleisch* und *Weißwein* mit *Fisch* liegt eine positiv verstärkende Interaktion vor. In der Vierfelder-Matrix stehen sich diese Kombinationen diagonal gegenüber. Es ist zu untersuchen, ob im Rahmen des additiven Aggregationsmodells eine dieser Anforderung entsprechende Konstellation der Höhen- und Artenpräferenz existiert.

Als Ausgangssituation dient eine Konstellation, in der beide Dimensionen gleichgewichtet sind und alle bewerteten Ausprägungen $v(x_{Rotwein}) = 0{,}8$, $v(x_{Weißwein}) = 0{,}8$ $v(x_{Fleisch}) = 0{,}8$ und $v(x_{Fisch}) = 0{,}8$ betragen. Es resultiert für alle Kombinationen ein Nutzwert in Höhe von $N_j = 0{,}8$, wie Tabelle 4-1 zeigt.

	$v(x_{Rotwein}) = 0{,}8$	$v(x_{Weißwein}) = 0{,}8$
$v(x_{Fleisch}) = 0{,}8$	$N_j = 0{,}5 \times 0{,}8 + 0{,}5 \times 0{,}8 = \mathbf{0{,}8}$	$N_j = 0{,}5 \times 0{,}8 + 0{,}5 \times 0{,}8 = \mathbf{0{,}8}$
$v(x_{Fisch}) = 0{,}8$	$N_j = 0{,}5 \times 0{,}8 + 0{,}5 \times 0{,}8 = \mathbf{0{,}8}$	$N_j = 0{,}5 \times 0{,}8 + 0{,}5 \times 0{,}8 = \mathbf{0{,}8}$

Tabelle 4-1: Indifferenz im Gourmet-Beispiel.

Der Entscheidungsträger ist demzufolge indifferent zwischen den unterschiedlichen Kombinationen. Eine relative Veränderung der Bewertung von *Rot-* und *Weißwein* führt zum Vorzug der Kombinationen der einen gegenüber der anderen Spalte. Die Präferenz eines Weinliebhabers könnte beispielsweise eine Erhöhung der Bewertung des *Rotweins* auf $v(x_{Rotwein}) = 1$ beinhalten. Die resultierenden Nutzwerte sind in Tabelle 4-2 dargestellt:

	$v(x_{Rotwein}) = 1$	$v(x_{Weißwein}) = 0{,}8$
$v(x_{Fleisch}) = 0{,}8$	$N_j = 0{,}5 \times 0{,}8 + 0{,}5 \times 1 = \mathbf{0{,}9}$	$N_j = 0{,}5 \times 0{,}8 + 0{,}5 \times 0{,}8 = \mathbf{0{,}8}$
$v(x_{Fisch}) = 0{,}8$	$N_j = 0{,}5 \times 0{,}8 + 0{,}5 \times 1 = \mathbf{0{,}9}$	$N_j = 0{,}5 \times 0{,}8 + 0{,}5 \times 0{,}8 = \mathbf{0{,}8}$

Tabelle 4-2: Präferenz einer Spalte im Gourmet-Beispiel.

Um die Präferenz des Gourmets vollständig abzubilden, müsste der Nutzwert der Kombination *Weißwein* und *Fisch* größer sein als jener der Kombination *Rotwein* und *Fisch*. Eine Veränderung der relativen Bewertung der Speisen kann nur eine veränderte Nutzenposition zwischen den Zeilen bewirken. Das Resultat der Erhöhung der Bewertung für *Fleisch* auf $v(x_{Fleisch}) = 1$ ist in Tabelle 4-3 dargestellt:

	$v(x_{Rotwein}) = 1$	$v(x_{Weißwein}) = 0{,}8$
$v(x_{Fleisch}) = 1$	$N_j = 0{,}5 \times 1{,}0 + 0{,}5 \times 1 = \mathbf{1}$	$N_j = 0{,}5 \times 1{,}0 + 0{,}5 \times 0{,}8 = \mathbf{0{,}9}$
$v(x_{Fisch}) = 0{,}8$	$N_j = 0{,}5 \times 0{,}8 + 0{,}5 \times 1 = \mathbf{0{,}9}$	$N_j = 0{,}5 \times 0{,}8 + 0{,}5 \times 0{,}8 = \mathbf{0{,}8}$

Tabelle 4-3: Präferenz einer Kombination im Gourmet-Beispiel.

Die vom Gourmet präferierten Kombinationen liegen jetzt auf dem ersten und dem vierten Rang. Die Variation der Gewichte wirkt ebenfalls nur auf die spalten- und zeilenweisen Effekte. Es existiert damit keine Möglichkeit, die Eingangsgrößen im additiven Aggregationsmodell so zu adjustieren, dass die vom Gourmet präferierten Kombinationen auf den ersten beiden Rängen liegen. Die Prämisse der Präferenzunabhängigkeit verhindert die Modellierung von Interaktionen aufgrund der modellimmanenten, konstanten Gewichte. Das additive Aggregationsmodell ist somit nicht zur Abbildung der Präferenzen eines Gourmets in der Lage.

Die Anwendung des GNF-Modells erfordert zunächst eine punktuelle Erhebung der PNF für *Rotwein*, *Weißwein*, *Fleisch* und *Fisch*. Um eine Modellierung eines überproportionalen Effekts zu gewährleisten, müssen die PNF $p_i > 1$ sein. Beispielsweise betragen die PNF alle

$p_i = 1{,}5$.[404] Anschließend sind die Interaktionskoeffizienten für die Kombinationen zu erheben. Es existieren ausschließlich (positiv verstärkende) Interaktionen in den Kombinationen *Weißwein* und *Fisch* sowie *Rotwein* und *Fleisch*. In diesem Beispiel sollen die Interaktionskoeffizienten dieser Kombinationen jeweils eins und die der anderen Kombinationsmöglichkeiten konsequenterweise null betragen. Es ergibt sich Tabelle 4-4:

	$p_{Rotwein} = 1{,}5$	$p_{Weißwein} = 1{,}5$
$p_{Fleisch} = 1{,}5$	g_j=1+0,5+0,5+0,25=2,25	g_j=1+0,5+0,5+0=2
$p_{Fisch} = 1{,}5$	g_j=1+0,5+0,5+0=2	g_j=1+0,5+0,5+0,25=2,25

Tabelle 4-4: GNF g_j eines Gourmets.

Die vom Gourmet präferierten Kombinationen weisen beide einen höheren GNF auf als die weniger präferierten Kombinationen. Dies ist ein Beispiel dafür, dass sich das GNF-Modell im Gegensatz zum additiven Aggregationsmodell zur Modellierung eines in den Ausprägungen ordinal skalierten Zielsystems mit bereichsspezifischen Interaktionen eignet.

4.1.2 Komplementäre Interaktionen mit kontinuierlichen Ausprägungen

In Zielsystemen mit kontinuierlichen Ausprägungen reicht es nicht aus, die Wirkung von Interaktionen pauschal zu modellieren. In Abhängigkeit der Ausprägungen sind unterschiedliche Ausmaße des sekundären Anteils zu differenzieren. Dafür ist eine explizite Modellierung des sekundären Anteils erforderlich. Daher ist zunächst in Abschnitt 4.1.2.1 zu untersuchen, inwiefern in der „additiven Modellwelt“ und in der „multiplikativen Modellwelt“ der MAUT sekundäre Anteile Berücksichtigung finden. Während gerade die Grundidee des GNF-Modells in der Interpretation der Summanden der Taylorreihe als primäre und sekundäre Anteile besteht, muss das additive Aggregationsmodell dafür sukzessive bis hin zum multilinearen Aggregationsmodell erweitert werden.

In Abschnitt 2.4.2 wurde herausgestellt, dass die „additive Modellwelt“ der MAUT nicht eingesetzt werden kann, da die Prämisse der Präferenzunabhängigkeit, die eine isolierte Erhebung von Höhen- und Artenpräferenz erlaubt, verletzt wird. Nach ADAM steht die Modellierung einer Interaktion grundsätzlich im Widerspruch zur Prämisse präferenzunabhängiger

404 Für eine Modellierung positiver komplementärer Interaktionen müssen beide PNF $p_i > 1$ sein. Der Standardwert der PNF $p_i = 2$ wird hier nicht verwendet, damit in der Berechnung nicht alle Summanden eins betragen. Für eine inhaltliche Interpretation des PNF ist eine Bewertung der Ausprägung in der jeweiligen Dimension erforderlich. Da die Bewertung in Relation zum Ankerpunkt erfolgt, ist dieser festzulegen. In der Dimension *Getränk* besteht beispielsweise eine Möglichkeit darin, Mineralwasser als Ankerpunkt zu definieren. Es könnten auch verschiedene Weinsorten relativ zu einem, als Ankerpunkt definierten, Wein bewertet werden. Allerdings wäre dafür in beiden Dimensionen mindestens eine weitere Ausprägung aufzunehmen.

Ziele.[405] Dennoch finden in der Praxis vereinzelt das multiplikative und in Ausnahmefällen das multilineare Aggregationsmodell Anwendung.[406] Daher ist zu analysieren, inwiefern diese Aggregationsmodelle primäre und sekundäre Anteile komplementärer Interaktionen in partiell präferenzunabhängigen Zielsystemen approximieren. Dafür ist die Erfüllung der in Abschnitt 2.3.2.3.4 dargestellten qualitativen Anforderungen zur Modellierung komplementärer Interaktionen zu überprüfen und mit dem GNF-Modell zu vergleichen. Abschließend wird die Wirkung komplementärer Interaktionen auf die Rangfolge einer Alternativenmenge untersucht. Denn nur wenn die Modellierung einer Interaktion einen signifikanten Einfluss auf die Rangfolge einer Alternativenmenge hat, wird die Interaktion auch „quantitativ“ angemessen berücksichtigt.

4.1.2.1 Möglichkeiten der Abbildung des sekundären Anteils

Die Abbildung einer komplementären Interaktion setzt eine Modellierung der primären Anteile und des sekundären Anteils voraus.[407] Während gerade die Grundidee des GNF-Modells in der Interpretation der Summanden der Taylorreihe als primäre und sekundäre Anteile besteht, bietet das additive Aggregationsmodell zunächst keine Möglichkeit, einen sekundären Anteil auszuweisen, und ist damit nicht zur Modellierung von Interaktionen in der Lage.[408] Eine wichtige Frage ist daher, ob das additive Aggregationsmodell modifiziert werden kann, um dennoch eine Interaktion abbilden zu können. Das additive Aggregationsmodell

$$N_j = \sum_{i=1}^{n} N_{i,j} = \sum_{i=1}^{n} w_i v_{i,j} = \sum_{i=1}^{n} w_i v(x_{i,j}) \tag{4-1}$$

führt bei zwei Dimensionen zu

$$N_j = \underbrace{w_1 v_{1,j}}_{\text{primärer Anteil } X_1} + \underbrace{w_2 v_{2,j}}_{\text{primärer Anteil } X_2} . \tag{4-2}$$

Der Nutzwert der Alternative j ergibt sich aus den mit w_1 und w_2 gewichteten Funktionswerten der Wertfunktionen $v_{1,j}$ und $v_{2,j}$. Der erste Summand wird als der primäre Anteil der Dimension X_1 und der zweite Summand als der primäre Anteil der Dimension X_2 interpretiert. Es gibt unterschiedliche Möglichkeiten einer Modellierung des sekundären Anteils einer komplementären Interaktion in einem präferenzabhängigen Zielsystem mithilfe eines Inter-

---

[405] Vgl. Adam (1996), S. 138.

[406] Vgl. Belton (1986), S. 18.

[407] Vgl. Abschnitt 2.3.2.

[408] Vgl. von Nitzsch (2002), S. 166.

aktionsterms. Die denkbar einfachste Möglichkeit besteht in Form eines weiteren Summanden, der den sekundären Anteil repräsentiert. Der Wert dieses Interaktionsterms müsste sich in Abhängigkeit von den bewerteten Ausprägungen beider Dimensionen verändern:

$$N_{j,\mathrm{mod}} = \underbrace{w_1 v_{1,j}}_{\text{primärer Anteil } X_1} + \underbrace{w_2 v_{2,j}}_{\text{primärer Anteil } X_2} + \underbrace{w_{1,2} v_{1,2}\left(v_{1,j}, v_{2,j}\right)}_{\text{sekundärer Anteil } X_{1,2}} . \tag{4-3}$$

Der modifizierte Nutzwert $N_{j,\mathrm{mod}}$ besteht also neben den zwei aus dem additiven Aggregationsmodell bekannten Summanden des primären Anteils noch einen Interaktionsterm, der den sekundären Anteil repräsentiert. Zur Vereinfachung stellen folgende Überlegungen nur auf eine positive komplementäre Interaktion (Fall I) ab, sodass der Interaktionsterm immer ein positives Vorzeichen aufweist. Grundsätzlich wäre eine Modellierung von Interaktionen innerhalb dieses erweiterten additiven Aggregationsmodells möglich. Dafür wäre eine Ermittlung der Wertfunktion $v(v_1,v_2)$ der Interaktion (Abschnitt 4.1.2.1.1) und des Gewichts $w(w_1,w_2)$ des sekundären Anteils (Abschnitt 4.1.2.1.2) erforderlich.

4.1.2.1.1 Ermittlung der Wertfunktion eines Interaktionsterms

Die Ausprägungen des Interaktionsterms hängen von den Höhenpräferenzen beider betroffenen Dimensionen ab. Der Einsatz der Direct-Rating-Methode zur Ermittlung der Wertfunktion des Interaktionsterms wäre vorstellbar. Dies wäre aber aufgrund des mit jeder weiteren Ausprägung stark ansteigenden Erhebungsaufwands nicht ökonomisch. Beispielsweise wären bei sieben Ausprägungen insgesamt schon 49 Werte zu ermitteln. Die Medianmethode und die Methode gleicher Wertdifferenzen sind ebenfalls nicht geeignet, da die Artikulation von Indifferenzen im zweidimensionalen Raum einen unverhältnismäßig größeren Erhebungsaufwand erfordert und damit den Entscheidungsträger überfordern könnte. Die Verfahren der Präferenzerhebung in der MAUT erscheinen insgesamt zur Erhebung von Wertfunktionen mit zwei abhängigen Variablen nicht oder nur sehr eingeschränkt geeignet.

Eine Lösungsmöglichkeit dieser Problematik besteht darin, die Anzahl der abhängigen Variablen zu reduzieren. Beispielsweise kann der Entscheidungsträger in einem Zwischenschritt nach seinen Indifferenzkurven hinsichtlich des Interaktionsterms gefragt werden, also bei welchen Kombinationen der Ausprägungen der zwei Dimensionen eine gleich hohe Bewertung des Interaktionsterms resultiert. Damit erfolgt eine Verdichtung der betrachteten Punkte im zweidimensionalen Raum auf einen den Grad der Interaktion anzeigenden Interaktionsterm, wie der linke Teil der Abbildung 4-1 zeigt:

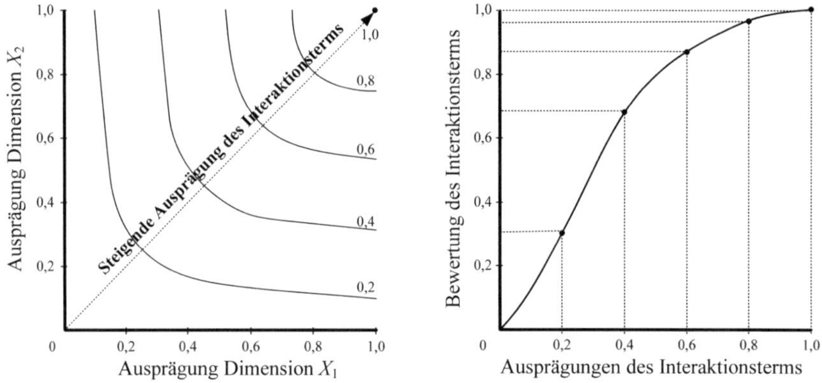

Abbildung 4-1: Zusammenfassung und Bewertung des Interaktionsterms.

Im Gegensatz zu den Anforderungen der Medianmethode und der Methode gleicher Wertdifferenzen muss der Entscheidungsträger hier nur eine Indifferenzkurve zwischen zwei Ausprägungen ohne Berücksichtigung weiterer Einflussgrößen evaluieren. Die Erhebung der Wertfunktion für den so konstruierten Interaktionsterm kann mit den aus Abschnitt 2.2.3.2.1 bekannten Verfahren erfolgen. Durch den erforderlichen Zwischenschritt steigt allerdings der Aufwand erheblich.

Der zentrale Einsatzvorteil multiattributiver Verfahren in der Entscheidungssituation ist ihre Einfachheit. Um diese nicht zu verlieren, sind die Einzelpräferenzfunktionen der Interaktionsterme mit einem möglichst geringen Aufwand und für den Entscheidungsträger nachvollziehbar zu ermitteln. Eine Realisierung dieses Ziels ist am ehesten durch den Rückgriff auf bereits erhobene Einzelpräferenzfunktionen möglich. Dafür ist die Einzelpräferenzfunktion des Interaktionsterms $v(v_1,v_2)$ oder verkürzt $v_{1,2}$ mithilfe der im Rahmen der MAUT sowieso zu erhebenden Wertfunktionen v_1 und v_2 der zwei interagierenden Dimensionen darzustellen. Formal ergibt sich unter Berücksichtigung des Gewichts des Interaktionsterms $w_{1,2}$ folgender Zusammenhang:

$$N_{j,\text{mod}} = w_1 v_{1,j} + w_2 v_{2,j} + w_{1,2} v\left(v_{1,j}, v_{2,j}\right). \qquad \textbf{(4-4)}$$

Für eine Verknüpfung der Wertfunktionen v_1 und v_2 zur Wertfunktion des Interaktionsterms $v_{1,2}$ stehen unterschiedliche Aggregationsmechanismen zur Verfügung. Um die Komplexität in Grenzen zu halten, werden im Folgenden nur einfache Funktionen betrachtet. Die Eignung eines Aggregationsmechanismus ist davon abhängig, inwieweit er die Charakteristika (positiver) komplementärer Interaktionen modellieren kann. Diese implizieren einen (überproportionalen) quadratisch wachsenden Mehrwert bei steigenden Ausprägungen.[409] Eine divisionale Verknüpfung der Wertfunktionen v_1 und v_2 scheidet grundsätzlich aus, weil die Ausprägungen den Wert null annehmen können. Die Subtraktion der Wertfunktionen v_1 und v_2 wäre zwar formal möglich. Sie kann allerdings keinen quadratisch wachsenden Verlauf ergeben und ist ökonomisch nicht sinnvoll interpretierbar. Eine additive Verknüpfung gewährleistet nur eine Modellierung linearer Effekte in beiden Dimensionen:

$$N_{j,\text{mod}} = w_1 v_{1,j} + w_2 v_{2,j} + w_{1,2}\left(v_{1,j} + v_{2,j}\right). \tag{4-5}$$

Das resultierende Nutzenmodell trifft in diesem Fall renormiert exakt die gleichen Aussagen wie das additive Aggregationsmodell und bietet insofern keinen Mehrwert, denn

$$N_{j,\text{mod}} = \frac{w_1 v_{1,j} + w_2 v_{2,j} + w_{1,2}\left(v_{1,j} + v_{2,j}\right)}{1 + 2w_{1,2}} = w_1 v_{1,j} + w_2 v_{2,j} = N_j. \tag{4-6}$$

Der Einsatz einer multiplikativen Verknüpfung ist hingegen zur Abbildung überproportionaler Effekte in der Lage. Es ergibt sich folgende Formel:

$$N_{j,\text{mod}} = w_1 v_{1,j} + w_2 v_{2,j} + w_{1,2} v_{1,2,j}, \tag{4-7}$$

wobei $v_{1,2,j}$ gleich $v_{1,j} \times v_{2,j}$ gesetzt wurde. Eine multiplikative Verknüpfung der Höhenpräferenzen impliziert eine Normierung auf den Wertebereich $N_{j,\text{mod}}$ von null bis eins. In Tabelle 4-5 sind beispielhaft für die Dimensionen *Wochenarbeitszeit* und *Gehalt* die bewerteten Ausprägungen $v(x_{Zeit})$ und $v(x_{Gehalt})$ sowie die resultierenden impliziten Höhenpräferenzen des Interaktionsterms dargestellt:

		Dimension *Wochenarbeitszeit*								
		24 h	28 h	32 h	36 h	40 h	44 h	48 h	52 h	56 h
Dimension *Gehalt*		0,00	0,10	0,20	0,33	0,50	0,70	0,82	0,91	1,00
30.000 Euro	1,00	0,00	0,10	0,20	0,33	0,50	0,70	0,82	0,91	1,00
35.000 Euro	0,95	0,00	0,10	0,19	0,32	0,48	0,67	0,78	0,86	0,95
40.000 Euro	0,85	0,00	0,09	0,17	0,28	0,43	0,60	0,70	0,77	0,85
45.000 Euro	0,65	0,00	0,07	0,13	0,22	0,33	0,46	0,53	0,59	0,65
50.000 Euro	0,50	0,00	0,05	0,10	0,17	0,25	0,35	0,41	0,45	0,50
55.000 Euro	0,30	0,00	0,03	0,06	0,10	0,15	0,21	0,25	0,27	0,30
60.000 Euro	0,15	0,00	0,02	0,03	0,05	0,08	0,11	0,12	0,14	0,15
65.000 Euro	0,05	0,00	0,01	0,01	0,02	0,03	0,04	0,04	0,05	0,05
70.000 Euro	0,00	0,00	0,00	0,00	0,00	0,00	0,00	0,00	0,00	0,00

Tabelle 4-5: Höhenpräferenz des Interaktionsterms als Funktion der Höhenpräferenzen der Dimensionen *Wochenarbeitszeit* und *Gehalt*.

[409] Vgl. Abschnitt 2.3.2.3.4.

Die multiplikative Verknüpfung der im Rahmen des additiven Aggregationsmodells erhobenen Einzelpräferenzfunktionen gewährleistet für die Kombination überdurchschnittlich[410] bewerteter Ausprägungen eine ökonomisch nachvollziehbare, explizite Modellierung der Interaktionsterme positiver komplementärer Interaktionen (Fall I). Eine Diskussion der anderen Fälle komplementärer Interaktionen ist an dieser Stelle nicht weiter relevant und findet sich im erst Rahmen der Eignungsprüfung des multiplikativen und des multilinearen Aggregationsmodells in Abschnitt 4.1.2.2.1.

4.1.2.1.2 Ermittlung des Gewichts eines Interaktionsterms

Die Ermittlung der Artenpräferenz in einem Zielsystem mit einem explizit berücksichtigten Interaktionsterm weist eine besondere Schwierigkeit auf. Der Entscheidungsträger muss zusätzlich zu den Relationen zwischen zwei unterschiedlichen, annahmegemäß voneinander unabhängigen Dimensionen auch eine Relation für die Interaktion artikulieren, die von beiden daran mitwirkenden Dimensionen abhängt. Die in Abschnitt 2.2.3.2.2 dargestellten Trade-Off Verfahren, die Swing-Methode und das Direct-Ratio-Verfahren erfordern daher in präferenzabhängigen Zielsystemen mit komplementären Interaktionen einen signifikant höheren Aufwand, sofern sie überhaupt in einem solchen Fall durchführbar bleiben.

Daher bietet es sich an, die im Rahmen des additiven Aggregationsmodells ermittelten Gewichte für die zwei Dimensionen als Ausgangspunkt zu nehmen und in Relation zu dem Gewicht des Interaktionsterms zwischen den Dimensionen zu setzen. Eine Möglichkeit zur Ermittlung des Gewichts des Interaktionsterms $w_{1,2}$ ist die Gegenüberstellung der Wichtigkeit der maximalen primären und der maximalen sekundären Anteile. Die Höhenpräferenzen der primären Anteile betragen hier definitionsgemäß $v_{1,\max} = v_{2,\max} = 1$. Daraus resultierend hat auch der Interaktionsterm den Wert $v_{1,2,\max} = 1$, sodass der Interaktionsterm $w_{1,2}$ den maximalen sekundären Anteil darstellt. Da bei dieser Einschätzung die zu betrachtenden Größen unveränderlich sind, eignet sich zur Präferenzerhebung am ehesten das Direkt-Ratio-Verfahren. Der Entscheidungsträger muss das Verhältnis des maximalen sekundären Anteils zu der Summe der maximalen primären Anteile einschätzen.[411] Aus Formel (4-7) resultiert:

---

[410] Vgl. Fußnote 283. Im Wertebereich von null bis eins werden bewertete Ausprägungen $v_i > 0{,}5$ als überdurchschnittlich definiert.

[411] Eine grafische Gegenüberstellung der primären Anteile und des sekundären Anteils in einem zweidimensionalen Zielsystem findet sich im Rahmen der Systematik des GNF-Modells in Abbildung 3-1 in Abschnitt 3.1.

$$\frac{\overbrace{w_{1,2}v_{1,2,\max}}^{\text{Maximaler sekundärer Anteil}}}{\underbrace{w_1 v_{2,\max} + w_2 v_{1,\max}}_{\text{Maximaler primärer Anteil}}} = \frac{w_{1,2}}{1} = w_{1,2}. \qquad \textbf{(4-8)}$$

Der maximale primäre Anteil geht aus den Parametern des additiven Aggregationsmodells hervor und beträgt im bandbreitennormierten, zweidimensionalen Zielsystem genau eins. Das Gewicht des Interaktionsterms $w_{1,2}$ entspricht damit dem Verhältnis von sekundärem zu primärem Anteil. Die Berücksichtigung eines Gewichts des Interaktionsterms erfordert eine Renormierung, damit der modifizierte Nutzwert $N_{j,\text{mod}}$ im Wertebereich von null bis eins liegt. Dafür ist der modifizierte Nutzwert durch die Gesamtsumme der Gewichte zu dividieren:

$$N_{j,\text{mod}} = \frac{w_1 v_{1,j} + w_2 v_{2,j} + w_{1,2} v_{1,2,j}}{1 + w_{1,2}}. \qquad \textbf{(4-9)}$$

Da nur das Verhältnis des maximalen sekundären Anteils zu der Summe der maximalen primären Anteile bekannt ist, können komplementäre Interaktionen in drei- oder mehrdimensionalen Zielsystemen nicht so einfach behandelt werden. Eine pauschale Berücksichtigung der einzelnen Interaktionsterme ist nur in dem absoluten Spezialfall als präferenzgerecht zu bezeichnen. Beispielsweise liegen in dem fünfdimensionalen Zielsystem zur Personalauswahl mit den Dimensionen *Gehalt*, *Wochenarbeitszeit*, *fachliche Fähigkeiten*, *Führungseigenschaften* und *Berufserfahrung* annahmegemäß nur vier von zehn möglichen Interaktionen zwischen jeweils zwei Dimensionen vor.[412] Eine Modellierung aller zehn möglichen Interaktionen entspricht nicht den Präferenzen des Entscheidungsträgers. Daher ist insbesondere in einem partiell präferenzabhängigen Zielsystem eine systematische Differenzierung der Gewichte der Interaktionsterme erforderlich.

Nach der Ermittlung der relativen Gewichtung aller primären und aller sekundären Anteile der jeweils einzelnen betroffenen Dimensionen könnte die Bestimmung der relativen Gewichtung der einzelnen Interaktionsterme mit den in Abschnitt 2.2.3.2.2 skizzierten Verfahren zur Ermittlung der Artenpräferenz in der MAUT erfolgen. Da die Interaktionsterme jeweils von zwei Dimensionen abhängen, sind dazu allerdings höhere kognitive Fähigkeiten erforderlich. Insgesamt steigt der Erhebungsaufwand der Präferenzstruktur deutlich an, sodass

[412] Vgl. die Einführung des Beispiels in Abschnitt 2.4.1.

diese Vorgehensweise im Falle mehrerer komplementärer Interaktionen nur bedingt geeignet ist.

Analog zur Bestimmung der Wertfunktion des konstruierten Interaktionsterms könnte die Ableitung des Gewichtungsfaktors des Interaktionsterms aus den bereits erhobenen Gewichten der interagierenden Dimensionen erfolgen. Das heißt, dass das Gewicht des Interaktionsterms als Funktion der Gewichte w_1 und w_2 betrachtet wird:

$$N_{j,\text{mod}} = \frac{w_1 v_{1,j} + w_2 v_{2,j} + w(w_1, w_2) v_{1,2,j}}{1 + w(w_1, w_2)}. \qquad \textbf{(4-10)}$$

Für die Funktion $w(w_1,w_2)$ bieten sich unterschiedliche Aggregationsmechanismen zur Verknüpfung der Argumente w_1 und w_2 an. Um die Komplexität in Grenzen zu halten, werden im Folgenden wiederum nur einfache Funktionen betrachtet. Divisionale wie auch subtraktive Verknüpfungen der Gewichte w_1 und w_2 sind zwar formal möglich, aber ergeben im Gegensatz zu additiven und multiplikativen Verknüpfungen in der ökonomischen Interpretation keinen Sinn. Bei der Anwendung der additiven und der multiplikativen Verknüpfung ist eine Normierung des Gesamtausdrucks auf den Wertebereich von null bis eins erforderlich. Dabei zeigt sich eine von den Ausprägungen der Zielgewichte abhängige Einschränkung der Größe des Interaktionsgewichts. Im Falle einer additiven Verknüpfung zweier Dimensionen ist das Interaktionsgewicht exakt auf die Hälfte und bei einer multiplikativen Verknüpfung maximal auf ein Fünftel beschränkt.[413] Darüber hinaus unterscheiden sich das additiv und das multiplikativ abgeleitete Interaktionsgewicht in der relativen Bevorzugung bestimmter Gewichtskonstellationen.[414] Mit beiden Aggregationsmechanismen ist die Modellierung der präferenzgerechten relativen Gewichtung nicht in jedem Fall gewährleistet. Die Überwindung dieser modellimmanenten Einschränkung könnte mithilfe des globalen Interaktions-

---

[413] Unabhängig von der Höhe der einzelnen Gewichte beider Dimensionen ergibt sich als Summe definitionsgemäß immer ein Wert in Höhe von $w_1 + w_2 = 1$. Damit weisen nach einer Normierung in jeder Konstellation automatisch die Summe der primären Anteile und der sekundäre Anteil das gleiche Gewicht in Höhe von $w_1 = w_2 = 0{,}5$ aus. Das maximale Gewicht des Interaktionsterms im Rahmen einer multiplikativen Verknüpfung ergibt sich, wenn die Gewichte beider Dimensionen $w_1 + w_2 = 0{,}5$ entsprechen. Das Produkt dieser Gewichte beträgt $w_{1,2} = 0{,}25$. Nach einer Normierung der Summe der Gewichte auf eins ergibt sich ein Gewicht des Interaktionsterms in Höhe von $w_{1,2} = 0{,}20$. Je mehr Dimensionen das Zielsystem aufweist, desto geringer ist das auf diesem Wege ermittelte maximale Gewicht des Interaktionsterms.

[414] Im Rahmen einer multiplikativen Verknüpfung sind die Interaktionsgewichte relativ ähnlicher Gewichte höher als die relativ ungleicher Gewichte. Das Produkt der relativ ähnlichen Gewichte $w_1 = 0{,}4$ und $w_2 = 0{,}6$ liegt mit 0,24 beispielsweise über dem Produkt der relativ ungleichen Gewichte $w_1 = 0{,}2$ und $w_2 = 0{,}8$ in Höhe von 0,16.

koeffizienten I erfolgen, der das Verhältnis der Summe aller sekundären Anteile zur Summe aller primären Anteile repräsentiert.[415]

$$I = \frac{\overbrace{w_{1,2}v_{1,2,\max} + w_{1,3}v_{1,3,\max} + w_{2,3}v_{2,3,\max}}^{\text{Summe aller sekundären Anteile}}}{\underbrace{w_1 v_{1,\max} + w_2 v_{2,\max} + w_3 v_{3,\max}}_{\text{Summe aller primärer Anteile}}} = \frac{w_{1,2} + w_{1,3} + w_{2,3}}{w_1 + w_2 + w_3} = w_{1,2} + w_{1,3} + w_{2,3}. \tag{4-11}$$

Da die Summe der Gewichte w_1, w_2 und w_3 auf eins normiert ist, entspricht der globale Interaktionskoeffizient I der Summe der Gewichte $w_{1,2}$, $w_{1,3}$ und $w_{2,3}$.

$$N_{j,\text{mod}} = \frac{w_1 v_{1,j} + w_2 v_{2,j} + w_3 v_{3,j} + \left(\frac{w_1+w_2}{2}\right) I v_{1,j} v_{2,j} + \left(\frac{w_1+w_3}{2}\right) I v_{1,j} v_{3,j} + \left(\frac{w_2+w_3}{2}\right) I v_{2,j} v_{3,j}}{1+\left(w_1+w_2+w_3\right) I}. \tag{4-12}$$

Wenn die in der Literatur üblicherweise benutzte Formel

$$N_{j,\text{mod,max}} = \frac{w_1 v_{1,j} + w_2 v_{2,j} + w_3 v_{3,j} + I(w_{1,2} v_{1,j} v_{2,j} + w_{1,3} v_{1,j} v_{3,j} + w_{2,3} v_{2,j} v_{3,j})}{1+(w_1+w_2+w_3)I} \tag{4-13}$$

weiter verwendet werden soll und gefordert wird, dass

$$N_{\text{mod,max}} = \frac{w_1 + w_2 + w_3 + I(w_{1,2} + w_{1,3} + w_{2,3})}{1+(w_1+w_2+w_3)I} = 1, \tag{4-14}$$

dann ist $w_{i,j}(w_i,w_j) = ½\,(w_i+w_j)$ die einfachste mögliche Funktion. Für eine additive Aggregation der Interaktionsgewichte ergibt sich für drei Zieldimensionen folglich:

$$N_{j,\text{mod}} = \frac{w_1 v_1 + w_2 v_2 + w_3 v_3 + \left(\frac{w_1+w_2}{2}\right) I v_1 v_2 + \left(\frac{w_1+w_3}{2}\right) I v_1 v_3 + \left(\frac{w_2+w_3}{2}\right) I v_2 v_3}{1+\left(w_1+w_2+w_3\right) I}. \tag{4-15}$$

Für eine multiplikative Aggregation der Interaktionsgewichte für drei Zieldimensionen ergibt sich damit unter Berücksichtigung des tertiären Anteils das multiplikative Aggregationsmodell.[416] Das multiplikative Aggregationsmodell impliziert präferenzabhängige Zielsysteme und damit das Vorliegen von Interaktionen zwischen allen Dimensionen gleichermaßen. Der

---

[415] Der globale Interaktionskoeffizient I (ohne Index) gilt im multiplikativen Aggregationsmodell pauschal für alle sekundären Anteile gleichermaßen. Vgl. Abschnitt 2.2.3.3.

[416] Vgl. Gleichung (2-8) in Abschnitt 2.2.3.3.

Einsatz des globalen Interaktionskoeffizienten I führt dazu, dass der Entscheidungsträger nicht explizit auf die relative Gewichtung einzelner Interaktionen Einfluss nehmen kann. Die in der Praxis eingesetzten Zielsysteme sind jedoch zumeist partiell präferenzabhängig und weisen einzelne Interaktionen zwischen zwei Dimensionen auf.[417] Hierin zeigt sich die stark limitierte Eignung des multiplikativen Aggregationsmodells zur anforderungsgerechten Modellierung komplementärer Interaktionen.[418]

Der Einsatz spezifischer Interaktionskoeffizienten I_{i_1,i_2} gewährleistet in drei- oder mehrdimensionalen Zielsystemen hingegen die präferenzgerechte Adjustierung des primären und sekundären Anteils. Das multilineare Aggregationsmodell berücksichtigt eben diese spezifischen Interaktionskoeffizienten und weist demzufolge keine Restriktionen in der Modellierung von Interaktionen auf.[419] Damit erlaubt es auch in einem partiell präferenzabhängigen Zielsystem, wie beispielsweise dem fünfdimensionalen Zielsystem zur Personalauswahl mit den Dimensionen *Gehalt*, *Wochenarbeitszeit*, *fachliche Fähigkeiten*, *Führungseigenschaften* und *Berufserfahrung*, eine anforderungsgerechte Modellierung mehrerer, in diesem Fall die Modellierung von vier aus zehn möglichen, Interaktionen.[420] Da das multilineare Aggregationsmodell neben dem primären und sekundären Anteil auch Anteile $(n-1)$-ter Ordnung abbildet, steigt die Anzahl der zu erhebenden Interaktionskoeffizienten mit $n(n-1)/2$ an.[421] Der aus der Erhebung resultierende Aufwand führt dazu, dass das multilineare Aggregationsmodell in der Praxis nahezu keine Anwendung findet.[422]

Insgesamt ist zu konstatieren, dass nur das in der Praxis nahezu nicht eingesetzte multilineare Aggregationsmodell und das GNF-Modell im Gegensatz zum additiven und multiplikativen Aggregationsmodell eine Möglichkeit der Modellierung des sekundären Anteils von Interaktionen in partiell präferenzabhängigen Zielsystemen bieten. Inwieweit die modellierten sekundären Anteile die in Abschnitt 2.3.2.3.4 formulierten Anforderungen zur Modellierung komplementärer Interaktionen erfüllen, wird im nächsten Abschnitt für die „additive Modellwelt" und die „multiplikative Modellwelt" der MAUT getrennt untersucht.

---

417 Vgl. Abschnitt 2.4.1.

418 Vgl. von Winterfeldt und Edwards (1986), S. 291.

419 Vgl. Ibid., S. 293.

420 Von WINTERFELDT und EDWARDS stellen die Eignung des multilinearen Aggregationsmodells in partiell präferenzabhängigen Zielsystems anhand der Bewertung einer Maschine heraus. In diesem Zielsystem sind alle Dimensionen, bis auf die multiplikativ interagierenden Dimensionen *Präzision* und *Verlässlichkeit*, voneinander unabhängig. Vgl. Ibid., S. 293.

421 Vgl. Ibid., S. 307.

422 Vgl. von Nitzsch (1992), S. 3 f.

4.1.2.2 Anforderungsgerechte Abbildung komplementärer Interaktionen

4.1.2.2.1 Multiplikatives und multilineares Aggregationsmodell

Die Anforderungen an eine Modellierung komplementärer Interaktionen liegen erstens in einem in etwa quadratischen Wachstum des sekundären Anteils bei ansteigenden, bewerteten überdurchschnittlichen Ausprägungen (Fall I).[423] Zweitens ist die reziproke Modellierung des Anteils einer positiven komplementären Interaktion (Fall I) und einer negativen komplementären Interaktion (Fall II) zu gewährleisten. Drittens sind für Kombinationen über- und unterdurchschnittlich bewerteter Ausprägungen (Fall III) weder positive noch negative komplementäre Interaktionen, sondern eine ausgleichende „Tendenz zur Mitte" zu modellieren. Die Analyse der Erfüllung der Anforderungen erfolgt anhand eines zweidimensionalen Zielsystems. Das multiplikative und das multilineare Aggregationsmodell sind hier identisch und nach Formel (2-8) bzw. Formel (2-10) wie folgt definiert:[424]

$$N_j = \underbrace{w_1 v_{1,j}}_{\text{Primärer Anteil } X_1} + \underbrace{w_2 v_{2,j}}_{\text{Primärer Anteil } X_2} + \underbrace{w_1 w_2 I v_{1,j} v_{2,j}}_{\text{Sekundärer Anteil } X_{1,2}} . \qquad \textbf{(4-16)}$$

Für die Modellierung einer komplementären Interaktion ist es erforderlich, den direkt auf die Bewertung einer Ausprägung zurückzuführenden primären Anteil einer Dimension und den verstärkenden oder abschwächenden, auf die Bewertung der Ausprägung beider Dimensionen zurückzuführenden, sekundären Anteil zu unterscheiden. Die Summe der linearen Terme repräsentiert den primären Anteil und der quadratische Term den sekundären Anteil.[425] Die Gewichte sind im anschaulichsten Fall gleich groß und betragen $w_1 = w_2 = 0{,}5$.[426] Des Weiteren bewertet der Entscheidungsträger die maximalen primären Anteile und den maximalen sekundären Anteil gleich hoch. Der Interaktionskoeffizient beträgt demzufolge $I_{1,2} = 4$ $(= 1/(0{,}5 \times 0{,}5))$. In Tabelle 4-6 ist der gesamte primäre Anteil für die bewerteten Ausprägungen v_1 und v_2 dargestellt.

---

[423] Vgl. und im Folgenden die Anforderungen an eine präferenzgerechte Modellierung komplementärer Interaktionen in Abschnitt 2.3.2.3.4.

[424] Im multiplikativen Aggregationsmodell findet der globale, für alle Interaktionen gleichermaßen geltende Interaktionskoeffizient I Anwendung. Das multilineare Aggregationsmodell bezeichnet jeweils mithilfe eines Index am Interaktionskoeffizienten die konkrete Interaktion, beispielsweise $I_{1,2}$ für die Interaktion zwischen der ersten und zweiten Dimension. In einem zweidimensionalen Zielsystem gilt $I = I_{1,2}$.

[425] Vgl. von Winterfeldt und Edwards (1986), S. 291 und Abschnitt 2.2.3.3.

[426] Die folgende Argumentation gilt auch für andere Gewichte. Für die Konstellation der Gewichte in Höhe von $w_1 = w_2 = 0{,}5$ ergeben sich symmetrische Ergebnisse, die sehr einfach nachzuvollziehen sind.

		Wert v_1				
		0,00	0,25	0,50	0,75	1,00
Wert v_2	1,00	0,500	0,625	0,750	0,875	1,000
	0,75	0,375	0,500	0,625	0,750	0,875
	0,50	0,250	0,375	0,500	0,625	0,750
	0,25	0,125	0,250	0,375	0,500	0,625
	0,00	0,000	0,125	0,250	0,375	0,500

Tabelle 4-6: Primärer Anteil im multiplikativen und im multilinearen Aggregationsmodell.

Der primäre Anteil im multiplikativen und multilinearen Aggregationsmodell entspricht für jede Kombination der bewerteten Ausprägungen exakt dem Nutzwert des additiven Aggregationsmodells. Die Erhöhung der bewerteten Ausprägung einer Dimension führt zum proportionalen Zuwachs des Nutzwerts, der unabhängig von dem Niveau der bewerteten Ausprägung der jeweils anderen Dimension ist. Für den Spezialfall der Gleichgewichtung beider Dimensionen ergibt die Erhöhung der bewerteten Ausprägung beider Dimensionen X_i um je 0,25 einen Zuwachs in Höhe von 0,125. Es ist möglich, den primären Anteil als Funktion der möglichen bewerteten Ausprägungen grafisch in einem dreidimensionalen Koordinatensystem abzubilden. Die bewerteten Ausprägungen der beiden Dimensionen entsprechen in Abbildung 4-2 der x- sowie der y-Achse und der primäre Anteil der z-Achse.

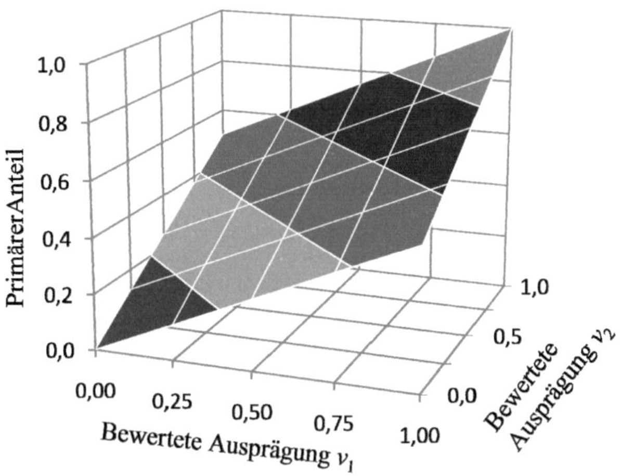

Abbildung 4-2: Primärer Anteil im multiplikativen und im multilinearen Aggregationsmodell.

Die möglichen Nutzwerte liegen dann alle in einer Ebene, die durch drei Punkte festgelegt ist. Die ersten beiden Punkte sind (0,0,0) und (1,1,1). Als dritten Punkt könnten unter anderem die Punkte (½, 0, ½ × w_1) oder (0, ½, ½ × w_2) dienen. Es zeigt sich, dass sich diese Ebene um die durch (0,0,0) und (1,1,1) beschriebene Diagonale dreht, wenn sich w_1 und damit wegen der Normierung w_2 ändern.

Der dritte Summand in Formel (4-16) wird als sekundärer Anteil $w_1 w_2 I v_1 v_2$ interpretiert. Das nicht normierte Gewicht dieses Interaktionsterms ist konstant und beträgt in diesem Beispiel genau $w_1 w_2 I = 1$ ($= 4 \times 0{,}5 \times 0{,}5$). Der sekundäre Anteil im multiplikativen bzw. im multilinearen Aggregationsmodell ist daher leicht nachvollziehbar als Produkt der bewerteten Ausprägungen v_1 und v_2 zu ermitteln und in Tabelle 4-7 dargestellt.

		Wert v_1				
		0,00	0,25	0,50	0,75	1,00
Wert v_2	1,00	0,000	0,250	0,500	0,750	1,000
	0,75	0,000	0,188	0,375	0,563	0,750
	0,50	0,000	0,125	**0,250**	0,375	0,500
	0,25	0,000	0,063	0,125	0,188	0,250
	0,00	0,000	0,000	0,000	0,000	0,000

Tabelle 4-7: Sekundärer Anteil im multiplikativen und im multilinearen Aggregationsmodell.

Bei der Variation der bewerteten Ausprägung einer Dimension unter Konstanthaltung der anderen Dimension liegen jeweils wieder proportionale Veränderungen vor. Im Gegensatz zum gesamten primären Anteil ist das Ausmaß der Veränderung abhängig von dem Niveau der konstant gehaltenen Dimension. Im Falle einer konstant gehaltenen bewerteten Ausprägung der ersten Dimension in Höhe von $v_1 = 0{,}25$ steigt der Nutzwert bei der Erhöhung der Ausprägung der zweiten Dimension in Höhe von 0,25 um 0,0625 an. Bei einer bewerteten Ausprägung der ersten Dimension in Höhe von $v_1 = 0{,}75$ erhöht sich der Nutzwert jeweils dreimal so stark in Höhe von 0,1875. Dieses Phänomen gilt für beide Dimensionen. Die Konsequenz daraus ist ein überproportionales Wachstum in der Diagonale des Zielsystems. Es ist möglich, den sekundären Anteil als Funktion der möglichen bewerteten Ausprägungen grafisch in einem dreidimensionalen Koordinatensystem abzubilden. Die bewerteten Ausprägungen der beiden Dimensionen entsprechen in Abbildung 4-3 der x- sowie der y-Achse und der sekundäre Anteil der z-Achse.

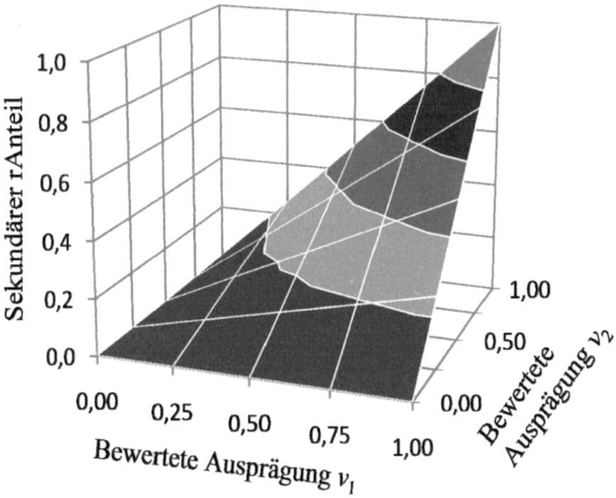

Abbildung 4-3: Sekundärer Anteil im multiplikativen und im multilinearen Aggregationsmodell.

Sowohl das multiplikative als auch das multilineare Aggregationsmodell nehmen keine Abgrenzung von Interaktionsbereichen vor und folgen damit dem in der Literatur vorherrschendem Verständnis einer komplementären Interaktion. In Abschnitt 2.3.2 konnte allerdings gezeigt werden, dass das in der Literatur vorherrschende Verständnis einer komplementären Interaktion zu pauschal ist und nicht alle explizit artikulierten Präferenzaussagen der Präferenzstruktur berücksichtigt. Die dafür erforderliche Fallunterscheidung unterteilt die Alternativenmenge und spezifiziert drei Fälle, in denen komplementäre Interaktionen unterschiedlichen Einfluss in Abhängigkeit der Ausprägung entfalten. Daher ist eine fallweise Prüfung der Eignung des multiplikativen und des multilinearen Aggregationsmodells zur expliziten Modellierung komplementärer Interaktionen durchzuführen.

Den Ausgangspunkt bildet die, in beiden Dimensionen durchschnittlich mit $v_{1,\varnothing} = v_{2,\varnothing} = 0{,}5$ bewertete Alternative.[427] Hier liegt annahmegemäß keine Interaktion vor.[428] Im multiplikativen und im multilinearen Aggregationsmodell ergibt sich hingegen in diesem Beispiel ein sekundärer Anteil in Höhe von 0,25. Um den logischen Nullpunkt des Interaktionsterms, dem

[427] Auf einer Skala von null bis eins wird ein Wert in Höhe von $v_i = 0{,}5$ als durchschnittlich bezeichnet. Vgl. Abschnitt 2.3.2.2 Für eine durchnittlich bewertete Ausprägung implizieren die Wichtigkeitsfaktoren, dass keine Interaktion vorliegt. Vgl. insbesondere Abbildung 2-12 in Abschnitt 2.3.2.2.2. Im GNF-Modell wird bei dieser Ausprägung häufig der Ankerpunkt festgelegt. Vgl. Abschnitt 3.2.1.5.1.

[428] Vgl. Abschnitt 2.3.2.3.

Vorliegen keiner Interaktion, explizit zu modellieren, ist eine Normierung erforderlich. In Tabelle 4-8 sind dafür alle Werte aus Tabelle 4-7 um den sekundären Anteil der in beiden Dimensionen durchschnittlich bewerteten Alternative in Höhe von 0,25 reduziert.

		Wert v_1				
		0,00	0,25	0,50	0,75	1,00
Wert v_1	1,00	-0,250	0,000	0,250	0,500	0,750
	0,75	-0,250	-0,063	0,125	0,313	0,500
	0,50	-0,250	-0,125	**0,000**	0,125	0,250
	0,25	-0,250	-0,188	-0,125	-0,063	0,000
	0,00	-0,250	-0,250	-0,250	-0,250	-0,250

Tabelle 4-8: **Normierter sekundärer Anteil im multiplikativen und im multilinearen Aggregationsmodell.**

Ausgehend von dem auf null normierten sekundären Anteil bei der in beiden Dimensionen mit $v_{1,\varnothing}=v_{2,\varnothing}=0,5$ durchschnittlich bewerteten Alternative steigt der sekundäre Anteil bei Erhöhung nur einer Ausprägung proportional und bei Erhöhung beider Ausprägungen bis zur bestmöglichen Alternative mit einem Interaktionsterm in Höhe von 0,75 an. Das multiplikative und das multilineare Aggregationsmodell sind daher dazu in der Lage, im Falle des Zusammentreffens zweier überdurchschnittlich bewerteter Ausprägungen (Fall I) explizit eine positive komplementäre Interaktion, die sich durch einen diagonal überproportional ansteigenden sekundären Anteil auszeichnet, in sich schlüssig abzubilden.

Bei in beiden Dimensionen mit $v_1,v_2<0,5$ unterdurchschnittlich bewerteten Ausprägungen (Fall II) stoßen die Modellierungen im multiplikativen und im multilinearen Aggregationsmodell allerdings an ihre Grenzen. Der sekundäre Anteil der am schlechtesten bewerteten Alternative beträgt ohne Normierung null. Eine explizite Modellierung einer negativen komplementären Interaktion erfolgt nicht. Die Normierung erlaubt zumindest eine Interpretation einer implizit modellierten, negativen komplementären Interaktion durch das relative Ausbleiben einer positiven komplementären Interaktion. Der normierte sekundäre Anteil der maximalen positiven komplementären Interaktion ist in Höhe von 0,75 nicht identisch, sondern dreimal so groß wie der Betrag des sekundären Anteils der maximalen negativen komplementären Interaktion in Höhe von 0,25. Dieses Verhältnis vom gesamten primären Anteil zum sekundären Anteil in Höhe von 3 zu 1 gilt unabhängig von der Wahl des Gewichts und des Interaktionskoeffizienten. Es ist ein Resultat der Definition der durchschnittlich bewerteten Ausprägung in Höhe von $v_{i,\varnothing} = 0{,}5$.[429] Das multiplikative und das multilineare Aggregationsmodell erfüllen daher niemals die Anforderung einer spiegelbildlichen Modellierung einer positiven und negativen komplementären Interaktion. Damit sind sowohl das multiplikative als auch das multilineare Aggregationsmodell nicht zur Abbildung negativer komplementärer Interaktionen (Fall II) in der Lage.

Bei Alternativen mit einer über- und einer unterdurchschnittlich bewerteten Ausprägung (Fall III) überlagern sich in dem Beispiel in Abschnitt 2.3.2.3.3 die Wirkungen der Präferenzaussagen $PA_{1,3}$ und $PA_{2,4}$ und es liegt weder eine positive noch eine negative komplementäre Interaktion vor. Der Summand des sekundären Anteils sollte eine „Tendenz zur Mitte“ aufweisen. Das multiplikative und das multilineare Aggregationsmodell berechnen hingegen von null verschiedene, konkrete Werte, wie die Diagonale der Summe der bewerteten Ausprägungen in Höhe von $v_1 + v_2 = 1$ in Tabelle 4-7 zeigt. Die Kombination von $v_1 = 0{,}75$ und $v_2 = 0{,}25$ ergibt beispielsweise einen sekundären Anteil in Höhe von 0,188. Ein solcher Wert ist ökonomisch nicht sinnvoll interpretierbar. Das multiplikative und das multilineare Aggregationsmodell werden damit für Kombinationen über- und unterdurchschnittlich bewerteter Ausprägungen (Fall III) nicht den Anforderungen an eine Modellierung komplementärer Interaktionen gerecht.

Insgesamt ist zu konstatieren, dass sowohl das multiplikative als auch das multilineare Aggregationsmodell aufgrund der fehlenden Abgrenzung von Interaktionsbereichen nicht zur anforderungsgerechten Modellierung komplementärer Interaktionen in der Lage sind.

4.1.2.2.2 GNF-Modell

Die Analyse der Erfüllung der Anforderungen an eine Modellierung komplementärer Interaktionen erfolgt zunächst anhand der Kombination überdurchschnittlicher PNF (Fall I). Im Anschluss wird eine Übertragung der Analyse auf Kombinationen unterdurchschnittlicher PNF (Fall II) überprüft. Die Betrachtung von Kombinationen mit über- und unterdurchschnittlichem PNF (Fall III) schließt die fallweise Eignungsprüfung zur Modellierung komplementärer Interaktionen im GNF-Modell ab.

Die Argumentation erfolgt anhand eines zweidimensionalen Zielsystems mit den Dimensionen X_1 und X_2, deren PNF jeweils zwischen $p_{i,\min} = 0{,}5$ und $p_{i,\max} = 2$ liegen. Die minimal und

[429] Vgl. zur Lage der durchschnittlich bewerteten Ausprägung in einem Wertebereich von null bis eins Fußnote 283. Im Falle von komplementären Interaktionen zweiter Ordnung ergibt sich sogar ein Verhältnis der maximalen positiven zur maximalen negativen komplementären Interaktion in Höhe von 7 zu 1 [0,875 zu 0,125].

die maximal bewerte Ausprägung stehen damit im reziproken Verhältnis. Dieses gewährleistet, dass der relative Einfluss über- und unterdurchschnittlich bewerteter Ausprägungen identisch ist. Der GNF g_j berechnet sich für Kombinationen überdurchschnittlicher PNF (Fall I), also $p_1 \geq 1$ und $p_2 \geq 1$ bzw. $\Delta p_1 \geq 0$ und $\Delta p_2 \geq 0$, nach Tabelle 3-11 wie folgt:[430]

$$g = \underbrace{1}_{\text{Ankerwert}} + \underbrace{\Delta p_1}_{\text{Primärer Anteil } X_1} + \underbrace{\Delta p_2}_{\text{Primärer Anteil } X_2} + \underbrace{\Delta p_1 I_{1,2} \Delta p_2}_{\text{Sekundärer Anteil } X_{1,2}} . \qquad \textbf{(4-17)}$$

Das GNF-Modell leistet eine ökonomisch sinnvolle Interpretation der vier Summanden. Der erste Summand hat immer den Wert des Ankerpunkts, der eine durchschnittlich bewertete Ausprägung in allen Dimensionen widerspiegelt. Die linearen Summanden repräsentieren jeweils den primären Anteil einer Dimension am GNF und zusammen den gesamten primären Anteil. Der quadratische Summand wird als sekundärer Anteil interpretiert.[431] Für Kombinationen überdurchschnittlicher PNF (Fall I) ergeben sich damit die in Tabelle 4-9 dargestellten Summen primärer Anteile.

		PNF p_1					
		1,0	1,2	1,4	1,6	1,8	2,0
PNF p_2	2,0	1,0	1,2	1,4	1,6	1,8	2,0
	1,8	0,8	1,0	1,2	1,4	1,6	1,8
	1,6	0,6	0,8	1,0	1,2	1,4	1,6
	1,4	0,4	0,6	0,8	1,0	1,2	1,4
	1,2	0,2	0,4	0,6	0,8	1,0	1,2
	1,0	0,0	0,2	0,4	0,6	0,8	1,0

Tabelle 4-9: Summe der primären Anteile überdurchschnittlicher PNF (Fall I).

Die Summe der primären Anteile zweier überdurchschnittlicher PNF weist die gleichen systematischen Eigenschaften auf wie der primäre Anteil in den Aggregationsmodellen der „additiven Modellwelt“ der MAUT.[432] Die Erhöhung eines PNF führt zu einem proportionalen Zuwachs des primären Anteils. Das Ausmaß dieses Zuwachses ist unabhängig von der Ausprägung des jeweils anderen PNF. Beispielsweise ergibt die Erhöhung eines PNF p_i um 0,2 jeweils einen Zuwachs der Summe der primären Anteile in Höhe von $\Delta p_i = 0{,}2$. Der konstante Zuwachs der primären Anteile der einzelnen Dimensionen führt in der Diagonale, also der gleichmäßigen Variation beider Ausprägungen, ebenfalls zu einer proportionalen Veränderung. Die Summen der primären Anteile für verschiedene Kombinationen im Zielsystem sind damit alle in einer Ebene zu finden. Diese verläuft vom globalen Ankerpunkt mit primä-

430 Vgl. die Aggregationsregeln für zweidimensionale Zielsysteme in Abschnitt 3.3.1.

431 Vgl. die Interpretation der Summanden im GNF-Modell in Abschnitt 3.1.

432 Vgl. Abschnitt 4.1.2.2.1.

ren Anteilen $\Delta p_{1,\min}=0$ und $\Delta p_{2,\min}=0$, diagonal ansteigend bis zum maximalen gesamten primären Anteil $\Sigma\Delta p_{i,\max}=2$, der Kombination von $\Delta p_{1,\max}=1$ und $\Delta p_{2,\max}=1$. Es ist möglich, den primären Anteil als Funktion der möglichen PNF grafisch in einem dreidimensionalen Koordinatensystem abzubilden. Die PNF der beiden Dimensionen entsprechen in Abbildung 4-4 der x- sowie der y-Achse und der primäre Anteil der z-Achse.

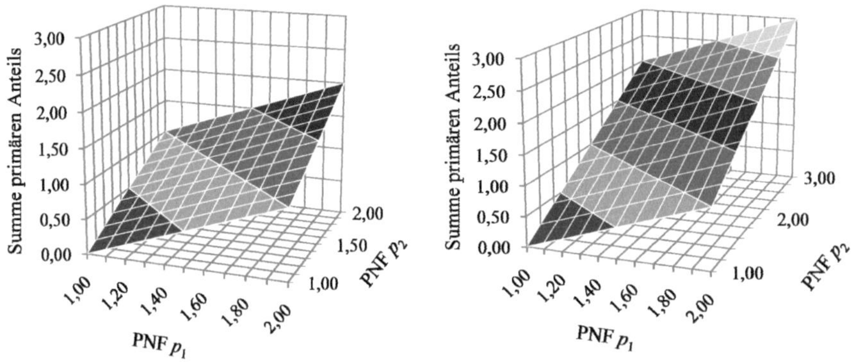

Abbildung 4-4: Summe der primären Anteile unterschiedlicher, überdurchschnittlicher PNF (Fall I).

Im Falle unterschiedlicher maximaler PNF, also wenn $p_{1,\max} \neq p_{2,\max}$, ergibt sich eine schiefe Ebene, deren Symmetrieachse in der Diagonale verläuft. Ein solcher Fall ist für die maximalen PNF $p_{1,\max}=2$ und $p_{2,\max}=3$ auf der rechten Seite in Abbildung 4-4 dargestellt. Die Modellierung des primären Anteils im GNF-Modell weist bei der Kombination überdurchschnittlicher PNF sehr große Ähnlichkeiten mit der Modellierung im additiven Aggregationsmodell im gesamten Eigenschaftsraum auf. Das GNF-Modell ist damit zur plausiblen Modellierung des primären Anteils bei Kombinationen überdurchschnittlicher PNF (Fall I) in der Lage.

Der quadratische, vierte Summand des GNF-Modells repräsentiert gemäß Formel (4-17) den sekundären Anteil:

$$\text{sekundärer Anteil}_{1,2} = \Delta p_1 I_{1,2} \Delta p_2. \qquad \textbf{(4-18)}$$

Zur Veranschaulichung möge der Interaktionskoeffizient in Höhe von $I_{1,2}=4$ dienen. Für PNF in Höhe von $p_{1,j}=1{,}4$ und $p_{2,j}=1{,}6$ resultiert beispielsweise:

$$\text{sekundärer Anteil}_{1,2,j} = (1{,}4-1)\,4\,(1{,}6-1) = 0{,}4\times4\times0{,}6 = 0{,}96. \qquad \textbf{(4-19)}$$

Für den gesamten Bereich an Kombinationen überdurchschnittlicher PNF ergeben sich die in Tabelle 4-10 dargestellten sekundären Anteile.

PNF p_2 \ PNF p_1	1,00	1,20	1,40	1,60	1,80	2,00
2,00	0,00	0,80	1,60	2,40	3,20	4,00
1,80	0,00	0,64	1,28	1,92	2,56	3,20
1,60	0,00	0,48	**0,96**	1,44	1,92	2,40
1,40	0,00	0,32	0,64	0,96	1,28	1,60
1,20	0,00	**0,16**	0,32	0,48	0,64	**0,80**
1,00	0,00	0,00	0,00	0,00	0,00	0,00

Tabelle 4-10: Sekundärer Anteil überdurchschnittlicher PNF (Fall I).

In dem Bereich überdurchschnittlicher PNF weist der sekundäre Anteil im GNF-Modell die gleichen systematischen Eigenschaften auf wie der sekundäre Anteil im Rahmen des multiplikativen Aggregationsmodells im gesamten Eigenschaftsraum.[433] Bei der Variation eines PNF unter Konstanthaltung des anderen resultieren jeweils wieder proportionale Veränderungen. Im Gegensatz zum primären Anteil ist das Ausmaß der Veränderung abhängig von dem Niveau der konstant gehaltenen Dimension. Im Falle eines konstant gehaltenen PNF $p_1 = 1{,}2$ steigt der sekundäre Anteil bei der Erhöhung des PNF von $p_2 = 1$ auf $p_2 = 1{,}2$ um 0,16. Im Vergleich dazu steigt bei einem PNF $p_1 = 2$ der sekundäre Anteil bei der gleichen Erhöhung des PNF von $p_2 = 1$ auf $p_2 = 1{,}2$ in Höhe von 0,8 fünfmal stärker an.

Die gleichen maximalen PNF haben eine Symmetrie zur Diagonale zur Folge, wie der linke Teil in Abbildung 4-5 zeigt.

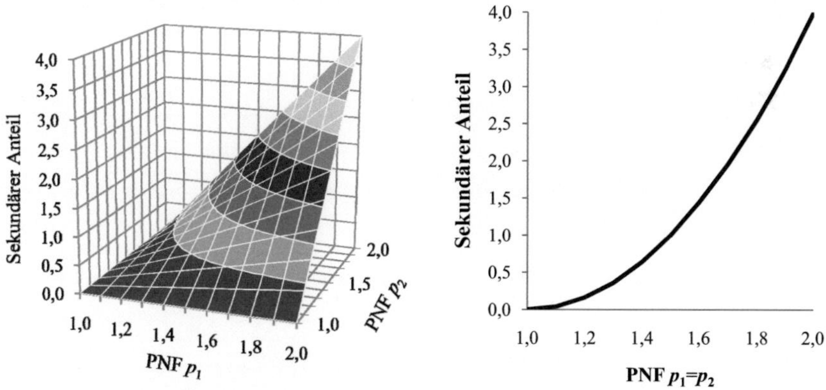

Abbildung 4-5: Sekundärer Anteil zweier überdurchschnittlicher PNF (Fall I).

433 Wenn sich, wider Erwarten, in der Praxis Interaktionen nur durch verstärkende Wirkungen auszeichnen, ermöglicht diese Eigenschaft, dennoch über den Einsatz des GNF-Modells nachzudenken. Im Fall I, der Kombination überdurchschnittlich bewerteter Ausprägungen, fallen 75% des sekundären Anteils an (vgl. Tabelle 4-8). Wenn es mit dem GNF-Modell möglich ist, diesen abzubilden, kann der sekundäre Anteil insgesamt zu großen Teilen approximiert werden.

Der sekundäre Anteil in der Diagonale, also bei Kombinationen in gleicher Weise überdurchschnittlicher PNF, ist im rechten Teil der Abbildung 4-5 dargestellt.[434] Diese Darstellung verdeutlicht den in etwa quadratischen Verlauf des sekundären Anteils im GNF-Modell. Die Höhe des sekundären Anteils ergibt sich durch ein Zusammenspiel der PNF p_i und des Interaktionskoeffizienten $I_{1,2}$.[435] Das GNF-Modell ist damit für Kombinationen überdurchschnittlicher PNF (Fall I) in der Lage, die Anforderung einer quadratischen Modellierung des sekundären Anteils bei komplementären Interaktionen zu erfüllen.

Für die Kombination zweier unterdurchschnittlicher PNF (Fall II) erfolgt die Berechnung des GNF g_j mithilfe des Kehrwerts zweier überdurchschnittlicher PNF und es gilt nach Tabelle 3-11:

$$g_j = \frac{1}{1+\left(\frac{1}{p_1}-1\right)+\left(\frac{1}{p_2}-1\right)+\left(\frac{1}{p_1}-1\right)I_{1,2}\left(\frac{1}{p_2}-1\right)}. \tag{4-20}$$

Eine isolierte Betrachtung der Summe des primären und des sekundären Anteils ist nicht möglich. Der Grund hierfür liegt in der unterschiedlichen Wirkung der Addition von zwei Summanden und der Addition von deren Kehrwerte. Im Falle der Kombination maximaler PNF $p_{1,\max} = p_{2,\max} = 2$ und damit eines gesamten primären Anteils in Höhe von $\Sigma\Delta p_i = 2$ sowie eines sekundären Anteils in Höhe von $\Delta p_1 I_{1,2} \Delta p_2 = 1$ resultiert eine Summe primären und sekundären Anteils in Höhe von drei. Die Summe der Kehrwerte, also von $^1/_2$ und $^1/_1$, beträgt $^3/_2$. Sowohl die Einzelwerte für den primären und sekundären Anteil als auch deren Summe sind nicht sinnvoll zu erklären. Daher muss nicht nur die Berechnung, sondern auch die logische Interpretation über die Kehrwerte erfolgen. Dieses gewährleistet im Fall II automatisch die Einhaltung der Anforderung einer spiegelbildlichen Modellierung positiver und negativer komplementärer Interaktionen.

Für Kombinationen eines über- und eines unterdurchschnittlichen PNF (Fall III) sollten weder eine positive noch eine negative Interaktion vorliegen. Der GNF berechnet sich in diesen Fällen nach Tabelle 3-11 wie folgt:

$$g = 1 + \Delta p_1 + \Delta p_2 + \Delta p_1 I_{1,2,\mathrm{ver}} \Delta p_2 = p_1 p_2. \tag{4-21}$$

---

[434] Wenn beispielsweise der maximale primäre Anteil der ersten Dimension den der zweiten übersteigt, gilt die Symmetrie nur in dem Wertebereich der primären Anteile von null bis $\Delta p_{2,\max} = \Delta p_1$.

[435] Vgl. die Ausführungen zur Erhebung der Interaktionskoeffizienten in Abschnitt 3.2.2.

Unabhängig von dem erhobenen Interaktionskoeffizienten beträgt der verrechnete Interaktionskoeffizient hier immer $I_{1,2,ver} = 1$. Es handelt sich demzufolge um eine nicht-modifizierte Multiplikation der PNF. Die hieraus resultierenden Produkte weisen wie im multiplikativen Aggregationsmodell eine „Tendenz zur Mitte“ auf. Im Falle eines über- und eines unterdurchschnittlichen PNF, deren relative Bewertung zum Ankerpunkt jeweils den Kehrwert darstellt, beispielsweise PNF $p_{1,j} = 0{,}5$ und $p_{2,j} = 2$, ergibt sich exakt, wie erwartet, der GNF $g_j = 1$ (= 1 – 0,5 + 1 – 0,5). Eine Interpretation des sekundären Anteils, hier in Höhe von -0,5 ist allerdings nicht sinnvoll.[436] Die multiplikative Verknüpfung im GNF-Modell führt damit im Gegensatz zum multiplikativen und multilinearen Aggregationsmodell der „additiven Modellwelt“ der MAUT zu keinen nennenswerten systematischen Abweichungen. So ergeben sich keine fälschlicherweise modellierten positiven und negativen Interaktionen, sondern es ist eine ausgleichende „Tendenz zur Mitte“ zu konstatieren. Damit werden auch im Fall III die Anforderungen einer Modellierung komplementärer Interaktionen erfüllt.

Das GNF-Modell wird insgesamt aufgrund der Aggregationsregeln den Anforderungen zur Modellierung komplementärer Interaktionen in allen drei Fällen gerecht. Eine anschauliche und direkte Interpretation primären und sekundären Anteils ist allerdings nur im Fall I möglich. Im Gegensatz dazu erweisen sich das multiplikative und auch das multilineare Aggregationsmodell aufgrund der fehlenden Abgrenzung von Interaktionsbereichen zur anforderungsgerechten Modellierung komplementärer Interaktionen als nicht geeignet. Daher wird im folgenden Abschnitt nur das GNF-Modell weiter untersucht.

4.1.2.3 Wirkung einer Interaktion auf die Rangfolge einer Alternativenmenge

4.1.2.3.1 Sekundärer Anteil

Neben der anforderungsgerechten, ökonomisch sinnvollen Modellierung komplementärer Interaktionen sind auch die Wirkung des sekundären Anteils auf die Rangfolge der Alternativenmenge und damit die Relevanz der Modellierung von Interaktionen zu untersuchen. Nur wenn es bei einem Vergleich der Rangfolgen von Alternativen bei Interaktionskoeffizienten $I_{1,2} = 0$ und einem angemessenen[437] Interaktionskoeffizienten zu signifikanten

[436] Vgl. die Diskussion hinsichtlich der Formulierung der Aggregationsregel bei Kombinationen über- und unterdurchschnittlicher PNF (Fall III) in Abschnitt 3.3.1.

[437] Der Ausdruck „angemessen“ bezieht sich auf das Verhältnis des maximal möglichen, primären und sekundären Anteils. Wenn der sekundäre Anteil den primären Anteil allzu sehr überwiegt, ist eine Redefinition des Zielsystems zu erwägen, beispielsweise durch eine Zusammenfassung zweier stark interagierender Dimensionen. Vgl. Abschnitt 2.3.3.

Rangverschiebungen kommt, ist eine adäquate quantitative Abbildung komplementärer Interaktionen gewährleistet.[438] Die Überprüfung der Eignung des GNF-Modells hierfür erfolgt zunächst anhand eines zweidimensionalen Zielsystems.

Für beide Dimensionen X_1 und X_2 betragen die minimalen PNF $p_{1,\min} = p_{2,\min} = 0{,}5$ und die maximalen PNF $p_{1,\max} = p_{2,\max} = 2$, sodass ein identischer relativer Einfluss über- und unterdurchschnittlich bewerteter Ausprägungen gewährleistet ist. Jede Alternative bekommt zufallsbasiert[439] in jeder Dimension einen PNF innerhalb der genannten Bandbreite zugewiesen. Für ansteigende Interaktionskoeffizienten nimmt die Spreizung des Entscheidungskriteriums GNF g_j zu. Während bei einem Interaktionskoeffizienten $I_{1,2} = 0$ die GNF g_j zwischen $g_{j,\min} = 0{,}33$ und $g_{j,\max} = 3$ liegen, können bei einem Interaktionskoeffizienten $I_{1,2} = 1$ die GNF g_j zwischen $g_{j,\min} = 0{,}25$ und $g_{j,\max} = 4$ betragen. Jede von zunächst insgesamt zehn Alternativen A_1 bis A_{10} bekommt zufallsbasiert für die erste und die zweite Dimension einen PNF innerhalb der genannten Bandbreite zugewiesen. Exemplarisch sind in Tabelle 4-11 die zufälligen PNF und die GNF g_j für Interaktionskoeffizienten $I_{1,2} = 0$ bis $I_{1,2} = 5$ sowie die daraus resultierenden Rangfolgen der Alternativen A_1 bis A_{10} dargestellt.

	PNF		**$I_{1,2} = 0$**		**$I_{1,2} = 1$**		**$I_{1,2} = 2$**		**$I_{1,2} = 3$**		**$I_{1,2} = 4$**		**$I_{1,2} = 5$**	
	$p_{1,j}$	**$p_{2,j}$**	**g_j**	**Rang**	**g_j**	**Rang**	**g_j**	**Rang**	**g_j**	**Rang**	**g_j**	**Rang**	**g_j**	**Rang**
A_1	1,11	1,70	1,81	**2**	1,89	**3**	1,96	3	2,04	3	2,12	3	2,20	3
A_2	1,74	0,57	0,99	5	0,99	5	0,99	5	0,99	5	0,99	5	0,99	5
A_3	0,57	0,66	0,44	10	0,38	10	0,33	10	0,29	10	0,26	10	0,24	10
A_4	0,76	1,15	0,87	7	0,87	7	0,87	7	0,87	7	0,87	7	0,87	7
A_5	1,52	1,74	2,26	1	2,64	1	3,03	1	3,41	1	3,80	1	4,18	1
A_6	1,40	1,40	1,80	**3**	1,96	**2**	2,12	2	2,28	2	2,44	2	2,60	2
A_7	1,01	1,02	1,03	4	1,03	4	1,03	4	1,03	4	1,03	4	1,03	4
A_8	0,87	0,87	0,77	8	0,76	8	0,74	8	0,73	8	0,72	8	0,71	8
A_9	0,57	0,99	0,57	9	0,56	9	0,56	9	0,56	9	0,56	9	0,55	9
A_{10}	1,85	0,53	0,98	6	0,98	6	0,98	6	0,98	6	0,98	6	0,98	6

Tabelle 4-11: Rangfolge auf Basis des GNF unter Berücksichtigung unterschiedlicher Interaktionskoeffizienten bei zehn Alternativen.

[438] Vgl. Abschnitt 2.3.2.3.4.

[439] Die Generierung der Zufallswerte erfolgt in zwei Schritten. Zunächst wird mithilfe eines Münzwurfs ermittelt, ob der PNF über- oder unterdurchschnittlich ist. Überdurchschnittliche PNF ergeben sich als die Summe des Ankerwerts und einer Zufallszahl zwischen null und eins. Die Werte unterdurchschnittlicher PNF berechnen sich als der Kehrwert der Summe des Ankerwerts und einer Zufallszahl zwischen null und eins. Diese Vorgehensweise gewährleistet eine lineare Verteilung der Zufallswert im Wertebereich von ein halb bis zwei und ein geometrisches Mittel um den globalen Ankerwert $p_{\text{Anker}} = 1$. Es sind alternative Vorgehensweisen der Generierung der Zufallswerte vorstellbar. Allerdings hat sich in Versuchen gezeigt, dass sich die aus den Alternativenmengen abgeleiteten Aussagen nicht grundsätzlich unterscheiden.

Unabhängig von der Höhe der Interaktionskoeffizienten ergibt sich nahezu die gleiche Rangfolge der Alternativen. Die Alternative A_5 liegt beispielsweise jeweils auf dem ersten und die Alternative A_3 jeweils auf dem zehnten Rang. Je ausgewogener die primären Anteile sind, desto relativ stärker wirkt sich im Falle einer positiven komplementären Interaktion der quadratisch wachsende sekundäre Anteil aus. Dies zeigt sich bei Betrachtung der Alternativen A_1 und A_6. Für die ausgewogene Alternative A_6 mit PNF in Höhe von $p_{1,6} = p_{2,6} = 1{,}4$ und für die Alternative A_1 mit PNF in Höhe von $p_{1,1} = 1{,}7$ und $p_{2,1} = 1{,}11$ sowie einem Interaktionskoeffizienten $I_{1,2} = 0$ ergeben sich folgende GNF g_j:

$$g_1(1,7;1,11;0) = 1 + 0,7 + 0,11 = 1,81. \tag{4-22}$$

$$g_6(1,4;1,4;0) = 1 + 0,4 + 0,4 = 1,80. \tag{4-23}$$

Der GNF der Alternative A_1 ist mit $g_1 = 1{,}81$ höher als der GNF der Alternative A_6 in Höhe von $g_6 = 1{,}80$. Im Falle eines Interaktionskoeffizienten $I_{1,2} = 1$ kommt es allerdings zu einer Rangverschiebung der Alternativen A_1 und A_6:

$$g_1(1,7;1,11;1) = 1 + 0,7 + 0,11 + 0,7 \times 0,11 \times 1 = 1,89. \tag{4-24}$$

$$g_6(1,4;1,4;1) = 1 + 0,4 + 0,4 + 0,4 \times 0,4 \times 1 = 1,96. \tag{4-25}$$

Der GNF der Alternative A_6 ist nun mit $g_6 = 1{,}96$ größer als die der Alternative A_1 in Höhe von $g_1 = 1{,}89$. Der Abstand der GNF vergrößert sich mit einem zunehmenden Interaktionskoeffizienten und die Rangverschiebung bleibt demzufolge erhalten. Bei nur zehn zufällig gezogenen Alternativen ist die Wahrscheinlichkeit einer Konstellation, die unter Berücksichtigung des sekundären Anteils zu mehreren Rangverschiebungen führt, relativ gering.

Für eine detailliertere Analyse ist daher eine Erweiterung der Alternativenmenge durchzuführen. Dafür bekommt jede von insgesamt eintausend Alternativen zufallsbasiert für beide Dimensionen einen PNF zwischen $p_{i,\min} = 0{,}5$ und $p_{i,\max} = 2$ zugewiesen. Für die Alternativen A_1 bis A_{10} gelten die Werte aus dem vorherigen Beispiel. In Tabelle 4-12 sind exemplarisch die PNF und die GNF der Alternativen A_1 bis A_{10} sowie deren Rang für Interaktionskoeffizienten $I_{1,2} = 0$ bis $I_{1,2} = 5$ dargestellt.

	PNF		$I_{1,2}=0$		$I_{1,2}=1$		$I_{1,2}=2$		$I_{1,2}=3$		$I_{1,2}=4$		$I_{1,2}=5$	
	$p_{1,j}$	$p_{2,j}$	g_j	Rang	g_j	Rang	g_j	Rang	g_j	Rang	g_j	Rang	g_j	Rang
A_1	1,11	1,70	**1,81**	**149**	**1,89**	**152**	1,96	151	2,04	152	2,12	157	2,20	**157**
A_2	1,74	0,57	0,99	503	0,99	503	0,99	503	0,99	503	0,99	503	0,99	503
A_3	0,57	0,66	0,44	955	0,38	958	0,33	961	0,29	960	0,26	960	0,24	961
A_4	0,76	1,15	0,87	591	0,87	591	0,87	591	0,87	591	0,87	591	0,87	591
A_5	1,52	1,74	2,26	46	2,64	41	3,03	41	3,41	41	3,80	41	4,18	41
A_6	1,40	1,40	**1,80**	**151**	**1,96**	**136**	2,12	131	2,28	128	2,44	124	2,60	**122**
A_7	1,01	1,02	1,03	476	1,03	476	1,03	476	1,03	476	1,03	476	1,03	475
A_8	0,87	0,87	0,77	671	0,76	677	0,74	686	0,73	695	0,72	698	0,71	703
A_9	0,57	0,99	0,57	838	0,56	822	0,56	810	0,56	804	0,56	800	0,55	797
A_{10}	1,85	0,53	0,98	512	0,98	512	0,98	512	0,98	512	0,98	512	0,98	512

Tabelle 4-12: **Rangfolge auf Basis des GNF unter Berücksichtigung unterschiedlicher Interaktionskoeffizienten bei eintausend Alternativen.**

Die Alternative A_6 liegt unter Berücksichtigung eines Interaktionskoeffizienten $I_{1,2}=0$ bei einem GNF $g_6=1{,}80$ auf Rang 151. Die Erhöhung des Interaktionskoeffizienten auf $I_{1,2}=1$ führt zu einem GNF $g_6=1{,}96$ und Rang 136 der Alternativen. Die Alternative A_6 verbessert sich damit um 15 Ränge. Bei einem Interaktionskoeffizienten $I_{1,2}=5$ liegt Alternative A_6 sogar 29 Ränge besser auf Rang 122. Die Alternative A_1 verschlechtert sich hingegen von Rang 149 bei einem Interaktionskoeffizienten $I_{1,2}=0$ auf Rang 157 bei einem Interaktionskoeffizienten $I_{1,2}=5$. Dieses ist auf den relativ stärkeren sekundären Anteil ausgewogener Alternativen wie etwa Alternative A_6 zurückzuführen. Die resultierenden Rangverschiebungen sind für unterschiedliche Interaktionskoeffizienten im Vergleich zu einem Interaktionskoeffizienten in Höhe von $I_{1,2}=0$ in Tabelle 4-13 dargestellt.

	PNF		Interaktionskoeffizient				
	$p_{1,j}$	$p_{2,j}$	$I_{1,2}=1$	$I_{1,2}=2$	$I_{1,2}=3$	$I_{1,2}=4$	$I_{1,2}=5$
A_1	1,11	1,70	-3	-2	-3	-8	-8
A_2	1,74	0,57	0	0	0	0	0
A_3	0,57	0,66	-3	-6	-5	-5	-6
A_4	0,76	1,15	0	0	0	0	0
A_5	1,52	1,74	5	5	5	5	5
A_6	1,40	1,40	15	20	23	27	29
A_7	1,01	1,02	0	0	0	0	1
A_8	0,87	0,87	-6	-15	-24	-27	-32
A_9	0,57	0,99	16	28	34	38	41
A_{10}	1,85	0,53	0	0	0	0	0

Tabelle 4-13: **Rangverschiebungen im Vergleich zu einem Interaktionskoeffizienten in Höhe von $I_{1,2}$=0.**

Die Alternativen A_1 bis A_{10} vermitteln einen guten Eindruck hinsichtlich der Rangverschiebungen in der gesamten Alternativenmenge. Die Alternativen A_2, A_4 und A_{10} aus Fall III weisen in diesem Beispiel keine Rangverschiebungen auf. Die Ursache dafür liegt in den nur geringfügig von dem globalen Ankerwert $g_{j,\text{Anker}} = 1$ abweichenden GNF [$g_2 = 1$, $g_4 = 0{,}87$ sowie $g_{10} = 0{,}97$]. Der sekundäre Anteil ausgewogener Alternativen mit ähnlichem GNF ist aufgrund des quadratisch wachsenden sekundären Anteils sehr gering und führt nur selten zu Rangverschiebungen. Der sekundäre Anteil der Alternative A_7 liegt beispielsweise bei nur dem 0,002-fachen des Interaktionskoeffizienten. Die Alternative A_5 weist einen deutlich höheren sekundären Anteil auf als die Alternative A_6. Dennoch verbessert sich Alternative A_6 mit bis zu 29 Rangverschiebungen stärker als Alternative A_5 mit nur fünf Rangverschiebungen. Der Grund hierfür ist, dass die Alternative A_5 mit Rang 46 bereits relativ weit vorne in der Rangliste platziert ist und daher auch nicht mehr um viele Plätze nach vorne rücken kann.

Für die Beschreibung der Wirkung des sekundären Anteils bei unterschiedlichen Interaktionskoeffizienten auf die Rangfolge der gesamten Alternativenmenge sind die extremen Rangverschiebungen und die mittlere absolute Rangverschiebung, im Vergleich zu dem Interaktionskoeffizienten in Höhe von $I_{1,2} = 0$, hilfreich. Die maximalen Rangverschiebungen nach oben und unten weisen in Dimensionen mit reziproken PNF, wenn also $p_{i,\min}$ dem Kehrwert von $p_{i,\max}$ entspricht, ähnliche Werte auf. Um positive wie negative Rangverschiebungen gleichermaßen zu berücksichtigen, ist daher als Maß für die Wirkung des sekundären Anteils auf die Rangfolge für die gesamte Alternativenmenge in der Spitze die maximale absolute Rangverschiebung geeignet. Die mittlere Rangverschiebung beträgt immer null und ist daher nicht zweckdienlich. Im Gegensatz dazu stellt die mittlere absolute Rangverschiebung ein gut zu interpretierendes Maß für Rangverschiebungen dar. Die maximale absolute und die mittlere absolute Rangverschiebung aller eintausend Alternativen sind in Tabelle 4-14 für die Interaktionskoeffizienten $I_{1,2} = 1$ bis $I_{1,2} = 5$ sowie $I_{1,2} = 100$ dargestellt.

	Interaktionskoeffizient					
	$I_{1,2} = 1$	$I_{1,2} = 2$	$I_{1,2} = 3$	$I_{1,2} = 4$	$I_{1,2} = 5$	$I_{1,2} = 100$
Maximal absolute Rangverschiebung	35	49	64	71	79	150
Mittlere absolute Rangverschiebung	5,03	8,29	10,70	12,44	13,90	27,65

Tabelle 4-14: **Rangverschiebungen in einem zweidimensionalen Zielsystem bei unterschiedlichen Interaktionskoeffizienten.**

Die maximale absolute Rangverschiebung bei einem Interaktionskoeffizienten $I_{1,2} = 1$ liegt bei 35 Rängen im Vergleich zu einem Interaktionskoeffizienten $I_{1,2} = 0$. Mit steigendem Interaktionskoeffizienten nimmt der sekundäre Anteil zu und es ergeben sich wachsende maximale absolute Rangverschiebungen. Im Falle eines Interaktionskoeffizienten $I_{1,2} = 5$ beträgt die maximale absolute Rangverschiebung bereits 79 Ränge. Die Berücksichtigung des sekundären Anteils einer Interaktion führt insofern maximal zu einer Verbesserung in Höhe von 7,9% bezogen auf die Alternativenmenge von eintausend. Im Umkehrschluss bedeutet dies, dass der primäre Anteil den Rang einer Alternative im Wesentlichen determiniert. Selbst bei einem inhaltlich absurden Interaktionskoeffizienten $I_{1,2} = 100$ kommt es nur zu einer maximalen absoluten Rangverschiebung von 150 Rängen.

Die mittlere absolute Rangverschiebung liegt bei einem Interaktionskoeffizienten $I_{1,2} = 5$ bei 13,90. Die Berücksichtigung des sekundären Anteils führt insofern durchschnittlich nur zu geringfügigen Rangverschiebungen in Höhe von 1,39%. Die Rangfolge der Alternativen ist daher in diesem Beispiel im Wesentlichen vom primären Anteil und nicht vom sekundären Anteil abhängig. Dieses Zwischenergebnis stellt die Eignung des GNF-Modells zur expliziten Modellierung komplementärer Interaktionen in einem zweidimensionalen Zielsystem zunächst infrage.

Die Ursache für die verhältnismäßig geringen Rangverschiebungen liegt in der relativ hohen Korrelation der Summe der primären Anteile und des sekundären Anteils in einem zweidimensionalen Zielsystem. Der Korrelationskoeffizient ist ein relatives Maß und gilt unabhängig von den (positiven) Interaktionskoeffizienten für das Zielsystem. In diesem zweidimensionalen Zielsystem beträgt die Korrelation der Summe der primären Anteile und des sekundären Anteils gleich 0,835.[440] Der sekundäre Anteil ist bei der besten Alternative, die sich durch PNF $p_{1,\max} = 2$ und $p_{1,\max} = 2$ auszeichnet, logischerweise am höchsten. Der GNF dieser Alternative steigt unter Berücksichtigung der komplementären Interaktion am meisten an. Da diese Alternative auch ohne Berücksichtigung der komplementären Interaktion bereits auf dem ersten Rang liegt, kann keinesfalls eine Rangverschiebung resultieren. Eine explizite Modellierung komplementärer Interaktionen ist daher nur im Falle einer relativ geringen Korrelation des primären und sekundären Anteils sinnvoll.

---

[440] Die Berechnung der Korrelation erfolgt in drei Schritten. Im ersten Schritt ist die Summe des primären Anteils und im zweiten Schritt der sekundäre Anteil zu ermitteln. Im dritten Schritt ist die Korrelation des primären und sekundären Anteils über tausend Alternativen zu berechnen. Diese Vorgehensweise beinhaltet streng genommen eine modellimmanente systematische Abweichung, da der primäre Anteil nicht symmetrisch um den Ankerwert in Höhe von $g_{\text{Anker}} = 1$ verteilt ist. Der primäre Anteil des PNF $p_i = 1{,}2$ beträgt $\Delta p_i = 0{,}2$, während der primäre Anteil dessen Kehrwerts in Höhe von $p_i = 0{,}833$ nur $\Delta p_i = -0{,}166$ entspricht. Der primäre Anteil überdurchschnittlicher PNF wird damit systematisch relativ stärker gewichtet als von unterdurchschnittlichen PNF. Dieses gewinnt insbesondere in den Mischfällen, dem Zusammentreffen über- und unterdurchschnittlicher PNF, an Bedeutung. Im Falle einer Alternativenmenge, deren Alternativen in allen Dimensionen über- oder unterdurchschnittlich sind, tritt diese Abweichung nicht auf. Der Korrelationskoeffizient liegt im zweidimensionalen Zielsystem mit 0,908 ca. 0,073 höher als bei den zufallsbasierten Alternativenmengen. Auch für drei- und mehrdimensionale Zielsysteme beträgt diese Differenz trotz klarer Veränderungen der Korrelationskoeffizienten jeweils zwischen 0,067 und 0,093. Der Gleichlauf beider Korrelationskoeffizienten für zwei- bis fünfdimensionale Zielsysteme beträgt 0,996. Die aus den Korrelationskoeffizienten abgeleiteten Aussagen sind damit nahezu deckungsgleich. Daher wird die modellimmanente systematische Abweichung in Kauf genommen.

Eine Erweiterung des Zielsystems um eine zusätzliche Dimension reduziert die Korrelation der Summe des primären und des sekundären Anteils, da bei zufallsverteilten PNF im Falle hoher primärer Anteile in den ersten beiden Dimensionen nicht zwangsläufig in weiteren Dimensionen ebenfalls ein primärer Anteil vorliegen muss. Für die folgende Rechnung weisen eine dritte, vierte und fünfte Dimension die gleichen Eigenschaften wie die ersten zwei Dimensionen auf. Um Verzerrungen zu vermeiden, existiert in den Zielsystemen weiterhin nur eine Interaktion zwischen der ersten Dimension X_1 und der zweiten Dimension X_2. In Abbildung 4-6 sind für zwei- bis fünfdimensionale Zielsysteme die maximalen absoluten Rangverschiebungen im Vergleich zu einem Interaktionskoeffizienten $I_{1,2}=0$ für Interaktionskoeffizienten $I_{1,2}=1$ bis $I_{1,2}=5$ grafisch und tabellarisch dargestellt.

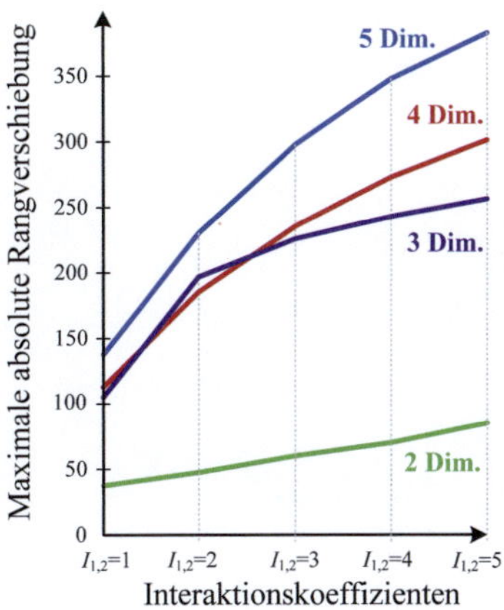

	Interaktionskoeffizient				
	$I_{1,2}=1$	$I_{1,2}=2$	$I_{1,2}=3$	$I_{1,2}=4$	$I_{1,2}=5$
5 Dim.	139	227	297	351	382
4 Dim.	109	181	235	271	301
3 Dim.	114	195	226	242	255
2 Dim.	35	49	64	71	79

Abbildung 4-6: Maximale absolute Rangverschiebung in zwei- bis fünfdimensionalen Zielsystemen.

Der Verlauf der Kurve des zweidimensionalen Zielsystems entspricht den aus Tabelle 4-14 bekannten Werten. Der Unterschied zu den maximalen absoluten Rangverschiebungen eines dreidimensionalen Zielsystems ist signifikant. Die maximale absolute Rangverschiebung ist im Falle eines Interaktionskoeffizienten $I_{1,2}=1$ mit 114 Rängen mehr als dreimal so groß wie im zweidimensionalen Zielsystem. Dieses Verhältnis ist in etwa auch für größere Interaktionskoeffizienten zu konstatieren. Ursächlich für die deutlich höheren maximalen absoluten Rangverschiebungen ist die im Vergleich zum zweidimensionalen Zielsystem klar geringere Korrelation der Summe der (relevanten) primären Anteile und des sekundären Anteils.

Diese beträgt im dreidimensionalen Zielsystem nur 0,677. Bis auf einen Ausreißer[441] bei einem Interaktionskoeffizienten $I_{1,2}=2$ liegen die maximalen absoluten Rangverschiebungen des vierdimensionalen Zielsystems oberhalb denen des dreidimensionalen Zielsystems. Die Korrelation primären und sekundären Anteils liegt im vierdimensionalen Zielsystem bei 0,577 und im fünfdimensionalen Zielsystem sogar nur bei 0,525. Aus diesem Grund verläuft die Kurve der maximalen absoluten Abweichungen des fünfdimensionalen oberhalb des vierdimensionalen Zielsystems. Bei einem Interaktionskoeffizienten $I_{1,2}=5$ ergibt sich in dem fünfdimensionalen Zielsystem eine maximale absolute Rangverschiebung in Höhe von 382. Im Gegensatz zu einem zweidimensionalen Zielsystem determiniert damit der primäre Anteil (der ersten beiden Dimensionen) nicht vorwiegend den Rang einer Alternative.

Neben den maximalen absoluten Rangverschiebungen verändert sich auch die Häufigkeitsverteilung der Rangverschiebungen in Abhängigkeit der Höhe des Interaktionskoeffizienten.

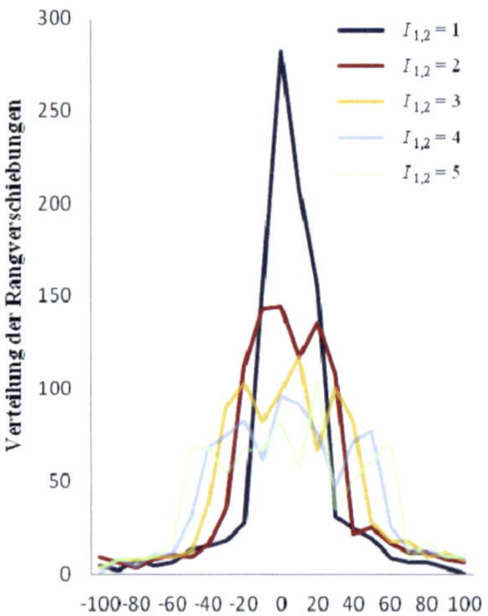

Klasse		Interaktionskoeffizient				
Von	Bis	$I_{1,2}$=1	$I_{1,2}$=2	$I_{1,2}$=3	$I_{1,2}$=4	$I_{1,2}$=5
105	96	4	9	3	1	3
95	86	2	6	7	8	8
85	76	7	3	7	4	8
75	66	4	8	9	11	9
65	56	6	10	9	11	16
55	46	13	9	12	31	67
45	36	15	16	38	69	68
35	26	18	35	90	75	54
25	16	27	112	103	83	66
15	6	156	143	82	62	67
5	-4	282	144	98	96	82
-5	-14	207	117	117	92	57
-15	-24	155	135	66	76	104
-25	-34	31	108	100	47	35
-35	-44	24	21	83	72	50
-45	-54	19	25	28	77	60
-55	-64	8	16	17	25	71
-65	-74	6	11	17	13	8
-75	-84	6	11	9	12	17
-85	-94	3	8	11	10	9
-95	-104	0	6	7	9	10

Abbildung 4-7: Häufigkeitsverteilung absoluter Rangverschiebungen in einem fünfdimensionalen Zielsystem.

441 Dieser Ausreißer zeichnet sich durch sehr geringe PNF in den ersten beiden Dimensionen in Höhe von $p_1=0{,}60$ und $p_2=0{,}53$ aus. Die negative komplementäre Interaktion hat einen relativ starken Einfluss. Der PNF der dritten Dimension ist mit $p_3=1{,}91$ fast maximal und führt zu einer Summe der primären Anteile in Höhe von $\Sigma\,\Delta p_i=0{,}04$ (= -0,4-0,47+0,91). Im dreidimensionalen Zielsystem ist diese jeweils die extreme Alternative, die die maximale absolute Rangverschiebung determiniert. Die Erweiterung des Zielsystems hat zufallsbasiert zu einem vierten PNF in Höhe von $p_4=0{,}52$ geführt. Der gesamte primäre Anteil sinkt daher um 0,48 auf $\Sigma\,\Delta p_i=-0{,}43$ und ist damit unterdurchschnittlich. Die resultierenden Abweichungen unterschiedlicher Interaktionskoeffizienten fallen für diese Alternative geringer aus.

In Abbildung 4-7 ist die Häufigkeitsverteilung absoluter Rangverschiebungen in einem fünfdimensionalen Zielsystem für Rangverschiebungen von -105 bis +104 in 10er Klassen grafisch und tabellarisch dargestellt. Bei einem Interaktionskoeffizienten $I_{1,2}=1$ ergibt sich der höchste und schlankste Pik. Für 645 Alternativen beträgt die absolute Rangverschiebung ±15 Ränge. Bei einer Alternativenmenge von eintausend entspricht dieses ±1,5%. Mit ansteigenden Interaktionskoeffizienten flachen die Verteilungen der Rangverschiebungen ab. Im Falle eines Interaktionskoeffizienten $I_{1,2}=5$ liegen nur noch 206 Alternativen in dem genannten Intervall.

Um die Rangverschiebungen in der Alternativenmenge insgesamt zu beurteilen, sind die mittleren absoluten Rangverschiebungen zu betrachten. Diese sind in Abbildung 4-8 grafisch und tabellarisch dargestellt.

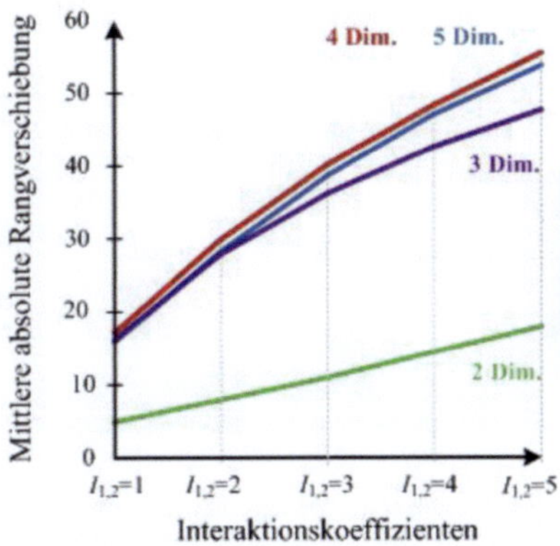

	Interaktionskoeffizient				
	$I_{1,2}=1$	$I_{1,2}=2$	$I_{1,2}=3$	$I_{1,2}=4$	$I_{1,2}=5$
5 Dim.	16,01	28,41	38,74	47,11	53,83
4 Dim.	17,28	30,02	40,20	48,38	55,10
3 Dim.	16,32	28,01	36,22	42,63	47,73
2 Dim.	5,03	8,29	10,70	12,44	13,90

Abbildung 4-8: Mittlere absolute Rangverschiebung in zwei- bis fünfdimensionalen Zielsystemen.

Für einen Interaktionskoeffizienten $I_{1,2}=1$ beträgt die mittlere absolute Rangverschiebung 16,32 und ist damit ca. 3,2fach größer als in einem zweidimensionalen Zielsystem. Die mittlere absolute Rangverschiebung verläuft im dreidimensionalen Zielsystem zwischen 3,2 und 3,5fach höher als im zweidimensionalen Zielsystem. Der Einfluss der Modellierung einer komplementären Interaktion auf die Rangfolge steigt mit der Anzahl der Dimensionen. Die Unterschiede der mittleren absoluten Rangverschiebungen zwischen den mehrdimensionalen Zielsystemen fallen deutlich geringer aus als bei den maximalen absoluten Rangverschiebungen. Grundsätzlich gilt, je mehr Dimensionen, desto höher ist die mittlere absolute Rangverschiebung. Für unterschiedliche zufallsbasierte Alternativenmengen schwanken die mittleren absoluten Rangverschiebungen ungefähr um ±10 Prozent. Aus diesem Grund ist es, wie in diesem Fall, möglich, dass die Kurve des vierdimensionalen oberhalb des fünfdimensionalen Zielsystems verläuft.

Insgesamt ist das GNF-Modell somit zur quantitativ signifikanten Modellierung des sekundären Anteils komplementärer Interaktionen erster Ordnung in der Lage.

4.1.2.3.2 Tertiärer Anteil

Um die Relevanz des tertiären Anteils in Entscheidungssituationen einschätzen zu können, ist zu untersuchen, inwiefern eine explizite Modellierung des tertiären Anteils einer komplementären Interaktion zweiter Ordnung zu Rangverschiebungen führt. Hierfür dienen wieder eintausend Alternativen in drei- bis fünfdimensionalen Zielsystemen mit zufallsbasierten PNF zwischen $p_{i,\min} = 0{,}5$ und $p_{i,\max} = 2$. Die Interaktionskoeffizienten erster Ordnung zwischen den ersten drei Dimensionen betragen null und der Interaktionskoeffizient zweiter Ordnung der ersten drei Dimensionen wird von $I_{1,2,3} = 0$ bis $I_{1,2,3} = 5$ variiert. In Tabelle 4-15 sind die maximalen Rangverschiebungen in drei-, vier- und fünfdimensionalen Zielsystemen dargestellt.

	Interaktionskoeffizient				
	$I_{1,2,3} = 1$	$I_{1,2,3} = 2$	$I_{1,2,3} = 3$	$I_{1,2,3} = 4$	$I_{1,2,3} = 5$
3 Dim.	10	18	23	31	32
4 Dim.	54	91	108	119	127
5 Dim.	42	81	117	141	171

Tabelle 4-15: Maximale absolute Rangverschiebung bei unterschiedlichen tertiären Anteilen.

Die maximale Rangverschiebung beträgt bei einem Interaktionskoeffizienten zweiter Ordnung $I_{1,2,3} = 5$ in einem dreidimensionalen Zielsystem gerade einmal 32 Ränge. Die Ursache dafür liegt in der hohen Korrelation des primären und tertiären Anteils.[442] Die Erweiterung auf ein vier- und ein fünfdimensionales Zielsystem ergeben mit 127 bzw. 171, in Anbetracht der insgesamt eintausend Alternativen, durchaus relevante maximale absolute Rangverschiebungen. Die Normierung der PNF auf den Bereich von $p_{i,\min} = 0{,}5$ bis $p_{i,\max} = 2$ impliziert Beträge des primären Anteils $\Delta p_i < 1$. Daher ist der tertiäre Anteil durchschnittlich geringer als der sekundäre Anteil. Unter Berücksichtigung ausschließlich überdurchschnittlicher PNF[443] ergibt sich im Mittel ein durchschnittlicher sekundärer Anteil in Höhe von 0,25 und ein

[442] In einem dreidimensionalen Zielsystem beträgt die Korrelation der Summe der primären Anteile und des tertiären Anteils 0,595. Mit der Erweiterung des Zielsystems nimmt die Korrelation ab. In einem vierdimensionalen Zielsystem liegt die Korrelation der Summe der primären Anteile und des tertiären Anteils bei 0,500 und in einem fünfdimensionalen Zielsystem bei 0,465.

[443] Diese Prämisse abstrahiert von Alternativen mit über- und unterdurchschnittlichen PNF (Fall III) sowie ausschließlich unterdurchschnittlichen PNF (Fall II), sodass keine Verzerrungen aufgrund der asymmetrischen Verteilung der PNF um den Ankerwert $p_{i,\text{Anker}} = 1$ auftreten. Vgl. auch Fußnote 440.

durchschnittlicher tertiärer Anteil in Höhe von 0,125. Damit der sekundäre und der tertiäre Anteil vergleichbar sind, müssen die Interaktionskoeffizienten zweiter Ordnung ca. doppelt so groß wie die der ersten Ordnung sein. Eine Berücksichtigung insofern erhöhter Interaktionskoeffizienten zweiter Ordnung erhöht die maximalen Rangverschiebungen allerdings nur geringfügig.[444] Dieses gilt auch für die in Tabelle 4-16 dargestellten mittleren absoluten Rangverschiebungen.

	Interaktionskoeffizient				
	$I_{1,2,3} = 1$	$I_{1,2,3} = 2$	$I_{1,2,3} = 3$	$I_{1,2,3} = 4$	$I_{1,2,3} = 5$
3 Dim.	0,79	1,41	1,92	2,30	2,67
4 Dim.	2,55	4,55	6,22	7,74	8,97
5 Dim.	2,69	4,95	6,99	8,79	10,37

Tabelle 4-16: Mittlere absolute Rangverschiebung bei unterschiedlichen tertiären Anteilen.

Im Falle einer Interaktion zweiter Ordnung kommt es allerdings in einem fünfdimensionalen Zielsystem nur zu einer mittleren absoluten Rangverschiebung in Höhe von 10,37. Die maximale Rangverschiebung ist damit ca. 17fach größer als die durchschnittliche Rangverschiebung. Im Falle von Interaktionen erster Ordnung liegt dieses Verhältnis bei ca. sechs. Dieser Unterschied ist auf den Anteil der Alternativen mit Interaktionen erster bzw. zweiter Ordnung bei zufallsbasierten PNF zurückzuführen. Bei Interaktionen erster Ordnung liegt dieser bei 50% und bei Interaktionen zweiter Ordnung bei 25%.[445] In 75% der Fälle liegt damit kein tertiärer Anteil vor, sodass die mittlere Rangverschiebung relativ gering ausfällt. Insgesamt ist das GNF-Modell also prinzipiell auch zur quantitativ signifikanten Modellierung komplementärer Interaktionen zweiter Ordnung in der Lage.

In der „additiven Modellwelt" schlägt VON NITZSCH ein bilineares Aggregationsmodell vor, das im Gegensatz zum multilinearen Aggregationsmodell nur primäre sowie sekundäre Anteile berücksichtigt. Als Begründung führt VON NITZSCH an, dass die Wirkung tertiärer Anteile mithilfe der sekundären Anteile approximiert werden kann.[446] Anhand eines Beispiels wird dargestellt, inwiefern eine Übertragung dieser Argumentation auf das GNF-Modell, in Form des sogenannten bilinearen GNF-Modells, möglich ist.

[444] In dem dreidimensionalen Zielsystem steigen die maximalen absoluten Ränge um ca. 10 an. Die maximalen absoluten Rangverschiebungen erhöhen sich im vier- und im fünfdimensionalen Zielsystem um 30 und 70 Ränge.

[445] Für eine verstärkende Interaktion zweiter Ordnung müssen drei PNF überdurchschnittlich sein. Diese Konstellation hat bei zufallsbasierten, symmetrischen PNF eine Wahrscheinlichkeit in Höhe von 12,5%.

[446] Vgl. hier zu auch Abschnitt 2.2.3.3.

In dem bereits bekannten fünfdimensionalen Zielsystem mit eintausend Alternativen liegt eine tertiäre Interaktion zwischen den Dimensionen X_1, X_2 und X_3 vor. Der Interaktionskoeffizient zweiter Ordnung beträgt $I_{1,2,3}=4$. Für unterschiedliche Interaktionskoeffizienten $I_{1,2}=I_{1,3}=I_{2,3}$ sind in Tabelle 4-17 die maximalen und mittleren absoluten Rangverschiebungen dargestellt.

	Interaktionskoeffizient $I_{1,2}=I_{1,3}=I_{2,3}$							
	0	**0,1**	**0,2**	**0,3**	**0,4**	**0,5**	**0,6**	**0,7**
Maximale absolute Rangverschiebung	141	122	103	88	78	89	102	115
Mittlere absolute Rangverschiebung	8,79	8,582	9,48	10,74	12,46	14,31	16,5	18,67

Tabelle 4-17: Maximale und mittlere absolute Rangverschiebung bei der Substitution des tertiären Anteils durch sekundäre Anteile in einem fünfdimensionalen Zielsystem.

Für steigende Interaktionskoeffizienten $I_{1,2}=I_{1,3}=I_{2,3}$ fallen die maximalen absoluten Rangverschiebungen zunächst. Der minimale Wert der maximalen absoluten Rangverschiebungen liegt bei Interaktionskoeffizienten in Höhe von $I_{1,2}=I_{1,3}=I_{2,3}=0{,}4$ bei 78. Dieser Wert ist deutlich geringer als ohne Berücksichtigung sekundärer Anteile mit einer maximalen absoluten Rangverschiebung in Höhe von 141. Dieses ist auf die relativ hohe Korrelation sekundären und tertiären Anteils in Höhe von 0,775[447] zurückzuführen. Wenn die Interaktionskoeffizienten $I_{1,2}=I_{1,3}=I_{2,3}=0$ betragen, resultiert eine geringe mittlere absolute Rangverschiebung. Für steigende Interaktionskoeffizienten erster Ordnung erhöhen sich die mittleren absoluten Rangverschiebungen.[448] Für Interaktionskoeffizienten $I_{1,2}=I_{1,3}=I_{2,3}=0{,}4$ liegt die mittlere absolute Rangverschiebung um 3,67 oberhalb der Betrachtung ohne sekundären Anteil, das entspricht bei eintausend Alternativen 0,367‰. Diese Entwicklung widerspricht zunächst der Möglichkeit der Approximation tertiären Anteils mittels sekundärer Anteile. Der Effekt der fast marginalen Erhöhung der mittleren absoluten Rangverschiebung wird durch die Reduktion der maximalen Rangverschiebung von 141 auf 80 unter Berücksichtigung sekundärer Anteile überkompensiert. Eine Modellierung tertiärer Anteile ist im GNF-Modell zwar möglich, aber nicht unbedingt erforderlich. Um die Komplexität und den Erhebungsaufwand in Grenzen zu halten, kann das bilineare GNF-Modell, das ausschließlich auf primäre und sekundäre Anteile abstellt, ohne großen Informationsverlust eingesetzt werden.

[447] Die Vorgehensweise der Berechnung der Korrelation des primären und des tertiären Anteils entspricht der für die Berechnung der Korrelation primären und sekundären Anteils. Vgl. Fußnote 440.

[448] In diesem Beispiel liegt die mittlere absolute Rangverschiebung für Interaktionskoeffizienten in Höhe von $I_{1,2}=I_{1,3}=I_{2,3}=0{,}1$ unterhalb derer für Interaktionskoeffizienten in Höhe von $I_{1,2}=I_{1,3}=I_{2,3}=0$. Dieses Ergebnis ist nicht systematisch und auf eine zufällige Konstellation zurückzuführen.

4.1.2.4 Zwischenfazit

Für die Modellierung komplementärer Interaktionen sind in partiell präferenzabhängigen Zielsystemen primäre und sekundäre Anteile abzubilden. Die Grundidee des GNF-Modells besteht gerade in der ökonomischen Interpretation der Summanden der Taylorreihe als primärer und sekundärer Anteil in partiell präferenzabhängigen Zielsystemen. Während der primäre Anteil in allen betrachteten Modellen Berücksichtigung findet, ist dieses beim sekundären Anteil nicht der Fall. Das additive Aggregationsmodell ist gar nicht zur Darstellung des sekundären Anteils in der Lage. Das multiplikative und das multilineare Aggregationsmodell sehen eine Möglichkeit zur Modellierung des sekundären Anteils vor. Allerdings impliziert das multiplikative Aggregationsmodell das Vorhandensein aller möglichen Interaktionen im Zielsystem in gleichem Ausmaß. Nur das in der Praxis nahezu nicht eingesetzte multilineare Aggregationsmodell ermöglicht eine differenzierte Berücksichtigung von Interaktionen in einem partiell präferenzabhängigen Zielsystem.

Die Aggregationsregeln gewähren, dass das GNF-Modell den Anforderungen zur Modellierung komplementärer Interaktionen in allen drei Fällen gerecht wird. Allerdings ist nur im Fall I eine direkte Interpretation primären und sekundären Anteils möglich. Sowohl das multiplikative als auch das multilineare Aggregationsmodell erweisen sich im Gegensatz dazu aufgrund der fehlenden Abgrenzung von Interaktionsbereichen zur anforderungsgerechten Modellierung komplementärer Interaktionen als nicht geeignet. Darüber hinaus erlaubt das GNF-Modell auch eine quantitativ signifikante Modellierung sowohl des sekundären Anteils komplementärer Interaktionen erster Ordnung als auch des tertiären Anteils komplementärer Interaktionen zweiter Ordnung. Damit ist das GNF-Modell allen Aggregationsmodellen der „additiven Modellwelt“ der MAUT hinsichtlich der Modellierung von Interaktionen eindeutig konzeptionell überlegen.

4.2 Modelleigenschaften

Da noch nahezu keine Erfahrungen hinsichtlich des GNF-Modells in der Praxis vorliegen, muss im Rahmen dieser Gegenüberstellung der „additiven“ und der „multipliktiven Modellwelt“ auf theoretisch herleitbare Modelleigenschaften zurückgegriffen werden. Dafür werden die Aussagekraft und die Implikationen der Modellkonzeptionen mit Zahlenbeispielen fundiert und gegenübergestellt. Mögliche Probleme in der Anwendung werden anhand des Beispiels der Personalauswahl eines Unternehmens verdeutlicht. Darüber hinaus ist auch die

Einsetzbarkeit der Modelle in präferenzunabhängigen, partiell präferenzabhängigen, partiell präferenzunabhängigen und präferenzabhängigen Zielsystemen zu untersuchen.

4.2.1 Eigenschaften des Entscheidungskriteriums

Das Entscheidungskriterium ist in der „additiven Modellwelt“ der MAUT die abstrakte und dimensionslose Größe Nutzen.[449] Die in die Nutzenberechnung eingehenden Wertfunktionen können messbar oder nicht-messbar sein. Die resultierenden Nutzwerte sind nicht-messbar, sofern nicht alle eingehenden Wertfunktionen messbar sind.[450] Die ökonomische Interpretation des Nutzens ist wesentlich davon abhängig, ob die Nutzenfunktion messbar oder nicht-messbar ist.

Nicht-messbare Nutzenfunktionen eignen sich nur, um eine Alternativenmenge in eine Reihenfolge zu bringen. Der dimensionslose Nutzen bietet keine absoluten Interpretationsmöglichkeiten.[451] Der nutzenmaximierende Entscheidungsträger wählt die Alternative mit dem höchsten Nutzwert.[452] Der Vergleich von Alternativen erfolgt direkt mithilfe des Nutzwerts, wobei sich unterschiedliche Ausprägungen kompensieren können. Im Falle von nichtmessbaren Wertfunktionen gibt die Differenz der Nutzwerte zweier Alternativen aufgrund des rein ordinalen Charakters des Nutzwerts keine Auskunft über die Intensität der Präferenz und damit, um wie viel die eine Alternative besser ist als die andere.[453] Als Bezugspunkte für eine Interpretation können die beste und die schlechteste Alternative fungieren. Die betrachtete Alternative ist mehr oder weniger entfernt von diesen Extremen. Eine zusätzliche Orientierung kann eine durchschnittliche Alternative geben. Die betrachtete Alternative ist dementsprechend besser oder schlechter als der Durchschnitt.

Im Falle von **messbaren** Nutzenfunktionen liegt ein kardinales Skalenniveau vor und es ist eine Interpretation von Nutzendifferenzen als Maß für die unterschiedliche Präferenzstärke zulässig.[454] Die globale Vorziehungswürdigkeit einer Alternative mit einem Nutzwert in Höhe von $N_j = 0{,}5$ gegenüber einer Alternative mit einem Nutzwert in Höhe von $N_j = 0{,}3$ ist demzu-

[449] OESTERDIEKHOFF verwendet synonym den Begriff Nutzenindex. Vgl. Oesterdiekhoff (1993), S. 23 f.

[450] Vgl. Abschnitt 2.1.4.

[451] Vgl. Beyer (2006), S. 292.

[452] Vgl. Abschnitt 2.1.4. und von Nitzsch (1992), S. 22.

[453] Vgl. Lillich (1992), S. 2.

[454] Vgl. Dyer und Sarin (1979), S. 810 ff.; Dyer (2005), S. 269 f.; Lillich (1992), S. 3. Eine formale Bedingung für das Vorliegen einer kardinalen Nutzenfunktion findet sich bei KLEIN und SCHOLL. Vgl. Klein und Scholl (2004), S. 94. SCHNEEWEIß bietet eine prägnante Darstellung nominalen, ordinalen und kardinalen Skalenniveaus. Vgl. Schneeweiß (1991), S. 40 ff.

folge genauso groß wie zwischen einer Alternative mit einem Nutzwert in Höhe von $N_j = 0{,}8$ und einer mit $N_j = 0{,}6$. Eine relative Aussage, inwieweit (um welchen Faktor) eine Alternative besser ist als eine andere, ist allerdings aufgrund der, auf das Intervall von null bis eins normierten, Wertfunktionen nicht möglich, da eine mit $N_j = 0$ bewertete Alternative nicht unendlich schlechter als die anderen Alternativen sein kann.

Im GNF-Modell dient hingegen der dimensionslose GNF als Präferenzfunktional. Dieses ermöglicht ebenso wie der Nutzwert in der „additiven Modellwelt“ der MAUT, Alternativen in eine Rangfolge zu bringen. In einer Entscheidungssituation wählt der Entscheidungsträger die Alternative mit dem höchsten GNF. Entscheidungsträger handeln in der „multiplikativen Modellwelt“ der MAUT damit als GNF-Maximierer. Im Gegensatz zur „additiven Modellwelt“ der MAUT erfolgt im GNF-Modell kein Vergleich gewichteter Bewertungen der Ausprägungen von Alternativen, sondern eine zum globalen Ankerpunkt relative Bewertung. Der GNF einer Alternative gibt damit darüber Auskunft, um welchen Faktor die Alternative besser als die durch den globalen Ankerpunkt gekennzeichnete Referenzalternative bewertet wird. Die Gegenüberstellung zweier Alternativen basiert insofern immer auf dem relativen Vergleich zweier Alternativen zum globalen Ankerpunkt, wie folgendes Beispiel veranschaulicht.

Die Alternative A_1 weist einen GNF in Höhe von $g_1 = 3g_{\text{Anker}}$ auf. Der Entscheidungsträger bewertet demzufolge Alternative A_1 dreimal so hoch wie die mit $g_{\text{Anker}} = 1$ bewertete Referenzalternative des globalen Ankerpunkts. Analoges gilt für die Alternative A_2 mit einem GNF in Höhe von $g_2 = 2g_{\text{Anker}}$. Die Bewertung beider Alternativen erfolgt also relativ, bezogen auf denselben Referenzwert g_{Anker}. Dies erlaubt einen Vergleich beider Alternativen. Die Alternative A_1 ist aufgrund der relativ besseren Position gegenüber dem globalen Ankerpunkt der Alternative A_2 vorzuziehen. Die Verfahren der „additiven Modellwelt“ der MAUT erlauben nur kardinale Aussagen hinsichtlich des Unterschieds des Nutzens zweier Alternativen. Die Aussagekraft des GNF-Modells hinsichtlich des Ausmaßes der globalen Vorziehungswürdigkeit von Alternativen ist zu untersuchen. Das Beispiel liefert aufgelöst nach g_{Anker}:

$$\frac{1}{3} g_1 = g_{\text{Anker}} = \frac{1}{2} g_2 \qquad \textbf{(4-26)}$$

und daraus ergibt sich unmittelbar

$$g_1 = \frac{3}{2} g_2 \text{ oder } g_2 = \frac{2}{3} g_1. \qquad \textbf{(4-27)}$$

Demnach ist der aus Alternative A_1 resultierende GNF anderthalb Mal so groß wie der aus Alternative A_2 resultierende, oder, damit äquivalent, der aus Alternative A_2 resultierende GNF beträgt zwei Drittel des aus Alternative A_1 resultierenden GNF. Ebenso wie der Nutzwert der Aggregationsmodelle aus der „additiven Modellwelt“ der MAUT besitzt der dimensionslose GNF keine absolute Aussagekraft. Die Abstände zwischen zwei Alternativen sind allerdings inhaltlich interpretierbar.

4.2.2 Kontext(un)abhängige Gewichte

Im additiven Aggregationsmodell berechnet sich der Gesamtnutzen als gewichtete Summe der dimensionsspezifischen Nutzwerte. Das Gewicht einer Dimension repräsentiert die lokale Austauschrate zwischen den Dimensionen.[455] Die Variation einer bewerteten Ausprägung ergibt unabhängig von den bewerteten Ausprägungen der anderen Dimensionen die gleiche Veränderung im Gesamtnutzen.[456] Additive Aggregationsmodelle operationalisieren die Artenpräferenz, wie in Abschnitt 2.2.3.2.2 dargestellt, eindimensional. Allgemein berechnen sich die partiellen Ableitungen nach den Einzelpräferenzfunktionen wie folgt:

$$N_j = w_1 v_{1,j} + w_2 v_{2,j} + w_3 v_{3,j}.$$
$$\frac{\partial N_j}{\partial v_{1,j}} = w_1, \frac{\partial N_j}{\partial v_{2,j}} = w_2 \text{ und } \frac{\partial N_j}{\partial v_{3,j}} = w_3. \tag{4-28}$$

Exemplarisch ergeben sich folgende partielle Ableitungen:

$$N_j = 0,5 v_{1,j} + 0,3 v_{2,j} + 0,2 v_{3,j}.$$
$$\frac{\partial N_j}{\partial v_{1,j}} = 0,5, \quad \frac{\partial N_j}{\partial v_{2,j}} = 0,3 \quad \text{und} \quad \frac{\partial N_j}{\partial v_{3,j}} = 0,2. \tag{4-29}$$

Das Gewicht der ersten Dimension beträgt unabhängig von der Ausprägung immer genau $w_1 = 0,5$. Die erste partielle Ableitung der additiven Nutzenfunktion nach den einzelnen Dimensionen ergibt daher kontextunabhängige Gewichte, sodass die lokale Austauschrate für die einzelnen Dimensionen einer globalen Austauschrate entspricht.[457] Nach KEENEY und RAIFFA liegt ein absoluter Spezialfall vor, wenn die lokale und die globale Austauschrate

[455] Vgl. Keeney und Raiffa (1976), S. 85 ff. verwenden die Begriffe „local“ und „global substitution rate“.

[456] Vgl. Klein und Scholl (2004), S. 103; von Nitzsch (1992), S. 61.

[457] von Winterfeldt und Edwards (1986), S. 293.

identisch sind.[458] Das Vorliegen kontextunabhängiger Gewichte impliziert Kompensierbarkeit, derzufolge der ursprüngliche Gesamtnutzen bei einer Verschlechterung einer Ausprägung durch die Verbesserung einer anderen Ausprägung wiederhergestellt werden kann.[459] In Abbildung 4-9 sind die Nutzwerte der einzelnen Dimensionen für Ausprägungen der Wertfunktionen von $v_{i,\min} = 0$ bis $v_{i,\max} = 1$ dargestellt, wobei die oben berechneten Ableitungen der Steigung der Kurven entsprechen.

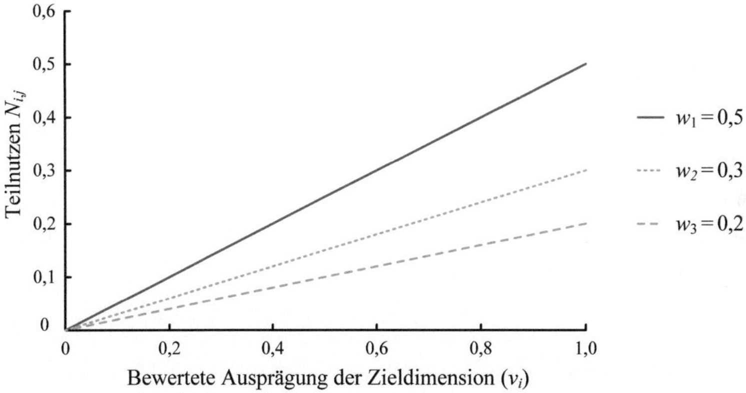

Abbildung 4-9: Kontextunabhängige Gewichte im additiven Aggregationsmodell der MAUT.

Da die lokalen den globalen Austauschraten entsprechen, verlaufen die Kurven jeweils linear. Die Konsequenzen kontextunabhängiger Gewichte in Entscheidungssituationen zeigt folgendes Beispiel:

Die Dimensionen *Kosten* (X_1), *Zeit* (X_2), und *Qualität* (X_3), beschreiben die Performance eines Prozesses. Die Ist-Situation ist definiert durch Ausprägungen in allen Dimensionen. Das Zielsystem wird mithilfe eines additiven Aggregationsmodells abgebildet und die Modellparameter sind bekannt. Es stehen drei sich gegenseitig ausschließende Alternativen mit unterschiedlichen Wirkungen auf die Ausprägungen zur Wahl. Alternative A_1 verbessert die Ausprägung der Kostendimension, Alternative A_2 die Ausprägung der Zeitdimension und Alternative A_3 die Ausprägung der Qualitätsdimension. Das Ausmaß der Veränderung der Werte Δv_i aller Alternativen ist identisch und beträgt beispielsweise $\Delta v_i = +0,2$. Für die Situationen I und II, die sich in den PNF der drei Dimensionen unterscheiden, ergeben sich exemplarisch die in Tabelle 4-19 dargestellten Veränderungen des Nutzens ΔN_j.

---

[458] Vgl. Keeney und Raiffa (1976), S. 85 ff.

[459] Vgl. Klein und Scholl (2004), S. 104 und Abschnitt 2.2.3.2.

	Situation I			Situation II		
Alternative	$v_1=0{,}1$	$v_2=0{,}4$	$v_3=0{,}8$	$v_1=0{,}7$	$v_2=0{,}5$	$v_3=0{,}1$
A_1: $\Delta v_1=+0{,}2$	$\Delta N_j=0{,}5\times 0{,}2=\mathbf{0{,}10}$			$\Delta N_j=0{,}5\times 0{,}2=\mathbf{0{,}10}$		
A_2: $\Delta v_2=+0{,}2$	$\Delta N_j=0{,}3\times 0{,}2=0{,}06$			$\Delta N_j=0{,}3\times 0{,}2=0{,}06$		
A_3: $\Delta v_3=+0{,}2$	$\Delta N_j=0{,}2\times 0{,}2=0{,}04$			$\Delta N_j=0{,}2\times 0{,}2=0{,}04$		

Tabelle 4-18: Alternativenauswahl unter Berücksichtigung unterschiedlicher Ist-Situationen im additiven Aggregationsmodell.

Der nutzenmaximierende Entscheidungsträger wählt unabhängig von der Ist-Situation jeweils die Alternative mit dem höchsten Zielgewicht. Der Hebel der unterschiedlichen Dimensionen ist im gesamten Zielsystem gleich, da die lokale der globalen Austauschrate entspricht.

Im GNF-Modell berechnen sich die partiellen Ableitungen für ein dreidimensionales Zielsystem folgendermaßen:

$$g_j = 1+(p_1-1)+(p_2-1)+(p_3-1)+(p_1-1)I_{1,2}(p_2-1)+(p_2-1)I_{2,3}(p_3-1) \\ +(p_1-1)I_{1,3}(p_3-1)+(p_1-1)(p_2-1)I_{1,2,3}(p_3-1). \quad \textbf{(4-30)}$$

$$\frac{\partial g_j}{\partial p_{1,j}} = 1+I_{1,2}\left(p_{2,j}-1\right)+I_{1,3}\left(p_{3,j}-1\right)+\left(p_{2,j}-1\right)I_{1,2,3}\left(p_{3,j}-1\right). \quad \textbf{(4-31)}$$

$$\frac{\partial g_j}{p_{2,j}} = 1+I_{1,2}\left(p_{1,j}-1\right)+I_{2,3}\left(p_{3,j}-1\right)+\left(p_{1,j}-1\right)I_{1,2,3}\left(p_{3,j}-1\right). \quad \textbf{(4-32)}$$

$$\frac{\partial g_j}{p_{3,j}} = 1+I_{1,3}\left(p_{1,j}-1\right)+I_{2,3}\left(p_{2,j}-1\right)+\left(p_{1,j}-1\right)I_{1,2,3}\left(p_{2,j}-1\right). \quad \textbf{(4-33)}$$

Beispielsweise ergeben sich für PNF $p_{1,j}=1{,}2$, $p_{2,j}=1{,}4$ und $p_{3,j}=1{,}6$ sowie Interaktionskoeffizienten in Höhe von $I_{1,2}=I_{1,3}=I_{2,3}=I_{1,2,3}=1$ folgende partiellen Ableitungen:

$$\frac{\partial g_j}{p_{1,j}} = 1+(1{,}4-1)+(1{,}6-1)+(1{,}4-1)(1{,}6-1)=1{,}4\times 1{,}6=2{,}24. \quad \textbf{(4-34)}$$

$$\frac{\partial g_j}{p_{2,j}} = 1+(1{,}2-1)+(1{,}6-1)+(1{,}2-1)(1{,}6-1)=1{,}2\times 1{,}6=1{,}92. \quad \textbf{(4-35)}$$

$$\frac{\partial g_j}{p_{3,j}} = 1+(1{,}2-1)+(1{,}4-1)+(1{,}2-1)(1{,}4-1)=1{,}2\times 1{,}4=1{,}68. \quad \textbf{(4-36)}$$

Die Kompensierbarkeit der Verschlechterung einer Ausprägung durch die Verbesserung einer anderen Ausprägung ist in einem gewissen Umfang gegeben. Die dafür erforderliche Austauschrate ist allerdings von der Höhe der PNF abhängig. Es ist möglich, die partiellen Ableitungen als Funktion der möglichen PNF grafisch in einem dreidimensionalen Koordinatensystem abzubilden. Die PNF der beiden Dimensionen entsprechen in Abbildung 4-10 der x- und der y-Achse und die partielle Ableitung der z-Achse.

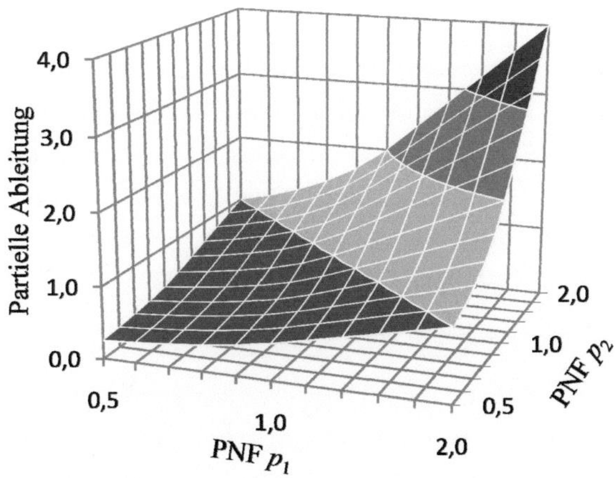

Abbildung 4-10: Partielle Ableitungen im GNF-Modell.

Das Vorliegen kontextabhängiger, partieller Ableitungen hat Konsequenzen in Entscheidungssituationen. Dieses sei wieder anhand des Beispiels der Performance eines Prozesses erläutert.

Das Ausmaß der Veränderung der PNF aller Alternativen ist identisch und beträgt beispielsweise $\Delta p_i = +0{,}2$. Für die Situationen I und II, die sich in den überdurchschnittlichen PNF der drei Dimensionen unterscheiden, ergeben sich exemplarisch die in Tabelle 4-19 dargestellten Veränderungen des GNF Δg_j.

	Situation I			**Situation II**		
Alternative	$p_1 = 1{,}2$	$p_2 = 1{,}4$	$p_3 = 1{,}6$	$p_1 = 1{,}7$	$p_2 = 1{,}5$	$p_3 = 1{,}1$
$\boldsymbol{A_1}$**:** $\boldsymbol{\Delta p_1 = +0{,}2}$	$\Delta g_j = 0{,}2 \times (1{,}4 \times 1{,}6) = \mathbf{0{,}448}$			$\Delta g_j = 0{,}2 \times (1{,}5 \times 1{,}1) = 0{,}330$		
$\boldsymbol{A_2}$**:** $\boldsymbol{\Delta p_2 = +0{,}2}$	$\Delta g_j = 0{,}2 \times (1{,}2 \times 1{,}6) = 0{,}384$			$\Delta g_j = 0{,}2 \times (1{,}7 \times 1{,}1) = 0{,}374$		
$\boldsymbol{A_3}$**:** $\boldsymbol{\Delta p_3 = +0{,}2}$	$\Delta g_j = 0{,}2 \times (1{,}2 \times 1{,}4) = 0{,}336$			$\Delta g_j = 0{,}2 \times (1{,}7 \times 1{,}5) = \mathbf{0{,}510}$		

Tabelle 4-19: Alternativenauswahl unter Berücksichtigung unterschiedlicher Ist-Situationen im GNF-Modell.

Während in der Situation I die Alternative A_1 das größte Wachstum des GNF impliziert, ist dieses in der Situation II bei der Alternative A_3 der Fall. In Abhängigkeit der Lage der Ist-Situation kann es sich dabei um unterschiedliche Alternativen handeln. Die Entscheidung eines nutzenmaximierenden Entscheidungsträgers ist auf Basis eines additiven Aggregationsmodells damit unabhängig von der Ist-Situation. Im Gegensatz dazu ist die Entscheidung eines nutzenmaximierenden Entscheidungsträgers auf der Basis eines GNF-Modells abhängig von der Ist-Situation.

Im Rahmen der „additiven Modellwelt“ der MAUT haben die Gewichte der Dimensionen (Artenpräferenz) einen statischen Charakter und sind unabhängig von den Ausprägungen. Die erste partielle Ableitung ist für jede Dimension konstant. Die Höhe der anderen Ausprägungen tangiert damit nicht die Bewertung einer Alternative, die die Ausprägung in einer Dimension verändert. Im GNF-Modell ist die erste Ableitung hingegen abhängig von den Ausprägungen der anderen Dimensionen.

4.2.3 Höhen- und Artenpräferenz vs. logarithmierte PNF

Die PNF dienen im GNF-Modell der Erhebung der Präferenzen einzelner Dimensionen. Im Gegensatz zu den Verfahren der „additiven Modellwelt“ der MAUT erfolgt keine explizite Unterscheidung in Höhen- und Artenpräferenz. Im eindimensionalen Zielsystem basiert dort die Rangfolge der Alternativen ausschließlich auf der Höhenpräferenz. Eine Gewichtung mehrerer Dimensionen ist nicht erforderlich.[460] In eindimensionalen Zielsystemen führen PNF und Höhenpräferenzen unabhängig von der Erhebungsweise immer zur gleichen Rangfolge.

Es ist in eindimensionalen Zielsystemen möglich, PNF mithilfe einer logarithmischen Transformation auf das Intervall von null bis eins zu übertragen und im gleichen Wertebereich wie die Nutzwerte abzubilden. Dazu ist die Kenntnis des minimalen PNF $p_{i,\min}$ und des maximalen PNF $p_{i,\max}$ notwendig. Der logarithmierte Wert $v_{i,j,\log}$ des zu transformierenden PNF $p_{i,j}$ ist gegeben durch:[461]

$$v_{i,j,\log} = \frac{\ln\left(p_{i,j}\right) - \ln\left(p_{i,\min}\right)}{\ln\left(p_{i,\max}\right) - \ln\left(p_{i,\min}\right)} 100\%. \tag{4-37}$$

[460] Vgl. die Definition der Artenpräferenz in Abschnitt 2.2.3.2.2.

[461] Der Index „log“ verdeutlicht, dass es sich nicht um eine Einzelpräferenz v_i aus der „additiven Modellwelt“ der MAUT, sondern einen logarithmisch transformierten PNF p_i handelt.

Für einen PNF $p_{i,j} = 1{,}4$ und einen minimalen PNF $p_{i,\min} = 0{,}5$ sowie einem maximalen PNF $p_{i,\max} = 2$ ergibt sich folgender Wert $v_{i,j,\log}$:

$$v_{i,j,\log} = \frac{\ln(1,4) - \ln(0,5)}{\ln(2) - \ln(0,5)} 100\% = 74,27\%. \tag{4-38}$$

Die logarithmische Transformation überführt einen PNF in Höhe von $p_{i,j} = 1{,}4$ in einen Wert in Höhe von $v_{i,j,\log} = 74{,}27\%$. Abbildung 4-11 zeigt die Werte für den gesamten Verlauf des PNF grafisch und tabellarisch:

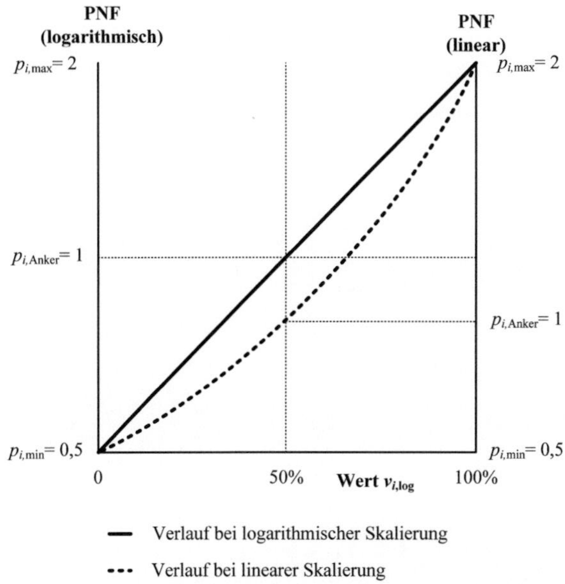

PNF p_1	Wert $v_{1,\log}$
0,50	0,00%
0,56	7,60%
0,63	16,10%
0,71	25,73%
0,83	36,85%
1,00	50,00%
1,20	63,15%
1,40	74,27%
1,60	83,90%
1,80	92,40%
2,00	100,00%

Abbildung 4-11: Logarithmische Transformation eines PNF in eine Höhenpräferenz.

Die logarithmisch aus den PNF transformierten Werte $v_{i,\log}$ ergeben eine Gerade bei einer logarithmischen Skalierung der Ordinate und eine darunter verlaufende Kurve bei einer linearen Skalierung der Ordinate.[462]

Während die logarithmische Transformation eines PNF zu einer Einzelpräferenzfunktion im Intervall von null bis eins ohne Weiteres funktioniert, sind für den umgekehrten Vorgang, eine eindeutige, exponentielle Transformation einer Einzelpräferenzfunktion v_i in PNF $p_{i,\exp}$,

[462] In Abschnitt 3.2.1.4 wird die Eignung unterschiedlicher Skalierungen von Abszisse und Ordinate diskutiert.

zunächst der minimale PNF $p_{i,\min}$ und maximale PNF $p_{i,\max}$ zu erheben.[463] Durch eine einfache Umstellung von Formel (4-37) ergibt sich:

$$\begin{aligned} \ln p_i &= v_{i,\log}(\ln p_{i,\max} - \ln p_{i,\min}) + \ln p_{i,\min} \\ &= \ln\left(\left(\frac{p_{i,\max}}{p_{i,\min}}\right)^{v_{i,\log}} p_{i,\min}\right), \end{aligned} \quad \textbf{(4-39)}$$

daraus folgt:

$$p_{i,\exp} = \left(\frac{p_{i,\max}}{p_{i,\min}}\right)^{v_{i,\log}} p_{i,\min},\ v_i \in [0,1]. \quad \textbf{(4-40)}$$

Die exponentiell transformierten PNF $p_{i,\exp}$ berechnen sich für die minimal, die durchschnittlich und die maximal bewertete Ausprägung v_i folgendermaßen:

Für $v_{i,\log} = 0 \Rightarrow p_{i,\exp} = \left(\frac{p_{i,\max}}{p_{i,\min}}\right)^0 \quad p_{i,\exp} = p_{i,\min}$,

für $v_{i,\log} = 0{,}5 \Rightarrow p_{i,\exp} = \left(\frac{p_{i,\max}}{p_{i,\min}}\right)^{1/2} \quad p_{i,\exp} = \sqrt{p_{i,\max}\, p_{i,\min}}$ und

für $v_{i,\log} = 1 \Rightarrow p_{i,\exp} = \left(\frac{p_{i,\max}}{p_{i,\min}}\right)^1 \quad p_{i,\exp} = p_{i,\max}$.

In Tabelle 4-20 sind die vier Verläufe für maximale PNF in Höhe von $p_{i,\max} = 2$ und $p_{i,\max} = 3$ sowie für minimale PNF in Höhe von $p_{i,\min} = 0{,}5$ und $p_{i,\min} = 0{,}33$ dargestellt.

Wert v_i	PNF $p_{1,\exp}$	PNF $p_{2,\exp}$	PNF $p_{3,\exp}$	PNF $p_{4,\exp}$
0%	0,50	0,33	0,50	0,33
10%	0,57	0,42	0,60	0,40
20%	0,66	0,52	0,72	0,48
30%	0,76	0,64	0,86	0,57
40%	0,87	0,80	1,02	0,68
50%	1,00	1,00	1,22	0,82
60%	1,15	1,25	1,47	0,98
70%	1,32	1,55	1,75	1,17
80%	1,52	1,93	2,10	1,40
90%	1,74	2,41	2,51	1,67
100%	2,00	3,00	3,00	2,00

Tabelle 4-20: Exponentielle Transformation einer Höhenpräferenz in alternative PNF.

463 Vgl. den dritten Schritt der Vorgehensweise der Erhebung von PNF im GNF-Modell in Abschnitt 3.2.1.2. Der Index „exp“ verdeutlicht, dass es sich nicht einen PNF p_i, sondern einen exponiert transformierten Wert v_i handelt.

Wenn der minimale PNF $p_{i,\min,\exp}$ dem Kehrwert des maximalen PNF $p_{i,\max,\exp}$ entspricht, dann folgt, dass $\exp(v_{i,\min}) = \exp(v_{i,\max})^{-1}$ gilt.[464] Für den Wert $v_i = 50\%$ ergibt sich nach Gleichung (4-40) der exponentiell transformierte Ankerpunkt $p_{i,\text{Anker},\exp} = 1$. Andernfalls liegt der Ankerpunkt nicht bei dem Wert $v_i = 50\%$. Im Falle eines maximalen PNF in Höhe von $p_{i,\max,\exp} = 3$ und eines minimalen PNF in Höhe von $p_{i,\min,\exp} = 0{,}5$ liegt der Ankerpunkt bei dem Wert $v_i = 38{,}69\%$. Ein Wert in Höhe von $v_i = 50\%$ führt zu einem PNF $p_i = 1{,}22$. Dieses gewinnt insbesondere im Rahmen der Abgrenzung von Interaktionsbereichen an Relevanz.[465] Eine Überführung von PNF p_i in Werte v_i ist damit ebenso möglich wie von Werten v_i in PNF p_i.

In mehrdimensionalen Zielsystemen ist im Rahmen der Verfahren der „additiven Modellwelt“ der MAUT neben den Höhenpräferenzen die Artenpräferenz zu erheben.[466] Der multiplikative Ansatz des GNF-Modells beinhaltet in mehrdimensionalen Zielsystemen neben der Höhenpräferenz explizit auch etwas der Artenpräferenz Ähnliches implizit.[467] Eine Logarithmierung der PNF erlaubt eine isolierte Darstellung von Höhen- und dieser Artenpräferenz im nicht-modifizierten GNF-Modell im Wertebereich von null bis eins mit multiplikativen Skalen.

Die Berechnung der Wertfunktion verhält sich wie im eindimensionalen Zielsystem. Allerdings ist es möglich, diese Artenpräferenz für ein zweidimensionales Zielsystem zu berechnen. Dafür ist die logarithmierte Bandbreite der betrachteten Dimension in Relation zur logarithmierten Bandbreite des Zielsystems zu setzen:

$$w_{1,\log} = \frac{\ln(b_{1,p})}{\ln(b_p)} = \frac{\ln(p_{1,\max}) - \ln(p_{1,\min})}{\left(\ln(p_{1,\max}) - \ln(p_{1,\min})\right) + \left(\ln(p_{2,\max}) - \ln(p_{2,\min})\right)}. \tag{4-41}$$

Exemplarisch ergibt sich für minimale PNF $p_{i,\min} = 0{,}5$ und maximale PNF $p_{i,\max} = 2$ für beide Dimensionen ein Gewicht in Höhe von $w_{1,\log} = w_{2,\log} = 0{,}5$:

$$w_{1,\log} = \frac{\ln(4)}{\ln(16)} = \frac{\ln(2) - \ln(0{,}5)}{\left(\ln(2) - \ln(0{,}5)\right) + \left(\ln(2) - \ln(0{,}5)\right)} = 0{,}5. \tag{4-42}$$

---

[464] Da $v_{i,\min} = \ln(p_{i,\min}) = -\ln(p_{i,\max}) = \ln(1/p_{i,\max})$ folgt $\exp(v_{i,\min}) = \exp(\ln((p_{i,\min})) = p_{i,\min} = (1/(p_{i,\max})) = \exp(-\ln(p_{i,\max})) = \exp(-v_{i,\max}) = 1/\exp(v_{i,\max})$.

[465] Interaktionen finden nur bei der Kombination überdurchschnittlicher PNF (Fall I) oder unterdurchschnittlicher PNF (Fall II) statt. In diesem Beispiel sind Werte, die größer sind, als 38,69% überdurchschnittlich, während im Normalfall dieses für Werte $v_i > 0{,}5$ gilt. Vgl. Abschnitt 2.3.2.3.

[466] Vgl. Abschnitt 2.2.3.2.2.

[467] Streng genommen handelt es sich nicht um die Artenpräferenz der „additiven Modellwelt“ der MAUT, da im GNF-Modell dieses Phänomen nur bei logarithmischer Transformation auftritt.

Die unterschiedliche Bedeutung der Dimensionen (Artenpräferenz) wird im GNF-Modell also implizit durch das Verhältnis der Bandbreiten abgebildet.[468] Die Berechnung eines Nutzwerts für die erste Dimension $N_{1,j,\log}$ basiert wie bei den Verfahren der „additiven Modellwelt“ der MAUT auf der Multiplikation von Wert $v_{1,j,\log}$ und Gewicht $w_{1,j,\log}$.[469]

$$N_{1,j,\log} = \underbrace{\frac{\ln\left(p_{1,j}\right)-\ln\left(p_{1,\min}\right)}{\ln\left(p_{1,\max}\right)-\ln\left(p_{1,\min}\right)}}_{\text{Wertfunktion } v_1,\log} \cdot 100\% \underbrace{\frac{\ln\left(p_{1,\max}\right)-\ln\left(p_{1,\min}\right)}{\left(\ln\left(p_{1,\max}\right)-\ln\left(p_{1,\max}\right)\right)+\left(\ln\left(p_{2,\min}\right)-\ln\left(p_{2,\min}\right)\right)}}_{\text{Gewicht } w_{1,\log}}. \qquad \textbf{(4-43)}$$

Konkret ergibt sich bei einem $p_{1,j} = 1{,}4$ ein Teilnutzwert in Höhe von $N_{i,j,\log} = 37{,}13\%$:

$$\begin{aligned} N_{1,j,\log} &= \underbrace{\frac{\ln(1,4)-\ln(0,5)}{\ln(2)-\ln(0,5)}}_{\text{Wertfunktion } v_{1,\log}} \cdot 100\% \underbrace{\frac{\ln(2)-\ln(0,5)}{\left(\ln(2)-\ln(0,5)\right)+\left(\ln(2)-\ln(0,5)\right)}}_{\text{Gewicht } w_{1,\log}} \\ &= 74,27\% \cdot 0,5 = 37,13\%. \end{aligned} \qquad \textbf{(4-44)}$$

Bei diesem Modell handelt es sich nicht um ein additives, sondern ein additiv dargestelltes multiplikatives Modell mit multiplikativen Skalen. Die so berechnete Artenpräferenz ähnelt stark der Artenpräferenz in der „additiven Modellwelt“ der MAUT und ist abhängig von der Bandbreite der PNF. Das Beispiel zeigt, dass im GNF-Modell eine Simulation von Höhen- und Artenpräferenz im Spezialfall der nicht-modifizierten Multiplikation möglich ist. Für Zielsysteme mit Interaktionskoeffizienten ungleich eins, also des modifizierten GNF-Modells, ist die gezeigte logarithmische Transformation mathematisch nicht zulässig. Dennoch kann die Grundidee einer simulierten Artenpräferenz auch in diesen Fällen aufrecht erhalten werden.

Die simulierte Artenpräferenz erlaubt darüber nachzudenken, die Artenpräferenz im Rahmen der „additiven Modellwelt“ der MAUT mithilfe von multiplikativen Bandbreiten zu erheben. Dafür müssten neben den bewerteten Ausprägungen v_i die Verhältnisse von bester zu schlechtester Ausprägung ermittelt werden. Der Vorteil dieser Möglichkeit der Ermittlung der Artenpräferenz liegt in der expliziten Berücksichtigung der Bewertung der Bandbreiten. Die Anwendungsfelder der Ermittlung der Artenpräferenz mithilfe von PNF sind vielfältig. Beispielsweise bietet sich die Möglichkeit zur Konsistenzüberprüfung alternativer Methoden der Präferenzerhebung. Insbesondere im AHP-Ansatz könnte darüber hinaus mithilfe des minimalen und maximalen PNF auch die Eignung der eingesetzten Skala zur Transformation linguistischer Variablen in SAATY-Faktoren untersucht werden. Diese ist gegeben, wenn zwischen zwei Dimensionen das relative Verhältnis der Bandbreiten der PNF dem SAATY-Faktor

[468] Im Rahmen der Ermittlung von Präferenzen für Produkteigenschaften mithilfe der Choice-Based Conjoint Analyse bestimmt Gensler die Gewichte der Dimensionen auf eine ähnliche Weise. Vgl. Gensler (2006), S. 317.

[469] Vgl. das additive Aggregationsmodell in Abschnitt 2.2.3.3.

entspricht. Die Eignung des Einsatzes von PNF und logarithmierten PNF in der additiven Modellwelt der MAUT ist offene Forschungsfrage.

Die Argumentation hinsichtlich des Bandbreiteneffekts (Abschnitt 4.2.4) und der Modellierung von Ausschlusskriterien (Abschnitt 4.2.5) im GNF-Modell greifen auf die simulierte Artenpräferenz zurück und ermöglichen damit einen anschaulichen Vergleich zur „additiven Modellwelt“ der MAUT.

4.2.4 Bandbreiteneffekt

Die Aussage, die Dimension X_1 sei doppelt so wichtig wie die Dimension X_2, kann nur in Zusammenhang mit der Bandbreite der Einzelnutzenfunktionen erfolgen. Eine von der Bandbreite einer Nutzenfunktion losgelöste Interpretation von Gewichten als pauschale Wichtigkeitsaussagen ist nicht sinnvoll.[470] Ein Bandbreiteneffekt liegt vor, wenn die Erhöhung der Bandbreite durch Hinzufügung einer Alternative zu einer Rangverschiebung der bereits vorhandenen Alternativen führt.[471] Dabei verändert sich die relative Reihenfolge der Alternativenmenge und verletzt die Prämisse einer transitiven Ordnung der Alternativen.[472] Dies sei zunächst im Rahmen eines additiven Aggregationsmodells anhand eines Beispiels demonstriert.

Bei dem Kauf eines Gebrauchtwagens sind die Dimensionen *Preis* und *Fahrleistung* entscheidungsrelevant. Die zunächst relevanten Alternativen liegen in einem Preisbereich von 10.000 Euro bis 20.000 Euro. Die gefahrenen Kilometer betragen zwischen 50.000 km und 100.000 km. Der Entscheidungsträger misst beiden Dimensionen das gleiche Zielgewicht bei. In Tabelle 4-21 sind für die Alternativen A_1, A_2 und A_3 die Ausprägungen der Dimensionen *Preis* und *Fahrleistung*, deren Bewertungen, die zugeordneten Teilnutzenwerte sowie der Gesamtnutzen dargestellt:

	Ausprägung		**Wert**		**Teilnutzen**		**Nutzen**	
	x_{Preis}	$x_{Fahrleistung}$	v_{Preis}	$v_{Fahrleistung}$	N_{Preis}	$N_{Fahrleistung}$	N_j	**Rang**
A_1	10.000 Euro	100.000 km	100,00%	0,00%	50,00%	0,00%	**50,00%**	1
A_2	20.000 Euro	50.000 km	0,00%	100,00%	0,00%	50,00%	**50,00%**	1
A_3	15.000 Euro	75.000 km	50,00%	50,00%	25,00%	25,00%	**50,00%**	1

Tabelle 4-21: Ausgangssituation Bandbreiteneffekt.

[470] Vgl. Goodwin und Wright (2004), S. 41; Eisenführ und Weber (2003), S. 142.

[471] Vgl. von Nitzsch (2002), S. 187 sowie Eisenführ und Weber (2003), S. 142. Nach GRAF kann ein Bandbreiteneffekt nur in Entscheidungssituationen auftreten, die entweder stark von den subjektiven Einschätzungen des Entscheidungsträgers abhängen oder sich die tatsächlichen Ausprägungen im Vorfeld nur unzureichend abschätzen lassen. Vgl. Graf (1998), S. 156.

[472] Vgl. Abschnitt 2.2.3.2.

Alle Alternativen zeichnen sich durch einen Nutzwert in Höhe von $N_j = 50\%$ aus. Der Entscheidungsträger ist damit indifferent zwischen den Alternativen A_1, A_2 und A_3 und setzt sie gleichermaßen auf den ersten Rang.

Die Alternativenmenge erweitert sich nun um Alternative A_4. Diese weist einen außerhalb der Bandbreite liegenden *Preis* in Höhe von 25.000 Euro und eine Fahrleistung in Höhe von 100.000 km aus. Für die Bewertung in der Dimension *Preis* ist daher eine Adjustierung der Wertfunktion erforderlich. Die Wertfunktion der Dimension *Preis* zeichnet sich durch eine proportionale Abnahme bei ansteigendem *Preis* aus. Im Ausgangsbeispiel führt der geringste (höchste) *Preis* in Höhe von 10.000 Euro (20.000 Euro) zum maximalen (minimalen) Nutzwert in Höhe von $N_j = 100\%$ ($N_j = 0$), während der im Ausgangsbeispiel durchschnittliche *Preis* in Höhe von 15.000 Euro dem Entscheidungsträger einen Wert in Höhe von 50% generiert. Der *Preis* der Alternative A_4 in Höhe von 25.000 Euro liegt oberhalb der vormals maximalen Ausprägung der Dimension *Preis*. Die Bewertung der Dimension *Preis* bei der Alternative A_4 muss kleiner sein und damit außerhalb der von null bis eins normierten Bandbreite $b_{i,v}$ liegen. Um diesem Sachverhalt Rechnung zu tragen, ist eine Adjustierung der Wertfunktion der Dimension *Preis* erforderlich. In Abbildung 4-12 sind für die Dimension *Preis* die Wertfunktion vor der Bandbreitenerweiterung und eine mögliche Wertfunktion nach Bandbreitenerweiterung und anschließender Normierung dargestellt.

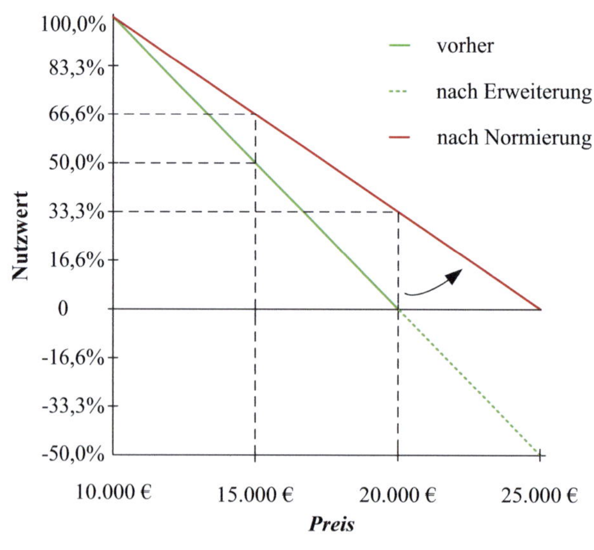

Abbildung 4-12: Adjustierung der Wertfunktion bei Bandbreitenerweiterung.

Dieses einfach gehaltene Beispiel, das sich gut zur Visualisierung eignet, schreibt den proportional fallenden Zusammenhang von Wert und ansteigendem *Preis* fort.[473] Bei einem *Preis* in Höhe von $x_{Preis}=25.000$ Euro ergibt sich so ein Wert in Höhe von $v_{Preis}=-50\%$ und die gesamte modifizierte Bandbreite beträgt $b_{i,v,\text{mod}}=1{,}5$ (= 100%+|-50%|). Mithilfe einer linearen Transformation ist die Bewertung der schlechtesten Ausprägung der Dimension *Preis* auf $v_{Preis}=0$ zu setzen. Die anderen Werte sind so zu adjustieren, dass deren relatives Verhältnis unverändert bleibt. Allgemein gilt:

$$v_{i,\text{mod}} = \frac{v_i + \Delta b_{i,v}}{1 + \Delta b_{i,v}}. \tag{4-45}$$

Für die exemplarische Erhöhung der Bandbreite um $\Delta b_{i,v}=50\%$ ergibt sich:

$$v_{i,\text{mod}} = \frac{v_i + 0{,}5}{1{,}5}. \tag{4-46}$$

Während der maximale Wert sich nicht ändert, erhöht sich beispielsweise für den *Preis* in Höhe von 15.000 Euro der Wert von $v_{Preis}=50\%$ auf $v_{Preis}=66{,}66\%$. Die rote durchgezogene Linie kennzeichnet in Abbildung 4-12 den Verlauf der extrapolierten, normierten Wertfunktion. Die Berechnung der Rangfolge auf Basis der adjustierten Wertfunktion der Dimension *Preis* ist in Tabelle 4-22 dargestellt.

	Ausprägung		**Wert**		**Teilnutzen**		**Nutzen**	
	x_{Preis}	$x_{Fahrleistung}$	$v_{Preis,\text{mod}}$	$v_{Fahrleistung}$	$N_{Preis,\text{mod}}$	$N_{Fahrleistung}$	$N_{j,\text{mod}}$	**Rang**
A_1	10.000 Euro	100.000 km	100,00%	0,00%	50,00%	0,00%	**50,00%**	3
A_2	20.000 Euro	50.000 km	33,33%	100,00%	16,67%	50,00%	**66,67%**	1
A_3	15.000 Euro	75.000 km	66,67%	50,00%	33,33%	25,00%	**58,33%**	2
A_4	25.000 Euro	100.000 km	0,00%	0,00%	0,00%	0,00%	**0,00%**	4

Tabelle 4-22: Bandbreiteneffekt mit angepasster Wertfunktion ohne Adjustierung der Artenpräferenz.

Die Alternativen A_1, A_2 und A_3 dominieren die hinzugekommene Alternative A_4, die dementsprechend auf dem vierten Rang liegt. Die Adjustierung der Wertfunktion v_{Preis} hat die Werte der Alternative A_2 von $v_{Preis,2}=0$ auf $v_{Preis,2,\text{mod}}=33{,}33\%$ und der Alternative A_3 von $v_{Preis,3}=50\%$ auf $v_{Preis,3,\text{mod}}=66{,}67\%$ erhöht. Der Nutzwert der Alternative A_2 steigt bei konstanter Gewichtung um 16,67% und bei Alternative A_3 um 8,33%. Der Wert und damit auch

[473] Nur im Spezialfall der linearen Extrapolation der Einzelpräferenzfunktion ist diese anschauliche Vorgehensweise möglich.

der gesamte Nutzwert der Alternative A_1 ändern sich nicht bei konstanter Gewichtung. Der Höchstwert von $v_{Preis} = 100\%$ bleibt erhalten. Je geringer der Wert vor der Erweiterung der Bandbreite ist, desto höher sind der Anstieg des Wertes und damit auch des gesamten Nutzwerts. Während in der Ausgangssituation Indifferenz zwischen den Alternativen vorliegt, führt die bandbreitenbedingte Adjustierung der Wertfunktion der Dimension *Preis* zur Rangfolge der Alternativen A_2 vor A_3 und A_1. Die Rangverschiebungen[474] resultieren aus den konstanten Gewichten in Höhe von $w_1 = w_2 = 50\%$ vor und nach Hinzufügen der Alternative A_4 und der damit einhergehenden Bandbreitenerweiterung. Um den gleichen relativen Abstand der Alternative beizubehalten, ist eine mit der Adjustierung der Wertfunktion simultane Veränderung der relativen Gewichtung erforderlich.

Die Gewichte sind nur in Zusammenhang mit der Bandbreite der Ausprägungen zu interpretieren.[475] Allgemein gilt folgender Zusammenhang:

$$w_{i,\text{mod}} = \frac{b_{i,v}}{\sum_{i=1}^{n} b_{i,v}}. \tag{4-47}$$

Für die exemplarische Erhöhung der Bandbreite um $\Delta b_{i,v} = 50\%$ ergibt sich:

$$w_{Preis,\text{mod}} = \frac{b_{Preis,v}}{\sum_{i=1}^{n} b_{i,v}} = \frac{1,5}{1+1,5} = 60\%. \tag{4-48}$$

$$w_{Fahrleistung,\text{mod}} = \frac{b_{Fahrleistung,v}}{\sum_{i=1}^{n} b_{i,v}} = \frac{1,0}{1+1,5} = 40\%. \tag{4-49}$$

Das relative Gewicht der Dimension, deren Bandbreite erweitert wurde, erhöht sich. Unter Berücksichtigung der adjustierten Gewichte ergibt sich der Sachverhalt in Tabelle 4-23.

	Ausprägung		Wert		Teilnutzen		Nutzen	
	x_{Preis}	$x_{Fahrleistung}$	$v_{Preis,mod}$	$v_{Fahrleistung}$	$N_{Preis,mod}$	$N_{Fahrleistung}$	$N_{j,mod}$	**Rang**
A_1	10.000 Euro	100.000 km	100,00%	0,00%	60,00%	0,00%	**60,00%**	1
A_2	20.000 Euro	50.000 km	33,33%	100,00%	20,00%	40,00%	**60,00%**	1
A_3	15.000 Euro	75.000 km	66,67%	50,00%	40,00%	20,00%	**60,00%**	1
A_4	25.000 Euro	100.000 km	0,00%	0,00%	0,00%	0,00%	**0,00%**	4

Tabelle 4-23: Vermeidung des Bandbreiteneffekts durch Adjustierung der relativen Gewichtung der Dimensionen.

474 Der Begriff Rangreversion findet synonym Anwendung. Vgl. von Nitzsch (1993), S. 114, Lillich (1992), S. 81 f. und Saaty (2000), S. 129.

475 Vgl. von Nitzsch (1992), S. 36 f.

Eine simultane Veränderung der Höhen- und Artenpräferenz führt zur Rangfolge der Ausgangssituation und vermeidet damit Rangverschiebungen. Der Gesamtnutzen ist allerdings von $N_j = 50\%$ in der Ausgangssituation auf $N_{j,\text{mod}} = 60\%$ gestiegen. Trotz der unterschiedlichen Werte ist die ökonomische Interpretation identisch, da der Nutzen dimensionslos ist.[476] In der Anwendung kann dieses Phänomen zu einer (unnötigen) Verunsicherung des Entscheidungsträgers führen. Der Entscheidungsträger kann im Vorfeld die Problematik des Bandbreiteneffekts auch durch eine weitere realistische Alternativen-abbildende Bandbreite vermeiden. Dabei tritt ein Zielkonflikt zwischen der Wahrscheinlichkeit des Auftretens einer erforderlichen Bandbreitenerweiterung und der Praktikabilität auf. Bei einer Erweiterung der Dimension *Preis* beispielsweise bis hin zu 50.000 Euro reduziert sich der relative Abstand der Ausprägungen vor der Bandbreitenerweiterung. Der Unterschied zwischen $x_{Preis} = 10.000$ Euro und $x_{Preis} = 20.000$ Euro beträgt vor der Erweiterung 100% der Bandbreite, während dieser nach der Erweiterung nur noch 25% [=(20.000 – 10.000) / (50.000 – 10.000)] ausmacht. Insgesamt ist zu konstatieren, dass bei einer Bandbreitenerweiterung Rangverschiebungen auftreten können, die nur erfahrene Anwender zu verhindern wissen.

Ein Bandbreiteneffekt liegt vor, wenn die Erhöhung der Bandbreite durch Hinzufügung einer Alternative zu einer Rangverschiebung der bereits vorhandenen Alternativen führt.[477] Bei dem additiven Aggregationsmodell der MAUT kann bei einer nicht ausreichend großen Bandbreite ein Bandbreiteneffekt auftreten, der nur mit einer aufwendigen Adjustierung nachträglich eliminiert werden kann, die die Verständlichkeit des Modells nachhaltig reduziert.

Die Untersuchung, inwieweit im GNF-Modell ein Bandbreiteneffekt vorliegt, erfolgt anhand des im Rahmen der Diskussion des Bandbreiteneffekts bei dem additiven Aggregationsmodell eingesetzten Beispiels. Die zunächst relevanten Alternativen liegen wieder in einem Preisbereich von 10.000 Euro bis 20.000 Euro. Die *Fahrleistung* beträgt zwischen 50.000 km und 100.000 km. Der Entscheidungsträger misst beiden Dimensionen das gleiche Gewicht bei. Der Interaktionskoeffizient beträgt genau eins. In Tabelle 4-24 sind für die Alternativen A_1, A_2 und A_3 die Ausprägungen in den Dimensionen *Preis* und *Fahrleistung* sowie deren PNF $p_{i,j}$ und die resultierenden GNF g_j dargestellt.

---

476 Vgl. Abschnitt 2.1.4 und Abschnitt 4.2.1.

477 Vgl. von Nitzsch (2002), S. 187; Eisenführ und Weber (2003), S. 142. Nach GRAF kann ein Bandbreiteneffekt nur in Entscheidungssituationen auftreten, die entweder stark von den subjektiven Einschätzungen des Entscheidungsträgers abhängen oder sich die tatsächlichen Ausprägungen im Vorfeld nur unzureichend abschätzen lassen. Vgl. Graf (1998), S. 156.

	Ausprägungen		PNF		GNF	
	x_{Preis}	$x_{Fahrleistung}$	p_{Preis}	$p_{Fahrleistung}$	g_j	Rang
A_1	10.000 Euro	100.000 km	2,0	0,5	**1**	1
A_2	20.000 Euro	50.000 km	0,5	2,0	**1**	1
A_3	15.000 Euro	75.000 km	1,0	1,0	**1**	1

Tabelle 4-24: Ausgangssituation für den Bandbreiteneffekt im GNF-Modell.

Alle drei Alternativen zeichnen sich durch einen GNF in Höhe von $g_j = 1$ aus. Der Entscheidungsträger ist damit indifferent zwischen den Alternativen A_1, A_2 und A_3. Das Hinzufügen einer Alternative A_4 mit einer außerhalb der Bandbreite liegenden Ausprägung der Dimension *Preis* in Höhe von $x_{Preis} = 25.000$ Euro hat keinen Einfluss auf die Reihenfolge der Alternativen A_1, A_2 und A_3, wie Tabelle 4-25 zeigt:

	Ausprägungen		PNF		GNF	
	x_{Preis}	$x_{Fahrleistung}$	p_{Preis}	$p_{Fahrleistung}$	g_j	Rang
A_1	10.000 Euro	100.000 km	2,0	0,5	**1**	1
A_2	20.000 Euro	50.000 km	0,5	2,0	**1**	1
A_3	15.000 Euro	75.000 km	1,0	1,0	**1**	1
A_4	25.000 Euro	100.000 km	0,25	0,5	**0,125**	4

Tabelle 4-25: Kein Bandbreiteneffekt im GNF-Modell.

Die hinzugekommene Alternative liegt auf dem vierten Rang, die Alternativen A_1, A_2 und A_3 weiterhin auf dem ersten Rang. Damit resultiert die identische Reihenfolge wie nach der Adjustierung der Bandbreite im additiven Aggregationsmodell. Diese Tatsache ist kein Zufall, sondern darauf zurückzuführen, dass für einen anschaulichen Vergleich das adjustierte Beispiel des additiven Aggregationsmodells die logarithmische Transformation des Beispiels aus dem GNF-Modell darstellt.

Im GNF-Modell ist im Gegensatz zum additiven Aggregationsmodell keine Adjustierung der Höhen- und Artenpräferenz erforderlich, da der PNF nicht auf eine Bandbreite normiert ist. Die Rangfolge der Alternativen in der Ausgangsituation bleibt modellbedingt unabhängig von der Höhe des Interaktionskoeffizienten in jedem Fall erhalten, da sich die PNF nicht durch Hinzufügen einer Alternative verändern können. Die Problematik des Bandbreiteneffekts tritt damit nur in der „additiven Modellwelt" und nicht in der „multiplikativen Modellwelt" der MAUT auf.

4.2.5 Modellierung von Ausschlusskriterien

Ein Ausschlusskriterium[478] ist eine für den Entscheidungsträger nicht akzeptable Ausprägung in einer Zieldimension. Unabhängig von den anderen Ausprägungen ist eine Alternative mit einem Ausschlusskriterium für den Entscheidungsträger damit nicht relevant.[479] Die Verfahren der MAUT erfordern jeweils im Vorfeld eine Selektion relevanter Alternativen.[480] Die Eignung für eine explizite Modellierung von Ausschlusskriterien wird mithilfe folgenden Beispiels der Personalauswahl verdeutlicht.

Ein Unternehmen bewertet die Kandidaten Achim, Berthold, Christian und Dieter anhand der drei gleich gewichteten Dimensionen *Jahresgehalt* (X_1), *Wochenarbeitszeit* (X_2) und *fachliche Fähigkeiten* (X_3). In Tabelle 4-26 sind für die Kandidaten die den Ausprägungen zugeordneten Höhenpräferenzen v_1, v_2, und v_3, die Teilnutzen $N_{i,j}$, der gesamte Nutzwert N_j sowie die resultierende Rangfolge dargestellt.

	Ausprägungen			*Wert*			w_1=33,3%	w_2=33,3%	w_3=33,3%		
	Gehalt	*Zeit*	*Note*	$v_{1,j}$	$v_{2,j}$	$v_{3,j}$	$N_{1,j}$	$N_{2,j}$	$N_{3,j}$	N_j	Rang
Achim	80 T€	30 h	3,0	0%	13%	0%	0,00%	4,38%	0,00%	**4,38%**	4
Berthold	60 T€	40 h	2,3	50%	50%	50%	16,67%	16,67%	16,67%	**50,00%**	2
Christian	80 T€	50 h	2,3	0%	100%	50%	0,00%	33,33%	16,67%	**50,00%**	2
Dieter	40 T€	24 h	1,7	100%	0%	100%	33,33%	0,00%	33,33%	**66,67%**	1

Tabelle 4-26: Ausgangssituation Ausschlusskriterium (MAUT).

Kandidat Dieter liegt hinsichtlich der Bewertung der Dimension *Wochenarbeitszeit* (X_2) an dem unteren Ende der Bandbreite und ist damit der schlechteste Kandidat in dieser Dimension. Aufgrund der maximal bewerteten Ausprägungen in den Dimensionen *Jahresgehalt* (X_1) und *fachliche Fähigkeiten* (X_3) ist der für den Kandidaten Dieter resultierende Nutzwert in Höhe von N_{Dieter} = 66,66% dennoch von allen Kandidaten am höchsten. Die Kandidaten Berthold und Christian liegen gemeinsam auf dem zweiten Rang und der Kandidat Achim auf dem vierten Rang.

Die Ausprägung in der Dimension *Wochenarbeitszeit* (X_2) in Höhe von 24 Stunden bei Dieter stellt nun für den Entscheidungsträger ein Ausschlusskriterium dar. Es besteht die Möglichkeit, mithilfe einer signifikanten Bandbreitenerweiterung ein Ausschlusskriterium zu model-

478 Synonym verwendet wird der Begriff KO-Kriterium.

479 Neben einem negativen Ausschlusskriterium sind auch „positive Ausschlusskriterien" denkbar. Bei einem extrem günstigen Kaufpreis kann beispielsweise ein Entscheidungsträger die Alternative unabhängig von den anderen Ausprägungen grundsätzlich präferieren.

480 Vgl. die Vorgehensweise präskriptiver Entscheidungsmodelle in Abschnitt 2.1.4, insbesondere Fußnote 98.

lieren.[481] Ohne eine Adjustierung der Höhen- und Artenpräferenz bleibt der Kandidat Dieter auf dem ersten Rang. Die hohen Bewertungen in den Dimensionen *Jahresgehalt* (X_1) und *fachliche Fähigkeiten* (X_3) können die niedrige Bewertung in der Dimension *Wochenarbeitszeit* (X_2) kompensieren. Damit der Kandidat Dieter auf den vierten Rang abfällt, ist bei konstanter Ausprägung die Wertfunktion zu adjustieren. Hierfür ist der Wirkungsmechanismus bei einer fiktiven Bandbreitenerweiterung der Dimension *Wochenarbeitszeit* (X_2) einzusetzen. Das Ausschlusskriterium erhält weiterhin einen Wert in Höhe von $v_{2,\min} = 0$, währenddessen die anderen Werte sukzessive anwachsen. Die gesamten Nutzwerte der Kandidaten Achim, Berthold und Christian steigen wie im Rahmen der Erläuterungen zum Bandbreiteneffekt an.[482] Nur der gesamte Nutzwert von Dieter verschlechtert sich. Die Rangfolge untereinander von Achim, Berthold und Christian ändert sich nicht. Berthold und Christian liegen gemeinsam vor Achim. Tabelle 4-27 zeigt das Ergebnis einer massiven Bandbreitenerweiterung, derzufolge der Kandidat Dieter entsprechend den Anforderungen auf Rang vier liegt.

				$w_{1,mod}$=60,23%	$w_{2,mod}$=19,88%	$w_{3,mod}$=19,88%		
	$v_{1j,mod}$	v_{2j}	v_{3j}	N_{1j}	N_{2j}	N_{3j}	$N_{j,mod}$	**Rang**
Achim	0%	71%	0%	0,00%	42,97%	0,00%	**42,97%**	3
Berthold	50%	83%	50%	9,94%	50,29%	9,94%	**70,18%**	1
Christian	0%	100%	50%	0,00%	60,23%	9,94%	**70,18%**	1
Dieter	100%	0%	100%	19,88%	0,00%	19,88%	**39,77%**	4

Tabelle 4-27: Ausschlusskriterium mit ausreichend großer Bandbreitenerweiterung.

Eine explizite Modellierung eines Ausschlusskriteriums ist im Rahmen eines additiven Aggregationsmodells grundsätzlich möglich. Der Einsatz einer fiktiven Bandbreitenerweiterung führt zu einer starken Veränderung der relativen Gewichte. Der Entscheidungsträger kann eventuell die veränderten Parameter nicht mehr interpretieren bzw. aktiv beeinflussen. Die Einfachheit der Anwendung und die Nachvollziehbarkeit der Ergebnisse gehen verloren. Eine modifizierte Modellierung von Ausschlusskriterien ist also möglich, aber nicht zu empfehlen. Die Modellierung von Ausschlusskriterien ist im Rahmen der Verfahren der „additiven Modellwelt“ der MAUT zwar möglich, stößt aber hinsichtlich der Anwendbarkeit und Transparenz schnell an ihre Grenzen.

Die Eignungsprüfung des GNF-Modells zur Modellierung von Ausschlusskriterien erfolgt anhand des gleichen Beispiels zur Personalauswahl. Die Bewertung der Kandidaten in den

[481] Vgl. hierzu die Ausführungen hinsichtlich der Ermittlung einer modifizierten Einzelpräferenzfunktion $v_{i,mod}$ und der modifizierten Gewichte $w_{i,mod}$ in Abschnitt 4.2.4.

[482] Vgl. Abschnitt 4.2.4.

Dimensionen *Jahresgehalt* (X_1), *Wochenarbeitszeit* (X_2) und *fachliche Fähigkeiten* (X_3) erfolgt mithilfe von PNF. Die Interaktionskoeffizienten erster Ordnung und der Interaktionskoeffizient zweiter Ordnung betragen jeweils eins. In diesem Spezialfall ist eine besonders gute Vergleichbarkeit mit den Werten aus dem bereits vorgestellten additiven Aggregationsmodell gegeben, da dieses dem logarithmisch transformierten GNF-Modell entspricht. Die folgende Argumentation gilt jedoch aufgrund der Aggregationsregeln im GNF-Modell (nahezu) unabhängig von der Höhe der Interaktionskoeffizienten. In Tabelle 4-28 sind für die vier Kandidaten die den Ausprägungen zugeordneten PNF $p_{i,j}$, der GNF g_j sowie die resultierende Rangfolge dargestellt.

	Gehalt	*Zeit*	*Note*	PNF $p_{1,j}$	PNF $p_{2,j}$	PNF $p_{3,j}$	GNF g_j	Rang
Achim	80 T€	30 h	3,0	0,60	0,50	0,50	0,17	4
Berthold	60 T€	40 h	2,3	1,00	1,00	1,00	1,00	2
Christian	80 T€	50 h	2,3	2,00	0,50	1,00	1,00	2
Dieter	40 T€	24 h	1,7	0,50	2,00	2,00	2,00	1

Tabelle 4-28: Ausgangssituation ohne Ausschlusskriterium im GNF-Modell.

Kandidat Dieter liegt hinsichtlich der Bewertung der Dimension *Wochenarbeitszeit* (X_2) an dem unteren Ende der Bandbreite und ist damit wieder der schlechteste Kandidat in dieser Dimension. Aufgrund der maximal bewerteten Ausprägungen in den Dimensionen *Jahresgehalt* (X_1) und *fachliche Fähigkeiten* (X_3) ist der für den Kandidaten Dieter resultierende GNF in Höhe von $g_{Dieter} = 2$ von allen Kandidaten am höchsten. Die Kandidaten Berthold und Christian liegen gemeinsam auf dem zweiten und der Kandidat Achim mit einem GNF in Höhe von $g_{Achim} = 0{,}17$ auf dem vierten Rang. Die Ausprägung in der Dimension *Wochenarbeitszeit* (X_2) bei Kandidat Dieter stellt nun für den Entscheidungsträger ein Ausschlusskriterium dar. Um dieses zu modellieren, ist der PNF der Dimension *Wochenarbeitszeit* (X_2) von dem Entscheidungsträger so zu modifizieren, dass Kandidat Dieter (eindeutig) auf dem vierten und letzten Rang liegt. Im Rahmen eines multiplikativen Zusammenhangs erfüllt ein PNF der Dimension *Wochenarbeitszeit* (X_2) in Höhe von $p_{2,\min} = 0$ diese Anforderung. Da ein PNF in Höhe von $p_{i,\min} = 0$ im GNF-Modell definitionsgemäß ausgeschlossen ist, muss der PNF zumindest geringfügig größer als null sein.[483] Daher wird in diesem Beispiel der PNF der Dimension *Wochenarbeitszeit* (X_2) für Kandidat Dieter von $p_{2,\min} = 0{,}50$ auf $p_{2,\min} = 0{,}03$ herabgesetzt.[484] Tabelle 4-29 zeigt die veränderte Situation:

483 Der Wertebereich des PNF umfasst alle positiven reellen Zahlen, die größer als null und kleiner als unendlich sind, d. h. $p_i \in (0,\infty)$. Vgl. Abschnitt 3.1.

484 Ein vergleichbarer PNF ist in Abschnitt 3.2.1.3 in Abbildung 3-6 visualisiert.

	PNF $p_{1,j}$	PNF $p_{2,j}$	PNF $p_{3,j}$	GNF g_j	Rang
Achim	0,50	0,60	0,50	0,17	3
Berthold	1,00	1,00	1,00	1,00	1
Christian	0,50	2,00	1,00	1,00	1
Dieter	2,00	**0,03**	2,00	0,04	4

Tabelle 4-29: Ausschlusskriterium mit ausreichend großer Bandbreitenerweiterung im GNF-Modell.

Der GNF des Kandidaten Dieter beträgt jetzt nur noch $g_{Dieter} = 0{,}04$ und liegt damit eindeutig auf dem vierten Rang. Die Erweiterung der Bandbreite tangiert weder die Modellsystematik noch den GNF der anderen Alternativen. Im Gegensatz dazu ist bei den Verfahren der „additiven Modellwelt" der MAUT eine Adjustierung der Gewichte erforderlich, sodass veränderte Nutzwerte resultieren.[485] Die Aggregationsregeln gewährleisten im GNF-Modell, dass dieses für alle Zielsysteme unabhängig von der Anzahl und Ausprägung der Interaktionen gilt.[486] Vorversuche haben gezeigt, dass für Entscheidungsträger im GNF-Modell die Modellierung von Ausschlusskriterien relativ einfach, transparent und nachvollziehbar durchzuführen ist. Diese theoretisch abgeleiteten Eigenschaften sind im Rahmen empirischer Untersuchungen zu verifizieren.

Das GNF-Modell erlaubt also im Gegensatz zum additiven Aggregationsmodell eine explizite Modellierung von Ausschlusskriterien mithilfe einer Erweiterung der Bandbreite einer oder mehrerer Dimensionen.

4.2.6 Zur Anwendbarkeit bei unterschiedlichen Graden von Präferenzunabhängigkeit

Die Aggregationsmodelle der „additiven Modellwelt" der MAUT dürften gemäß ihrer Prämisse ausschließlich in präferenzunabhängigen Zielsystemen Anwendung finden.[487] Das GNF-Modell ist hingegen insbesondere für die Abbildung partiell präferenzabhängiger Zielsysteme konzipiert. Es ist zu untersuchen, inwieweit das GNF-Modell auch in anderen Zielsystemen angewendet werden kann. Dafür ist die Definition partiell präferenzabhängiger

[485] Vgl. Abschnitt 4.2.4. Im GNF-Modell wäre im Falle einer Bandbreitenerweiterung eine Adjustierung der Interaktionskoeffizienten zu bedenken. Diese werden immer anhand des maximal möglichen sekundären Anteils erhoben. Da allerdings die Wirkungsrichtung des erhöhten sekundären Anteils mit der beabsichtigten einhergeht, ist dieses an dieser Stelle zu vernachlässigen.

[486] Im Fall III beträgt der verrechnete Interaktionskoeffizient per Definition eins. Wenn der PNF des Ausschlusskriteriums gering genug angesetzt ist, dann resultiert für die Alternative der letzte Rang. Auch wenn alle berücksichtigten PNF $p_i < 1$ sind, führt die Aggregationsregel über den Kehrwert in jedem Fall zum gewünschten, präferenzgerechten Ergebnis.

[487] Vgl. Abschnitt 2.4.2.

Zielsysteme zu präzisieren. In Abschnitt 2.4.1 werden Zielsysteme hinsichtlich der Anzahl der Interaktionen unterschieden.[488] Die Extrempole sind dabei das additive und das multiplikative Aggregationsmodell. Neben dem Vorliegen ist jedoch auch das Ausmaß der Interaktion(en) relevant.[489] In Abbildung 4-13 ist dieser Anforderung Rechnung getragen.

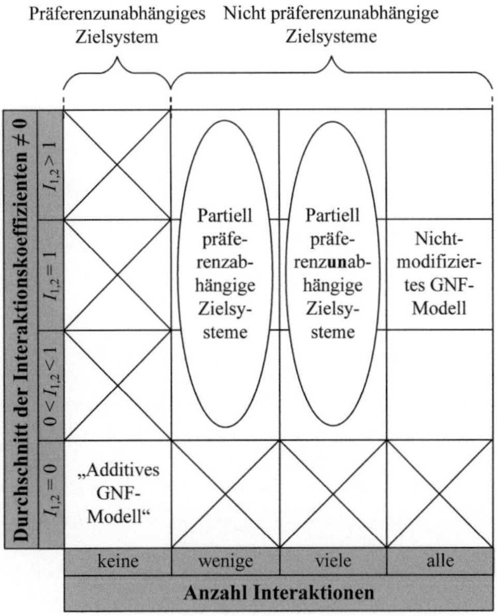

Abbildung 4-13: Zielsysteme im GNF-Modell.

Die Abszisse differenziert Zielsysteme hinsichtlich der Anzahl der Interaktionen mithilfe von vier Klassen.[490] Die Klassen reichen von „keine" Interaktion, über „wenige" und „viele" bis hin zu „alle" Interaktionen. Die extremen Klassen repräsentieren Spezialfälle und sind relativ einfach abzugrenzen.

Die Klasse „alle Interaktionen" beinhaltet neben den Interaktionen erster Ordnung auch alle Interaktionen höherer Ordnung. Die Abgrenzung der Klassen „wenige" und „viele" Interaktionen ist bewusst nicht trennscharf formuliert, da eine tendenzielle, pragmatische Einord-

[488] Vgl. insbesondere Abbildung 2-17.

[489] Vgl. die auf unterschiedliche Interaktionskoeffizienten zurückzuführenden Rangverschiebungen in Abschnitt 4.1.2.3.

[490] Auf eine Intervall- und eine Ratioskala wird hier verzichtet, da diese allenfalls zu einer Scheingenauigkeit führen und für die Einordnung von Zielsystemen nicht erforderlich sind.

nung von Zielsystemen im Vordergrund steht. Die Bezeichnung dieser Klassen erfolgt relativ zur Anzahl der Dimensionen im Zielsystem, da diese mit der Anzahl der Interaktionen korreliert ist. Die Ordinate bezeichnet das Ausmaß der Interaktion(en), also im Regelfall die Relation von sekundärem zu primärem Anteil. Im Falle von Interaktionen höherer Ordnung, beispielsweise im Falle von Interaktionen zweiter Ordnung, repräsentiert die Ordinate die Relation von tertiärem zu primärem Anteil. Da sich diese Relationen nicht zur Abgrenzung von Klassen eignen, wird der Durchschnitt der von null verschiedenen Interaktionskoeffizienten zur Operationalisierung herangezogen.[491] Die Wirkung von Interaktionskoeffizienten ist jedoch von der Höhe der PNF bzw. der Höhe der primären Anteile abhängig. Um diesen Zusammenhang zu berücksichtigen, werden ausschließlich normierte PNF mit minimalen PNF in Höhe von $p_{i,\min} = 0{,}5$ und maximalen PNF in Höhe von $p_{i,\max} = 2$ eingesetzt. Die Argumentation und Interpretation orientiert sich am anschaulichen Fall der maximalen PNF. Interaktionskoeffizienten in Höhe von eins gewährleisten dann, dass der maximale primäre Anteil einer Dimension genau dem maximalen sekundären, tertiären, etc. Anteil entspricht.[492]

Wenn keine Interaktionen im Zielsystem vorliegen, handelt es sich um das präferenzunabhängige „additive GNF-Modell". Der zentrale Unterschied zum additiven Aggregationsmodell der „additiven Modellwelt" besteht in der Erhebung und damit auch dem Skalenniveau der Präferenzwerte. Daher ist auch das präferenzunabhängige additive Aggregationsmodell zunächst nicht in diesem Feld zu verorten. Die PNF sind im GNF-Modell unter der Prämisse der Präferenzabhängigkeit ankerpunktbasiert erhoben. Im „additiven GNF-Modell" werden ausschließlich die linearen Terme der Taylorreihe berücksichtigt. Die Zulässigkeit der Verwendung und Interpretation dieser Werte ist in gleichem Maße kritisch zu hinterfragen, wie die Multiplikation unter der Prämisse der Präferenzunabhängigkeit ermittelter Höhenpräferenzen im multiplikativen Aggregationsmodell.[493]

Der durchschnittliche Interaktionskoeffizient muss für die Klasse „keine" Interaktionen null betragen. Wenn mindestens eine Interaktion existiert, ist der Durchschnitt der von null verschiedenen Interaktionskoeffizienten automatisch größer als null. Die Klasse „wenige" Inter-

491 Die Verwendung des durchschnittlichen Interaktionskoeffizienten impliziert hingegen in der Klasse „wenige" Interaktionen im Regelfall sehr geringe Werte. Die ausschließliche Berücksichtigung der Interaktionskoeffizienten identifizierter Interaktionen gewährleistet, dass insbesondere innerhalb der Gruppe der partiell präferenzabhängigen Zielsysteme Unterscheidungen möglich sind.

492 Vgl. Fall I in Formel (3-39). Ein maximaler PNF in Höhe von $p_{i,\max} = 2$ führt zu maximalen primären Anteilen in Höhe von $\Delta p_{i,\max} = 1$. Das Produkt von n maximalen primären Anteilen beträgt immer $\prod_{i=1}^{n} \Delta p_{i,\max} = 1$.

493 Vgl. Abschnitt 2.4.2.

aktionen bezeichnet partiell präferenzabhängige Zielsysteme. Aufgrund der geringen Anzahl zu erhebender Interaktionskoeffizienten fällt der Aufwand der Präferenzerhebung begrenzt aus. Bei der Klasse mit „vielen" Interaktionen handelt es sich um partiell präferenzunabhängige Zielsysteme. Auch wenn das GNF-Modell grundsätzlich die Modellierung partiell präferenzunabhängiger Zielsysteme ermöglicht, ist aufgrund des relativ hohen Aufwands im Rahmen der Erhebung der Interaktionskoeffizienten der Einsatz des GNF-Modells kritisch zu prüfen. Ein nicht-modifiziertes GNF-Modell steht für den Spezialfall der nicht-modifizierten Multiplikation und liegt vor, wenn alle Interaktionskoeffizienten eins betragen. Das Zielsystem ist hier präferenzabhängig.

Neben der Einordnung eines Zielsystems ist von Interesse, inwiefern Modifikationen von Zielsystemen zulässig sind. In der „additiven Modellwelt" der MAUT können ausschließlich präferenzunabhängige Zielsysteme abgebildet werden.[494] Eine Veränderung der Anzahl oder der Intensität der Interaktionen im Zielsystem ist im GNF-Modell ohne Weiteres möglich. Das GNF-Modell kann daher außer dem additiven Aggregationsmodell alle in Abbildung 4-13 dargestellten Zielsysteme abbilden.

Die Verringerung der Interaktionskoeffizienten impliziert in Abbildung 4-13 eine nach unten gerichtete Bewegung auf der Ordinate und die Verringerung der Anzahl der Interaktionen eine nach links gerichtete Bewegung auf der Abszisse. Das GNF-Modell eines beliebigen Zielsystems kann durch eine sukzessive Verringerung der Interaktionskoeffizienten in ein „additives GNF-Modell" überführt werden. Wenn das „additive GNF-Modell" und das additive Aggregationsmodell die gleichen Ergebnisse liefern, wäre das GNF-Modell zusätzlich dazu in der Lage, auch präferenzunabhängige Zielsysteme zu modellieren. Für die Darstellung des Übergangs zwischen beiden Modellen dienen folgende zwei Beispiele.

In dem bereits eingesetzten fünfdimensionalen Zielsystem werden eintausend zufällig gezogene Alternativen mithilfe eines additiven Aggregationsmodells in Reihenfolge gebracht. Die Höhen- und Artenpräferenz wird, wie in Abschnitt 4.2.3 dargestellt, logarithmisch transformiert. Die so gewonnenen PNF führen, eingesetzt im „additiven GNF-Modell", zu einer anderen Reihenfolge der Alternativen. Im Maximum tritt eine Rangverschiebung im Vergleich zum additiven Aggregationsmodell in Höhe von 100 auf. Diese Unterschiede sind darauf zurückzuführen, dass die logarithmische Transformation Interaktionskoeffizienten in Höhe von eins impliziert, allerdings bei dem „additiven GNF-Modell" nur Interaktionskoeffizienten

[494] Die Präferenzunabhängigkeit ist die zentrale Prämisse der „additiven Modellwelt" der MAUT. Selbst bei einer Verletzung dieser Prämisse ist eine Modellierung von Interaktionen nicht möglich. Vgl. Abschnitt 4.1.

in Höhe von null vorliegen. Damit ist kein direkter Übergang von der „additiven Modellwelt" zum GNF-Modell der „multiplikativen Modellwelt" der MAUT möglich. Folglich ist ein alternativer Übergang zu eruieren.

Eine Verringerung der Bandbreite der PNF bedeutet eine proportionale Reduktion der primären Anteile. Im Falle eines PNF in Höhe von $p_i = 2$ beträgt der primäre Anteil $\Delta p_i = 1$. Wenn der PNF auf $p_{i,\text{mod}} = 1{,}1$ verringert wird, beträgt der primäre Anteil mit $\Delta p_{i,\text{mod}} = 0{,}1$ nur noch ein Zehntel des nicht-modifizierten primären Anteils $\Delta p_i = 1$. Im Rahmen einer logarithmischen Transformation der Einzelpräferenzfunktion v_i in PNF $p_{i,\text{exp}}$ nehmen die Unterschiede zwischen einer logarithmischen und einer linearen Skalierung bei einer Verringerung der Bandbreite ab, wie Abbildung 4-14 zeigt.

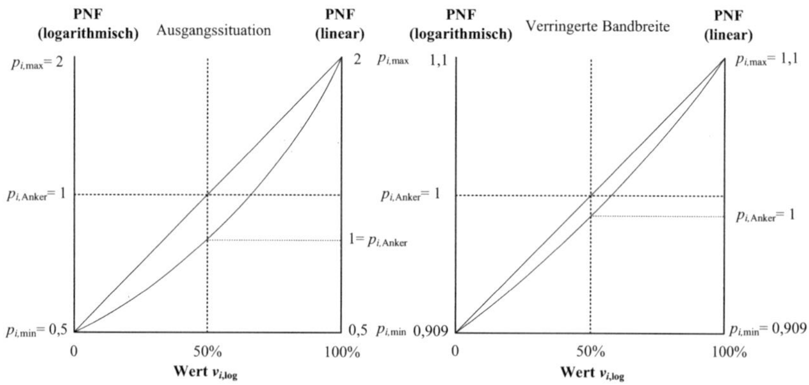

Abbildung 4-14: Verringerung der Bandbreite im GNF-Modell.

Die linear skalierte Kurve nähert sich der logarithmisch skalierten Gerade bei einer Verringerung der Bandbreite an. Je geringer die Bandbreite und damit die primären Anteile Δp_i sind, desto geringer ist der relative Einfluss der Interaktionskoeffizienten.[495]

Ein nicht-modifiziertes GNF-Modell und ein additives Aggregationsmodell können, wie in Abschnitt 4.2.3 gezeigt, mithilfe einer logarithmischen bzw. exponentiellen Transformation ineinander überführt werden. Diese Transformationen werden für verringerte Bandbreiten, also wenn $\Delta p_{i,\max} = p_{i,\max} - p_{i,\min}$ kleine Werte annimmt, untersucht. Dafür ist zunächst Gleichung (4-37) zu betrachten und umzuschreiben:

[495] Es ist zu beachten, dass die für die Interpretation der Ordinate von Abbildung 4-13 geforderte Normierung der Bandbreite bei einer Verringerung derselben nicht mehr gegeben sein kann.

$$v_{i,\log} = \frac{\ln\left(\frac{p_i}{p_{i,\min}}\right)}{\ln\left(\frac{p_{i,\max}}{p_{i,\min}}\right)} = \frac{\ln\left(\frac{p_{i,\min}+\Delta p_i}{p_{i,\min}}\right)}{\ln\left(\frac{p_{i,\min}+\Delta p_{i,\max}}{p_{i,\min}}\right)} = \frac{\ln\left(1+\frac{\Delta p_i}{p_{i,\min}}\right)}{\ln\left(1+\frac{\Delta p_{i,\max}}{p_{i,\min}}\right)}. \quad \textbf{(4-50)}$$

Da $0 \leq \Delta p_i \leq \Delta p_{i,\max}$ ist $\Delta p_i << 1$, wenn $\Delta p_{i,\max} << 1$, und aus:

$$\ln\left(1+\frac{\Delta p_{i,\max}}{p_{i,\min}}\right) = \frac{\Delta p_{i,\max}}{p_{i,\min}}\left(1-\frac{1}{2}\frac{\Delta p_{i,\max}}{p_{i,\min}}+\frac{1}{3}\left(\frac{\Delta p_{i,\max}}{p_{i,\min}}\right)^2-\ldots\right), \quad \textbf{(4-51)}$$

folgt, dass sich für $\Delta p_{i,\max} \rightarrow 0$ ein linearer Verlauf ergibt:

$$\lim_{\Delta p_{i,\max}\rightarrow 0} v_{i,\log} = 100\frac{\Delta p_i}{\Delta p_{i,\max}}, \quad \textbf{(4-52)}$$

Für die Betrachtung der exponentiellen Transformation wird die Gleichung (4-40) in die Taylorreihe entwickelt:

$$p_i = p_{i,\min}\left[\left(\frac{p_{i,\max}}{p_{i,\min}}\right)^{\frac{1}{2}} + \ln\frac{p_{i,\max}}{p_{i,\min}}\left(v_{i,\log}-0,5\right)\right) + \left(\ln\frac{p_{i,\max}}{p_{i,\min}}\right)^2\left(v_{i,\log}-0,5\right)\right)^2 + \ldots\right]. \quad \textbf{(4-53)}$$

Für $\Delta p_{i,\max} << 1$ strebt $\ln(p_{i,\max}/p_{i,\min})$ gegen $\Delta p_{i,\max}/p_{i,\max}$, siehe Gleichung (4-51), und aus Gleichung (4-52) folgt dann ebenfalls ein linearer Verlauf:

$$p_i \cong \sqrt{p_{i,\min}p_{i,\max}} + \frac{\Delta p_{i,\max}}{p_{i,\min}}\left(v_{i,\log}-0,5\right)\right). \quad \textbf{(4-54)}$$

Für sehr geringe Bandbreiten gilt daher:

$$\underbrace{w_1 v_1 + w_2 v_2}_{\text{additives Aggregationsmodell}} \cong \underbrace{\ln\left(\left(1+\Delta p_1\right)\left(1+\Delta p_1\right)\right)}_{\text{nicht modifiziertes GNF-Modell}}. \quad \textbf{(4-55)}$$

Die Unterschiede zwischen dem nicht-modifizierten GNF-Modell und dem „additiven GNF-Modell" verschwinden für sehr geringe, modifizierte primäre Anteile:[496]

---

[496] BLANCHARD und ILLING liefern folgenden Beweis. Die Multiplikation des Ausdrucks $(1+x)(1+y)$, ergibt $1+x+y+xy$. Je kleiner x und y sind, desto geringer ist das Produkt xy. Bei einer Approximation kann der Ausdruck xy vernachlässigt werden, beispielsweise resultiert für ein $x=0{,}05$ und ein $y=0{,}03$ ein Produkt in Höhe von $xy=0{,}0015$. Die Approximation liefert das Ergebnis 1,08, während der exakte Wert mit 1,0815 nur geringfügig größer ist. Der Ausdruck $(1+x)(1+y)$ ist damit ungefähr gleich $(1+x+y)$. Vgl. Blanchard und Illing (2006), Appendix B2.

$$\underbrace{(1+\Delta p_1)(1+\Delta p_2)}_{\text{nicht modifiziertes GNF-Modell}} \approx \underbrace{(1+\Delta p_1+\Delta p_2)}_{\text{"additives GNF-Modell"}}. \tag{4-56}$$

Die Gleichungen (4-55) und (4-56) führen im Falle geringer Bandbreiten zu:

$$\underbrace{w_1\, v_1 + w_2 v_2}_{\text{additives Aggregationsmodell}} \approx \underbrace{(1+\Delta p_1+\Delta p_2)}_{\text{"additives GNF-Modell"}}. \tag{4-57}$$

Mithilfe einer Verringerung der Bandbreite ist es daher möglich, das GNF-Modell eines beliebigen Zielsystems aus der „multiplikativen Modellwelt“ der MAUT in ein Zielsystem der „additiven Modellwelt“ der MAUT zu überführen. Damit ist das GNF-Modell dazu in der Lage, sowohl präferenzunabhängige Zielsysteme unabhängig von der Anzahl und dem Ausmaß der Interaktionen als auch nicht-präferenzunabhängige Zielsysteme abzubilden.

In der Praxis werden teilweise additive Aggregationsmodelle eingesetzt, obwohl das Vorliegen einer Interaktion zwischen zwei Dimensionen bekannt ist. In der „additiven Modellwelt“ der MAUT sind eine Berücksichtigung von Interaktionen und damit der Übergang zur „multiplikativen Modellwelt“ nicht möglich. Der Einsatz des GNF-Modells erlaubt hingegen die Abbildung von Interaktionen. Dafür sind fünf Schritte erforderlich.

Schritt 1: Exponentielle Transformation eines additiven Aggregationsmodells in ein nicht-modifiziertes GNF-Modell.

Schritt 2: Verringerung der Bandbreite bis hin zum in der Wirkung identischen „additiven GNF-Modell“.

Schritt 3: Erhebung der relevanten Interaktionskoeffizienten durch Gegenüberstellung der primären Anteile und des sekundären Anteils der beteiligten Dimensionen. Aufgrund der geringen primären Anteile nehmen die Interaktionskoeffizienten dabei sehr hohe Werte an.[497]

Schritt 4: Ermittlung der Rangfolge unter Berücksichtigung der Interaktion(en).

Schritt 5: Logarithmische Transformation der GNF in das additive Aggregationsmodell.

Während Modelle der „additiven Modellwelt“ der MAUT ausschließlich in präferenzunabhängigen Zielsystemen eingesetzt werden können, ist das Anwendungsspektrum des GNF-Modells deutlich breiter. Neben partiell präferenzabhängigen Zielsystemen, für die das GNF-

[497] Um ein konstantes Verhältnis von primärem zu sekundärem Anteil zu gewährleisten, muss gemäß Formel (3-21) bei einer Verringerung der Bandbreite der Interaktionskoeffizient überproportional ansteigen.

Modell speziell konzipiert wurde, ist es auch in präferenzabhängigen, partiell präferenzunabhängigen und präferenzunabhängigen Zielsystemen einsetzbar.

4.3 Anforderungen an ein Entscheidungsmodell

Für eine umfassende Beurteilung der Aggregationsmodelle der „additiven Modellwelt“ und „multiplikativen Modell“ der MAUT sind die von LITTLE unterschiedenen Anforderungen an ein Entscheidungsmodell zu untersuchen. Dabei handelt es sich um Einfachheit, Robustheit, leichte Kontrollierbarkeit, Anpassungsfähigkeit, Vollständigkeit und Kommunikationsfähigkeit.[498] Es ist zu eruieren, inwieweit die Aggregationsmodelle der „additiven Modellwelt“ und das GNF-Modell der „multiplikativen Modellwelt“ der MAUT diesen Anforderungen gerecht werden. Die Untersuchung stellt dabei insbesondere auf die Unterschiede in der Präferenzerhebung und -aggregation sowie daraus resultierender Charakteristika ab.

- Einfachheit

Das additive Aggregationsmodell weist einen hohen Grad an Einfachheit auf. Da nur eine überschaubare Anzahl entscheidungsrelevanter Dimensionen Berücksichtigung finden, ist das additive Aggregationsmodell selbst für einen unerfahrenen Anwender vergleichsweise leicht nachzuvollziehen und gut handzuhaben.[499] Die Abbildung der Präferenzen mithilfe von Höhen- und Artenpräferenz führt zu einem relativ geringen Aufwand in der Präferenzerhebung. Die Einfachheit des multiplikativen Aggregationsmodells unterliegt hingegen Einschränkungen. Die pauschale Modellierung aller möglichen Interaktionen und die Vorgehensweise im Rahmen der Bestimmung des Interaktionskoeffizienten reduzieren die Transparenz und Nachvollziehbarkeit. Im Rahmen des multilinearen Aggregationsmodells werden durch spezifische Interaktionskoeffizienten erheblich mehr Details in der Bewertung berücksichtigt. Die Einfachheit ist im multilinearen Aggregationsmodell dadurch allerdings deutlich eingeschränkt.

Ebenso wie in der „additiven Modellwelt“ der MAUT wird im GNF-Modell für jede Dimension eine Präferenzfunktion erhoben. Eine Erhebung von Zielgewichten ist bei dem GNF-Modell hingegen nicht erforderlich. Wenn das Vorliegen von Interaktionen zunächst offen abgefragt wird und nur bei Bedarf Interaktionskoeffizienten erhoben werden, sind die in der

[498] Vgl. Abschnitt 2.1.3.

[499] Vgl. Oesterdiekhoff (1993), S. 23 f.

Entscheidungssituation relevanten Phänomene mit einer begrenzten Anzahl an Variablen abzubilden. Die einzelnen Variablen scheinen für den Entscheidungsträger vergleichbar verständlich zu den Variablen in der „additiven Modellwelt" zu sein. Genau wie in der „additiven Modellwelt" der MAUT wird die Bewertung einer Dimension im GNF-Modell mit einer Funktion, den PNF, abgebildet. Im GNF-Modell sind darüber hinaus in partiell präferenzabhängigen Zielsystemen noch einzelne Interaktionskoeffizienten zu erheben. Die Anzahl der zu erhebenden Variablen liegt im GNF-Modell geringfügig über der im additiven Aggregationsmodell, sodass der Grad an Einfachheit nur geringfügig unter dem des additiven Aggregationsmodells, jedoch deutlich über dem des multilinearen Aggregationsmodells, einzuordnen ist.

- Robustheit

Wenn nicht in einer Vorauswahl Alternativen mit einem Ausschlusskriterium entfernt wurden, dann kann es in der „additiven Modellwelt" der MAUT zu widersprüchlichen, nichtpräferenzgerechten Ergebnissen kommen.[500] Des Weiteren können ein Bandbreiteneffekt und damit eine nicht plausibel erklärbare Rangverschiebung auftreten.[501] In solchen Fällen ist die Robustheit für alle Aggregationsmodelle der „additiven Modellwelt" der MAUT eingeschränkt.

Das GNF-Modell kann im Gegensatz zu den Verfahren der „additiven Modellwelt" der MAUT Ausschlusskriterien nachvollziehbar modellieren.[502] Darüber hinaus können im GNF-Modell auch keine Rangverschiebungen bestehender Alternativen durch Hinzufügen einer außerhalb der Bandbreite liegenden Alternative resultieren.[503] Die Robustheit des GNF-Modells ist daher vergleichsweise hoch einzustufen.

- Kontrollierbarkeit

Für eine präferenzgerechte Steuerung ist Transparenz hinsichtlich der Wirkungsmechanismen von Input zu Output erforderlich. Die Transparenz dieser Wirkungsmechanismen ist im additiven Aggregationsmodell relativ hoch. Im multiplikativen und multilinearen Aggregationsmodell sind die Wirkungsmechanismen im Vergleich dazu unübersichtlich. Die pauschale

[500] Vgl. die Ausführungen zur Abbildung von Ausschlusskriterien in Abschnitt 4.2.5.

[501] Vgl. Die Diskussion hinsichtlich des Auftretens eines Bandbreiteneffekts in der „additiven Modellwelt" der MAUT in Abschnitt 4.2.4.

[502] Vgl. die Ausführungen zur Abbildung von Ausschlusskriterien in Abschnitt 4.2.5.

[503] Vgl. die Ausführungen zum Bandbreiteneffekt in Abschnitt 4.2.4.

Modellierung von Interaktionen schränkt die Kontrollierbarkeit des multiplikativen Aggregationsmodells weiter ein. Bei den komplexeren, auf Paarvergleichen basierenden Methoden der Präferenzerhebung kann der Entscheidungsträger seine Präferenz nur mittelbar artikulieren. Die Zusammenhänge zwischen der Einschätzung eines Paarvergleichs und den daraus abgeleiteten Höhen- und Artenpräferenzen erweisen sich für den Entscheidungsträger aufgrund der mangelnden Transparenz als nicht oder nur schwer nachvollziehbar. Je direkter der Entscheidungsträger im Rahmen der Präferenzerhebung Einfluss auf den konkreten Verlauf der Wertfunktionen oder die Gewichtungsfunktion nehmen kann, desto höher ist der Grad der Kontrollierbarkeit.

Die Kontrollierbarkeit des GNF-Modells ist wesentlich von den Verfahren zur Präferenzerhebung abhängig. Je geringer die formalen Restriktionen im Rahmen der Präferenzerhebung sind, desto besser kann der Entscheidungsträger durch seine artikulierten Präferenzen Einfluss auf das Ergebnis nehmen.[504] Insbesondere der Einsatz der grafischen Präferenzerhebung wirkt sich positiv auf den Grad der Kontrollierbarkeit im GNF-Modell aus. Die Wirkungsmechanismen von Input zu Output zeigen eine geringere Transparenz als das additive Aggregationsmodell. Die Fähigkeit des GNF-Modells zur expliziten Modellierung von Ausschlusskriterien gibt dem Entscheidungsträger die Möglichkeit, die Modellparameter seinen Präferenzen entsprechend zu gestalten. Der Grad der Kontrollierbarkeit des GNF-Modells ist insgesamt geringer als bei dem additiven Aggregationsmodell, allerdings höher als bei dem multiplikativen und multilinearen Aggregationsmodell einzuordnen.

- Anpassungsfähigkeit

Die Problematik des Bandbreiteneffekts zeigt die mangelnde Anpassungsfähigkeit hinsichtlich neuer Daten.[505] Wenn eine weitere Dimension entscheidungsrelevant wird, ist die Artenpräferenz ebenfalls anzupassen. Die Aggregationsmodelle der „additiven Modellwelt“ der MAUT sind in ihrer Anpassungsfähigkeit allesamt beschränkt, da ausschließlich präferenzunabhängige Zielsysteme ohne Interaktionen modelliert werden können.[506]

Die Anpassungsfähigkeit des GNF-Modells bei neuen relevanten Informationen ist hingegen relativ hoch, weil zum einen aufgrund der ankerpunktbasierten Präferenzerhebung kein Band-

---

504 Vgl. die Diskussion der Vor- und Nachteile alternativer Methoden der Präferenzerhebung im GNF-Modell in Abschnitt 3.2.1.2.

505 Vgl. Abschnitt 4.2.4.

506 Vgl. die Eignung der Aggregationsmodelle der „additiven Modellwelt“ der MAUT zur Abbildung von Interaktionen in Abschnitt 4.1.2 und die Eignung für unterschiedliche Zielsysteme in Abschnitt 4.2.6

breiteneffekt auftritt und zum anderen Ausschlusskriterien modellierbar sind.[507] Während die Verfahren der „additiven Modellwelt" der MAUT ausschließlich zur Modellierung präferenzunabhängiger Zielsysteme in der Lage sind, ist ein Einsatz des GNF-Modells in partiell präferenzabhängigen, partiell präferenzunabhängigen und präferenzabhängigen Zielsystemen möglich. Mithilfe einer Verringerung der Bandbreite sind sogar im GNF-Modell präferenzunabhängige Zielsysteme abzubilden.[508] Die Anpassungsfähigkeit des GNF-Modells ist daher relativ hoch einzuschätzen.

➢ Vollständigkeit

Hinsichtlich der Vollständigkeit des Inputs unterscheiden sich die Aggregationsmodelle deutlich. Während das additive Aggregationsmodell Interaktionen nicht berücksichtigen kann, ist dieses dem multiplikativen Aggregationsmodell zumindest pauschal möglich. Nur das multilineare Aggregationsmodell berücksichtigt Interaktionen anforderungsgemäß differenziert. Aufgrund der Vielzahl der Parameter im multilinearen Aggregationsmodell droht allerdings die Operationalisierbarkeit verloren zu gehen.[509] Die Vollständigkeit des Outputs ist in der „additiven Modellwelt" der MAUT eingeschränkt. Der Grund hierfür liegt in den Interpretationsmöglichkeiten des Entscheidungskriteriums. Die abstrakte Größe des dimensionslosen Nutzens erlaubt ausschließlich ordinale und kardinale Aussagen und ist nicht dazu in der Lage, die Bewertung einer Alternative zur Referenzalternative in Relation zu setzen.[510]

Das GNF-Modell ist im Gegensatz zur „additiven Modellwelt" zur anforderungsgerechten optionalen Modellierung komplementärer Interaktionen sowohl qualitativ als auch quantitativ in der Lage.[511] Die Vollständigkeit des GNF-Modells hinsichtlich des Inputs ist damit vergleichbar mit der des multilinearen Aggregationsmodells. Die Vollständigkeit des Outputs ist im GNF-Modell deutlich höher als in der „additiven Modellwelt" der MAUT. Der Grund hierfür liegt in den besseren Interpretationsmöglichkeiten des Entscheidungskriteriums. Der GNF erlaubt nicht nur ordinale und kardinale, sondern auch relative Aussagen hinsichtlich der Bewertung einer Alternative zur ökonomisch gut interpretierbaren Referenzalternative (Ankerpunkt) und hinsichtlich der Bewertung zweier Alternativen.[512]

---

[507] Vgl. die Ausführungen zum Bandbreiteneffekt in Abschnitt 4.2.4 sowie zur Abbildung von Ausschlusskriterien in Abschnitt 4.2.5.

[508] Vgl. Abschnitt 4.2.6.

[509] Vgl. die Argumentation in Abschnitt 2.2.3.2.2.

[510] Vgl. Abschnitt 4.2.1

[511] Vgl. Abschnitt 4.1.2.

[512] Vgl. die Interpretationsmöglichkeiten des GNF in Abschnitt 4.2.1 und die Festlegung des Ankerpunkts in Abschnitt 3.2.1.5.1.

➢ Kommunikationsfähigkeit

Da alle Aggregationsmodelle programmiert werden können, sind eine Variation des Inputs und damit die Berechnung alternativer Konstellationen grundsätzlich relativ einfach. Die Kommunikationsfähigkeit des Anwenders mit dem Entscheidungsmodell sinkt bei zunehmender Komplexität. Die Kommunikationsfähigkeit des multiplikativen Aggregationsmodells ist aufgrund der pauschalen Modellierung von Interaktionen besonders eingeschränkt.

Die Kommunikationsfähigkeit des Anwenders mit dem Entscheidungsmodell ist wesentlich von der elektronischen Datenverarbeitung abhängig. Der Einsatz eines auf Mircosoft-Excel basierenden selbst erstellten Programms erlaubt bereits eine rudimentäre Kommunikation des Anwenders mit dem GNF-Modell. Mit zunehmender Leistungsfähigkeit der Anwendungsprogramme steigt auch die Kommunikationsfähigkeit des GNF-Modells. Das Potenzial hinsichtlich der Kommunikationsfähigkeit ist geringer als bei dem additiven Aggregationsmodell, aber aufgrund der Präferenzerhebung deutlich höher als bei dem multiplikativen oder multilinearen Aggregationsmodell einzuschätzen.

Die Eignung der Aggregationsmodelle der „additiven Modellwelt" der MAUT und des GNF-Modells als Entscheidungsmodelle ist in Tabelle 4-30 mit Bewertungen auf einer fünfpoligen Skala von „++" für sehr gut bis „--" für sehr schlecht zusammengefasst.

	Aggregationsmodell			
Anforderungen	**Additiv**	**Multiplikativ**	**Multilinear**	**GNF-Modell**
Einfachheit	++	-	--	+
Robustheit	-	-	-	++
Leichte Kontrollierbarkeit	++	--	-	+
Anpassungsfähigkeit	-	-	-	++
Vollständigkeit	--	-	++	++
Kommunikationsfähigkeit	++	--	-	+

Tabelle 4-30: **Eignung des GNF-Modells im Vergleich zur „additiven Modellwelt" der MAUT als Entscheidungsmodelle.**

Sowohl das multiplikative als auch das multilineare Aggregationsmodell werden den Anforderungen an ein Entscheidungsmodell nach LITTLE insgesamt nicht gerecht. Das multiplikative Aggregationsmodell schneidet in allen Anforderungskriterien relativ schlecht ab und ist insbesondere aufgrund der pauschalen Modellierung von Interaktionen nicht zu empfehlen. Das multilineare Aggregationsmodell ist hingegen zur differenzierten Berücksichtigung von Interaktionen in der Lage. Der hohe Erhebungsaufwand und der damit einhergehende geringe Grad an Einfachheit erklären jedoch, warum das multilineare Aggregationsmodell in der Praxis nur sehr eingeschränkt eingesetzt wird. Das additive Aggregationsmodell überzeugt durch einen hohen Grad an Einfachheit, leichter Kontrollierbarkeit und Kommunikationsfähigkeit.

Die relativ schlechte Einordnung hinsichtlich der Robustheit, Anpassungsfähigkeit und Vollständigkeit wird im additiven Aggregationsmodell in Kauf genommen. Ebenso wie die mangelnde Eignung zur Modellierung von komplementären Interaktionen. Die hohe Verbreitung des additiven Aggregationsmodells in der Praxis ist ein Zeichen dafür, dass die Stärken die Schwächen überwiegen.

Das GNF-Modell ist hinsichtlich der Erfüllung der Anforderungen an ein Entscheidungsmodell nach LITTLE sowohl dem multiplikativen als auch dem multilinearen Aggregationsmodell deutlich überlegen, wie Abbildung 4-15 illustriert.

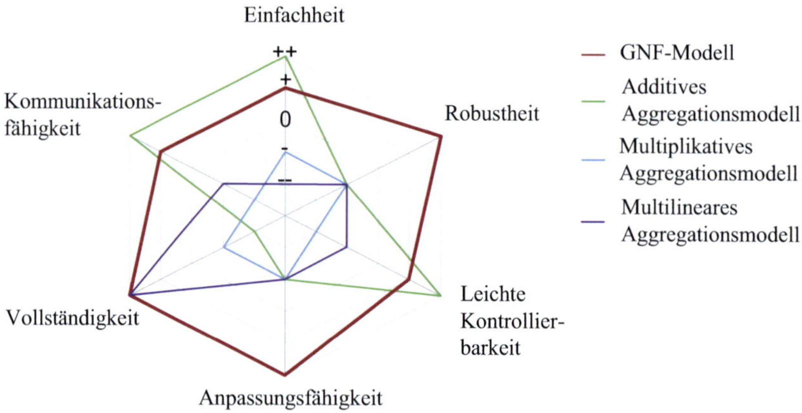

Abbildung 4-15: Eignung des GNF-Modells im Vergleich zur „additiven Modellwelt“ der MAUT als Entscheidungsmodelle.

Im Vergleich zum additiven Aggregationsmodell sind zwei Aspekte zu konstatieren. Erstens liegen die Stärken des GNF-Modells im hohen Grad an Robustheit, Anpassungsfähigkeit und Vollständigkeit und damit genau in den Schwächen des additiven Aggregationsmodells. Zweitens ist das GNF-Modell bei den Stärken des additiven Aggregationsmodells, dem sehr hohen Grad an Einfachheit, leichter Kontrollierbarkeit und Kommunikationsfähigkeit nur geringfügig unterlegen. Darüber hinaus ist das GNF-Modell im Gegensatz zum additiven Aggregationsmodell zur anforderungsgerechten Modellierung komplementärer Interaktionen in der Lage. Damit erscheint das GNF-Modell dem additiven Aggregationsmodell zur anforderungsgerechten Modellierung komplementärer Interaktionen insgesamt konzeptionell überlegen.

4.4 Verbleibende Forschungsfragen in der „multiplikativen Modellwelt“

Die zentrale, empirisch zu beantwortende Forschungsfrage ist die nach der Eignung des GNF-Modells in der praktischen Anwendung. Hieraus lassen sich weitere Fragen ableiten, die ebenfalls empirische Untersuchungen erfordern. Auch die in der vorliegenden Arbeit konzipierte Definition komplementärer Interaktionen und die Grundidee des GNF-Modells sind dabei zu hinterfragen, insbesondere im Hinblick auf mögliche Probleme der operativen Umsetzung der Präferenzerhebung und der Präferenzaggregation im Rahmen des GNF-Modells.

Hinsichtlich der in der vorliegenden Arbeit konzipierten **Definition einer komplementären Interaktion** stehen zwei Forschungsfragen im Vordergrund. Es ist zu überprüfen, ob die theoretisch hergeleitete differenzierte Betrachtung von Interaktionen und damit die Abgrenzung unterschiedlicher Interaktionsbereiche die Präferenzen des Entscheidungsträgers in der Praxis angemessen abbilden. Darüber hinaus ist von Interesse, inwieweit die in Abschnitt 2.3.2 ausführlich abgeleiteten Anforderungen für die Modellierung komplementärer Interaktionen, insbesondere die Symmetrie der Wirkung positiver und negativer Interaktionen, praxistauglich sind.

Die **Grundidee des GNF-Modells** ist es, den GNF als eine Funktion der PNF zu definieren und diese Funktion durch eine Taylorreihe um den (globalen) Ankerpunkt zu entwickeln. Der GNF ergibt sich als die um Interaktionskoeffizienten modifizierte Summe der Terme *0*-ter bis *n*-ter Ordnung der Taylorreihe. Dabei wird der Term *0*-ter Ordnung als Ankerwert, die Terme *1*-ter Ordnung als primäre Anteile, die Terme *2*-ter Ordnung als sekundäre Anteile, etc. interpretiert. Es ist empirisch zu klären, ob dies die Präferenzen des Entscheidungsträgers angemessen abbildet und damit zulässig ist.

Es ist herauszufinden, ob **grundsätzlich** die **Präferenzerhebung** mithilfe von Faktoren den Entscheidungsträgern ermöglicht, ihre Präferenzen angemessen zu artikulieren. Die ankerpunktbasierte Präferenzerhebung minimiert den Aufwand zwar beträchtlich, aber es ist noch zu klären, ob damit die Präferenzen hinreichend adäquat erhoben werden können. Eine weitere, interessante Frage unabhängig von der Eignung des GNF-Modells ist auch, ob die Gewichte für Verfahren der „additiven Modellwelt“ der MAUT mithilfe logarithmierter Bandbreiten des minimalen und maximalen PNF adäquat ermittelt werden können. Wenn dies der Fall ist, eröffnen sich zusätzlich vielfältige zu untersuchende Anwendungsmöglichkeiten in der „additiven Modellwelt“ der MAUT.[513] Bei einer ankerpunktbasierten Präferenzerhebung

[513] Vgl. Abschnitt 4.2.3.

beeinflussen die PNF anderer Dimensionen den Beitrag aufgrund der Änderung der Ausprägung des PNF einer Dimension, da die partiellen Ableitungen Funktionen der anderen Dimensionen sind. Deshalb muss erforscht werden, ob die Gewichte in realen Entscheidungssituationen unabhängig wie in der „additiven Modellwelt“ der MAUT, oder abhängig wie im GNF-Modell sind.[514] Aus dieser Untersuchung könnte sich ergeben, dass die ankerpunktbasierte Präferenzerhebung durch eine abschnittsweise Erhebung der PNF ersetzt werden müßte. Eine sich daran anschließende Frage ist, ob sich diese Vorgehensweise zur Abbildung aller Ausprägungskombinationen eignet.[515]

Auch im Hinblick auf die **operative Präferenzerhebung** ergeben sich beispielsweise mehrere noch zu untersuchende Aspekte. Die konkrete Vorgehensweise für eine möglichst effiziente, korrekte und gleichzeitig anwenderfreundliche Erhebung von PNF und Interaktionskoeffizienten ist hier zu nennen. Es gilt zu eruieren, welche der skizzierten Methoden sich am besten zur Erhebung von PNF eignen. Dabei ist auch die Frage nach der Festlegung des Ankerpunkts zu beantworten. Im Fall der Median-Faktor-Methode und der Methode gleicher Faktor-Differenzen ist von Interesse, ob eine am Ankerpunkt zweigeteilte Präferenzerhebung vorteilhafter ist. Wenn die Präferenzerhebung grafisch unterstützt erfolgen soll, ist zu untersuchen, welche Skalierung von Ordinate und Abszisse den Entscheidungsträger am besten bei einer präferenzgerechten Artikulierung der PNF unterstützt. Auch die Art und Weise der Erhebung der Interaktionskoeffizienten ist zu erforschen. Es ergeben sich ferner die Fragen, ob sich die modifizierten SAATY-Faktoren zur Erhebung von Interaktionskoeffizienten direkt eignen oder, inwieweit sie adjustiert werden müssen.[516] Für eine Reduktion der zu erhebenden Interaktionskoeffizienten wird in Abschnitt 3.2.2.3 ein hierarchisch aufgebautes Zielsystem vorgeschlagen. Es ist zu untersuchen, inwieweit diese Vereinfachung präferenzgerecht ist.

Die **Präferenzaggregation** erlaubt im GNF-Modell konzeptionell eine spezifische Modellierung komplementärer Interaktionen in Abhängigkeit der Bewertung der Ausprägungen. Hierbei stellt sich die Frage, ob das GNF-Modell neben der Kombination überdurchschnittlicher (Fall I) und unterdurchschnittlicher (Fall II) auch die Kombinationen über- und unterdurchschnittlicher Ausprägungen (Fall III) präferenzgerecht abbildet. Das bilineare GNF-Modell

---

[514] Vgl. Abschnitt 4.2.2.

[515] Vgl. Abschnitt 3.2.1.1.

[516] Die Eignung, der von SAATY im AHP verwendeten Skala wird in der Literatur diskutiert. WEBER stellt fest, dass der Einsatz unterschiedlicher Skalen nur zu geringfügigen Veränderungen führt. Vgl. Weber (1993), S. 88. Für die im GNF-Modell verwendeten modifizierten SAATY-Faktoren ist dieses Forschungsergebnis nicht zu übertragen, da keine Normierung der Faktoren mithilfe eines Eigenvektors erfolgt und die Interaktionskoeffizienten direkt in die Berechnung des GNF eingehen.

stellt ausschließlich auf Terme *0*-ter, *1*-ter und *2*-ter Ordnung der Taylorreihe ab und vernachlässigt Interaktionen höherer Ordnung. Ebenso ist daher eine Untersuchung erforderlich, ob in der Anwendung der Vorteil dieser Vereinfachung den Nachteil möglicher geringfügiger Präferenzverzerrungen überwiegt.[517] Es stellt sich zudem die Frage, ob das GNF-Modell nicht nur konzeptionell, sondern auch in der Anwendung, für präferenzunabhängige und präferenzabhängige Zielsysteme geeignet ist. Von besonderem Interesse ist, ob ein Bandbreiten-verringertes GNF-Modell die gleichen Ergebnisse wie ein additives Aggregationsmodell erzielen kann und daran anknüpfend, ob ein existierendes additives Aggregationsmodell mithilfe des GNF-Modells um einzelne bekannte Interaktionen erweitert werden kann.[518] Des Weiteren ist von Interesse, inwieweit die Überlegungen sich auch auf Situationen, in denen die Daten mit Risiko behaftet sind, ausweiten lassen. Hier wäre insbesondere die Möglichkeit des Einsatzes einer Monte-Carlo-Simulation zu untersuchen.

[517] Die Wirkung eines tertiären Anteils einer Interaktion auf die Rangfolge einer Alternativenmenge in Abschnitt 4.1.2.3.2.

[518] Vgl. Abschnitt 4.2.6.

5 Schlussbemerkung

In der Praxis gibt es eine Vielzahl komplexer Entscheidungssituationen. Multiattributive Bewertungsverfahren versuchen, diese zu vereinfachen und das Präferenzsystem eines Entscheidungsträgers mit möglichst wenigen und mit geringem Aufwand zu erhebenden Zieldimensionen nachvollziehbar und transparent abzubilden. Dafür werden die entscheidungsrelevanten Ziele in verschiedenen Dimensionen erfasst und Alternativen anhand von Skalen bewertet. Wenn die Ausprägung einer Dimension maßgeblichen Einfluss auf die Bewertung einer anderen Dimension hat, liegt eine Interaktion im Zielsystem vor. Damit ist das Zielsystem zumindest partiell präferenzabhängig.[519]

Sowohl in der Theorie als auch in der Praxis werden insbesondere komplementäre Interaktionen untersucht und angewendet. Diese führen bei einer Kombination von zwei hoch bewerteten Ausprägungen zu einer überproportionalen Bewertung. Allerdings wurde anhand des Beispiels zur Beurteilung von Managern von von Nitzsch dargelegt, dass die in der Literatur verwendete Definition, die ausschließlich auf die verstärkende Wirkung komplementärer Interaktionen abstellt, nicht die gesamten Präferenzen des Entscheidungsträgers widerspiegeln kann. Die in Abschnitt 2.3.2 abgeleitete, differenzierte Definition einer komplementären Interaktion berücksichtigt daher nicht nur die verstärkende Wirkung der Kombination überdurchschnittlich bewerteter Ausprägungen, sondern auch eine mögliche abschwächende Wirkung der Kombinationen unterdurchschnittlich bewerteter Ausprägungen. Für die Modellierung komplementärer Interaktionen wurden aus dieser Definition Anforderungen abgeleitet. Um komplementäre Interaktionen explizit zu modellieren, wurden unterschiedliche Anteile des Entscheidungskriteriums voneinander abgegrenzt. Dabei handelt es sich um primäre, sekundäre, etc. Anteile. Der primäre Anteil repräsentiert die Bewertung der Ausprägung einer Dimension und ist linear von der jeweiligen Dimension abhängig. Der sekundäre Anteil steht hingegen für die von zwei Dimensionen abhängige quadratische[520] Bewertung der Interaktion.

Die MAUT nach Keeney und Raiffa basiert auf der Prämisse der Präferenzunabhängigkeit. Diese erlaubt eine getrennte Erhebung von Höhenpräferenzen und Artenpräferenzen. Eine

[519] Vgl. Abschnitt 2.4.1.

[520] Quadratische Werte ergeben sich nur im Spezialfall, wenn die Bewertungen beider Dimension gleich groß sind. In anderen Kombinationen liegen multiplikative Terme vor. Der Ausdruck „quadratisch" wird dennoch verwendet, um die Anzahl der interagierenden Dimensionen herauszustellen. Interaktionen zwischen drei Dimensionen zeichnen sich demzufolge durch einen „kubischen" Term aus.

Höhenpräferenz steht für die Bewertung der Ausprägungen einer Dimension im Intervall von null bis eins. Die Artenpräferenz repräsentiert die relative Gewichtung der Dimensionen. Für die Präferenzaggregation bietet die MAUT nach KEENEY und RAIFFA ein additives, ein multiplikatives und ein multilineares Aggregationsmodell an. Diese Aggregationsmodelle basieren alle auf einem additiven Ansatz zur Verknüpfung von Präferenzen. In vielen Fällen gelingt es nicht, Interaktionen mithilfe der Redefinition des Zielsystems zu eliminieren. Damit wird die Prämisse der Präferenzunabhängigkeit verletzt. Der Einsatz eines Aggregationsmodells aus der MAUT nach KEENEY und RAIFFA ist daher nicht zulässig.[521] Dennoch werden diese Aggregationsmodelle in der Praxis eingesetzt, sodass deren Fähigkeit zur Modellierung von Interaktionen untersucht werden musste. Das additive Aggregationsmodell ist nur dazu in der Lage, die primären Anteile, nicht aber die sekundären Anteile komplementärer Interaktionen abzubilden. Das multiplikative und das multilineare Aggregationsmodell ergänzen das additive Aggregationsmodell um eben diese sekundären, quadratischen Anteile durch multiplizierte Höhenpräferenzen. Doch die multiplikative Verknüpfung der Höhenpräferenzen steht nicht im Einklang mit der Prämisse der Präferenzunabhängigkeit. In Abschnitt 4.1.2.2.1 wurde nachgewiesen, dass kein Aggregationsmodell der MAUT die Anforderungen an eine Modellierung komplementärer Interaktionen aufgrund des Skalenniveaus in der Präferenzerhebung erfüllen kann. Für eine anforderungsgerechte Modellierung komplementärer Interaktionen muss daher ein systematisch anderer Ansatz verfolgt werden.

Dafür wird der multiplikative Ansatz zur Verknüpfung von Präferenzen in der MAUT eingeführt. Um beide Ansätze in der MAUT zu berücksichtigen, bietet es sich an, eine „additive Modellwelt" nach KEENEY und RAIFFA und eine „multiplikative Modellwelt" zu unterscheiden, wobei der namensgebende Unterschied in der der Verknüpfung der Präferenzen besteht. In der „multiplikativen Modellwelt" der MAUT werden die Präferenzen mithilfe von Faktoren operationalisiert. Ein PNF gibt an, um wieviel besser oder schlechter eine Ausprägung im Vergleich zum globalen Ankerpunkt, einer im einfachsten Fall in allen Dimensionen durchschnittlich bewerteten Alternative, bewertet wird. Das in der vorliegenden Arbeit entwickelte GNF-Modell gehört damit zur „multiplikativen Modellwelt" der MAUT. Die Grundidee des GNF-Modells besteht in der ökonomischen Interpretation der Summanden der Taylorreihe der PNF als primäre, sekundäre, tertiäre, etc. Anteile.[522] Die Taylorreihe der Multiplikation von

[521] Vgl. Abschnitt 2.4.2.

[522] Vgl. Abschnitt 3.1.2.

PNF um den Ankerwert führt auf eine Summe von Ankerwert und Summanden, die linearer, quadratischer, kubischer oder noch höherer Ordnung seien können. Die Berücksichtigung von Interaktionskoeffizienten erlaubt eine präferenzgerechte Gewichtung eines, mehrerer oder aller sekundären Anteile bezogen auf die primären Anteile. Die Einführung der Interaktionskoeffizienten ist zwar mathematisch nicht exakt nachvollziehbar, jedoch gewähren die in dieser Arbeit entwickelten, spezifischen Aggregationsregeln einen ökonomisch sinnvoll interpretierbaren GNF.[523]

Das Skalenniveau der Präferenzen unterscheidet sich in der „additiven Modellwelt" der MAUT vom dem des GNF-Modells. In der „additiven Modellwelt" der MAUT bilden auf den Zahlenbereich von null bis eins normierte Wertfunktionen die Präferenzen bezüglich der Ausprägungen einer Dimension ab. Im GNF-Modell hingegen dienen dazu zum Ankerpunkt relative Bewertungen von Ausprägungen, die mithilfe von Faktoren operationalisiert werden. Die Verfahren der Präferenzerhebung der „additiven Modellwelt" der MAUT eignen sich daher nicht zur Erhebung von PNF, es sei denn, sie werden, wie in Abschnitt 3.2 erläutert, modifiziert.

Das GNF-Modell ist in der Lage, komplementäre Interaktionen anforderungsgerecht zu modellieren.[524] Des Weiteren ermöglicht das GNF-Modell eine relativ freie und nachvollziehbare Präferenzartikulation.[525] Der hohe Grad der Erfüllung der Anforderungen an ein Entscheidungsmodell nach LITTLE verdeutlicht in Abschnitt 4.3 die Vorteile des GNF-Modells im Vergleich zu den Aggregationsmodellen der „additiven Modellwelt" der MAUT. Erfolgreiche Vorversuche lassen erwarten, dass sich das GNF-Modell für die Praxis eignet. In diesen Vorversuchen hat sich auch gezeigt, dass die Präferenzformulierung mittels Softwareunterstützung anwenderfreundlicher erfolgen kann. Zwar kann derzeit die Überlegenheit des GNF-Modells zur Modellierung von Interaktionen in partiell präferenzabhängigen Zielsystemen nicht abschließend bewiesen werden. Allerdings lassen die angesprochenen Voruntersuchungen dies vermuten. Hierfür wäre eine Vielzahl weiterer Studien erforderlich, wie der umfassende Katalog an Forschungsfragen zeigt.

Da die Schwächen der weitverbreiteten Aggregationsmodelle der „additiven Modellwelt" der MAUT zur Modellierung von Interaktionen feststehen, wurde in der vorliegenden Arbeit der Versuch unternommen, ein geeigneteres Modell zu entwickeln. Ob es sich in der Praxis

---

[523] Vgl. Abschnitt 3.3.

[524] Vgl. Abschnitt 4.1.2.

[525] Vgl. Abschnitt 3.2.

bewährt, muss sich erst erweisen. Daher ist zukünftig weiter zu untersuchen, inwieweit das vorgestellte GNF-Modell oder andere noch zu entwickelnde Modelle geeigneter sind, Zielsysteme präferenzgerecht darzustellen. Diese Suche nach einem besseren Modell ist aufgrund der in der Arbeit aufgezeigten Schwachpunkte der „additiven Modellwelt“ der MAUT unumgänglich.

Literaturverzeichnis

Adam, D. (1996). Planung und Entscheidung. 4. Auflage. Wiesbaden.

Ansorge, R. und H. J. Oberle (2000). Mathematik für Ingenieure Band 1. 3. Auflage. Weinheim.

Bamberg, G. und A. G. Coenenberg (2006). Betriebswirtschaftliche Entscheidungslehre. 13. Auflage. München.

Bell, D. E., H. Raiffa, et al. (1988). "Desciptive, Normative, and Prescriptive Interactions in Decision Making" in Decision making - Descriptive, normative and prescriptive interactions. Hrsg.: D. E. Bell, H. Raiffa und A. Tverksy. Cambridge, S. 9-30.

Belton, V. (1986). "A comparison ot the analytic hierarchy process and a simple multiattribute value function." European Journal of Operational Research 26: S. 7-21.

Belton, V. und T. J. Stewart (2002). Multiple Criteria Decision Analysis - An Integrated Approach. 1. Auflage. Boston, Dordrecht, London.

Beyer, D. (2006). Entscheidungsorientiertes Zentralbereichscontrolling. Dresden.

Blanchard, O. und G. Illing (2006). Makroökonomie. 4. Auflage. München.

Brans, J.-P. und B. Mareschal (2005). "PROMETHEE METHODS" in Multiple Criteria Decision Analysis - State of the Art Surveys. Hrsg.: J. Figueira, S. Greco und M. Ehrgott. New York, S. 163-196.

Bretzke, W.-R. (1980). Der Problembezug von Entscheidungsmodellen. Tübingen.

Brown, R. V. (1970). "Do managers find decision theory useful?" Havard Business Review 48: S. 78-89.

Colson, G. und C. De Bruyn (1989). "Models and Methods in Multiple Objectives Decision Making." S. 1201-1211.

Corner, J. L. und C. W. Kirkwood (1991). "Decision analysis applications in the operations research literature, 1970-1989." Operations Research 39 (2): S. 206-219.

Dichtl, E. und O. Issing (1994). Vahlens Großes Wirtschaftslexikon. 2. Auflage. München.

Dinkelbach, W. (1982). Entscheidungsmodelle. Berlin.

Dreyer, A. (1974). "Scoring-Modelle bei Mehrfachzielsetzungen - Eine Analyse des Entwicklungsstandes von Scoring-Modellen." Zeitschrift für Betriebswirtschaft 44. Jahrgang: S. 255-274.

Dyer, J. S. (1990). "Remarks on the Analytic Hierarchy Process." Management Science 36 (3): S. 10.

Dyer, J. S. (2005). "MAUT - Multiattribute Utility Theory" in Multiple Criteria Decision Analysis - State of the Art Surveys. Hrsg.: J. Figueira, S. Greco und M. Ehrgott. New York, S. 265-296.

Dyer, J. S. und R. A. Sarin (1979). "Measurable multiattribute value functions." Operations Research 27 (4): S. 810-822.

Eisenführ, F. (1989). Entscheidungstheoretische Planungshilfen. Handwörterbuch der Planung. Stuttgart: Sp. 397-406.

Eisenführ, F. und M. Weber (2003). Rationales Entscheiden. 4. Auflage. Berlin.

Evans, G. W. (1984). "On overview of Techniques for solving Multiobjective Mathematical Programs." Management Science 30 (11): S. 1268-1282.

Fandel, G. (1972). Optimale Entscheidung bei mehrfacher Zielsetzung. Berlin.

Ferschl, F. (1975). Nutzen- und Entscheidungstheorie. Opladen.

Figueira, J., V. Mousseau, et al. (2005). "ELECTRE Methods" in Multiple Criteria Decision Analysis - State of the Art Surveys. Hrsg.: J. Figueira, S. Greco und M. Ehrgott. New York, S. 133-162.

French, S. (1986). Decision Theory. Chichester.

Gaitanides, M., R. Scholz, et al. (1994). Prozeßmanagement - Konzepte, Umsetzungen und Erfahrungen des Reengineering. München.

Gensler, S. (2006). "Ermittlung von Präferenzen für Produkteigenschaften mit Hilfe der Choice-Based Conjoint Analyse, Teil II." Wirtschaftswissenschaftliches Studium: S. 316 - 319.

Goodwin, P. und G. Wright (2004). Decision Analysis for Management Judgement. 3. Auflage. Chichester.

Götze, U. (2008). Investitionsrechnung. 6. Auflage. Berlin.

Grabisch, M. und C. Labreuche (2005). "Fuzzy Measures and Integrals in MCDA" in Multiple Criteria Decision Analysis. Hrsg.: J. Figueira, S. Greco und M. Ehrgott. New York, S. 563-608.

Graf, G. (1998). Nutzenorientierte Qualitätskostenrechnung. Frankfurt am Main.

Hanne, T. (1998). "Multikriterielle Optimierung: Eine Übersicht". Diskussionsbeitrag Nr. 251 des Fachbereichs Wirtschaftswissenschaft der FernUniversität Hagen.

Hauschildt, J. (1977). Entscheidungsziele. Tübingen.

Howard, R. A., J. E. Matheson, et al. (1976). Readings in decision analysis. 2. Auflage. Stanford.

Hwang, C.-L. und A. S. M. Masud (1979). Multiple Objective Decision Making: Methods and Applications; A State-of-the-Art Survey. Berlin.

Hwang, C.-L. und K. Yoon (1981). Multiple Attribute Decision Making: Methods and Applications; A State-of-the-Art Survey. Berlin.

Irle, M. (1971). Macht und Entscheidungen in Organisationen. Frankfurt am Main.

Keeney, R. L. (1974). "Multiplicative Utility Functions." Operations Research 22 (1): S. 22-34.

Keeney, R. L. (1981). "Analysis of Preference Dependencies among Objectives." Operations Research 29 (4): S. 1105-1120.

Keeney, R. L. und H. Raiffa (1976). Decisions with multiple objectives. 1. Auflage. New York.

Keeney, R. L. und H. Raiffa (1993). Decisions with multiple objectives. 2. Auflage. New York.

Keeney, R. L. und H. Raiffa (2003). Decisions with multiple objectives. 3. Auflage. New York.

Klein, R. und A. Scholl (2004). Planung und Entscheidung - Konzepte, Modelle und Methoden einer modernen betriebswirtschaftlichen Entscheidungsanalyse. München.

Königsberger, K. (2001). Analysis 1. 5. Auflage. Berlin.

Krischer, J. P. (1980). "An annotated bibliography of decision anaytic applications to health care." Operations Research 28 (1): S. 97-519.

Labreuche, C. und M. Grabisch (2007). "The representation of conditional relative importance between criteria." Annals of Operations Research 154 (1): S. 93-122.

Landrigan, C. P., J. M. Rothschild, et al. (2004). "Effect of Reducing Interns` Work Hours on Serious Medical Errors in Intensive Care Units." The New England Journal of Medicine 351 (18): S. 1838-1848.

Laux, H. (1998). Entscheidungstheorie. Berlin.

Lillich, L. (1992). Nutzwertverfahren. Heidelberg.

Little, J. D. C. (1970). "Models and Managers: The Concept of a Decision." Management Science 16 (8): S. 466-485.

Little, J. D. C. (2004). "Comments on "Models and Managers: The Concept of a Decision"." Management Science 50 (12): S. 1854-1860.

Lu, J., G. Zhang, et al. (2007). Mulit-Objective Group Decision Making - Methods, Software and Applications with Fuzzy Set Techniques. London.

Lusti, M. (2002). Data Warehousing und Data Mining. Berlin.

Meixner, O. und R. Haas (2002). Computergestützte Entscheidungsfindung. Expert Choice und AHP - innovative WErkzeuge zur Lösung komplexer Probleme. Frankfurt.

Meyberg, K. und P. Vachenauer (1997). Höhere Mathematik 1 - Differential- und Integralrechnung, Vektor- und Matrizenrechnung. 4. Berlin.

Mustafa, A. und M. Goh (1996). "Multi-criterion Models for Higher Education Administration." Omega - The International Journal of Management Science 24 (2): S. 167-178.

Oesterdiekhoff, P. (1993). Projektbewertung auf der Grundlage von Multikriterienverfahren. Bremen.

Ossadnik, W. (1998). Mehrzielorientiertes strategisches Controlling. Heidelberg.

Öztürk, M., A. Tsoukiàs, et al. (2005). "Preference Modelling" in Multiple Criteria Decision Analysis - State of the Art Surveys. Hrsg.: J. Figueira, S. Greco und M. Ehrgott. New York, S. 27-71.

Pastijn, H. und J. Leysen (1989). "Constructing an Outranking Relation with ORESTE." Mathematical and Computer Modelling 12 (10-11): S. 1255-1268.

Peters, M. und S. Zelewski (2004). "Möglichkeiten und Grenzen des AHP als Verfahren zur Wirtschaftlichkeitsanalyse." Zeitschrift für Planung und Unternehmenssteuerung Band 15: S. 295-324.

Peters, M. und S. Zelewski (2008). "Der Analytic Network Process (ANP) als Technik zur Lösung multikriterieller Entscheidungsprobleme unter Berücksichtigung von Abhängigkeiten zwischen Kriterien." Wirschaftswissenschaftliches Studium 37 (9): S. 375-482.

Pfohl, H.-C. (1981). Planung und Kontrolle. Stuttgart.

Pfohl, H.-C. und G. E. Braun (1981). Entscheidungstheorie. Landsberg am Lech.

Prill, M.-A. (2007). Balanced-Scorecard-Gestaltung für Krankenhäuser. (Zugleich Diss.). Melsungen.

Rommelfanger, H. J. (1988). Entscheiden bei Unschärfe. Berlin.

Rommelfanger, H. J. und S. H. Eickemeier (2002). Entscheidungstheorie. Berlin.

Roubens, M. (1982). "Preference relations on actions and criteria in multicriteria decision making." European Journal of Operational Research 10: S. 51-55.

Saaty, T. L. (1977). "A scaling method for priorities in hierarchical structures." Journal of Mathematical Psychology 15 (3): S. 234-281.

Saaty, T. L. (1980). The Analytical Hierarchie Process. Plannung oriority setting, ressource allocation. New York.

Saaty, T. L. (1990). "Exposition of AHP in Reply to Dyer." Management Science 26: S. 259-268.

Saaty, T. L. (2000). Fundamentals of decision making priority theory with the Analytical Hierarchy Process. 2. Pittsburgh.

Saaty, T. L. (2008). "Relative Measurement and its Generalization in Decision Making: Why Pairwise Comparisons are Central in Mathematics for the Measurement of Intangible

Factors - The Analytic Hierarchy/Network Process." Review of the Spanish Academy of Sciences, Series A, Mathematics= 102 (2): S. 251-318.

Sattler, H., K. Gedenk, et al. (2002). "Bandbreiten-Effekte bei multiattributiven Entscheidungen: Ein empirischer Vergleich von Verfahren zur Bestimmung von Eigenschaftsgewichten." Zeitschrift für Betriebswirtschaft (9): S. 953-977.

Schanz, G. (1979). Betriebswirtschaftliche Gesetze, Effekte und Prinzipien. München.

Schneeweiß, C. (1991). Planung 1: Systemanalytische und entscheidungstheoretische Grundlagen. Berlin.

Shoemaker, P. J. H. und C. C. Waid (1982). "An Experimental Comparison of Different Approaches to Determining Weights in Additive Utility Models." Management Science 28 (2): S. 182-196.

Steuer, R. E. (1989). Multiple Criteria Optimization - Theory, Computation and Application. Malabar, Florida.

Stocké, V. (2002). Framing und Rationalität. München.

Teichert, T. (2001). Nutzenschätzung in Conjoint-Analysen - Theoretische Fundierung und empirische Aussagekraft(Zugleich Habil). Wiesbaden.

Trommsdorff, V. (2004). "Nutzen und Einstellung. Über ein (?) Konstrukt der Theorie des Konsumentenverhaltens" in Konsumentenverhaltensforschung im 21. Jahrhundert. Hrsg.: A. Gröppel-Klein. Wiesbaden, S. 479-500.

Ulivia, J. W. und R. V. Brown (1982). "Decision analysis comes of age." Harvard Busines Review 60: S. 131-141.

Vincke, P. (1986). "Analysis of multicriteria decision aid in Europe." European Journal of Operational Research 25: S. 160-168.

von Mises, R. und H. Pallczek-Geiringer (1929). "Praktische Verfahren der Gleichungsauflösung." Zeitschrift für angewandte Mathematik und Mechanik 9 (1/2): S. 58-77, S. 152-164.

von Neumann, J. und O. Morgenstern (1947). Theory of games and economic behavior. Princeton.

von Nitzsch, R. (1992). Entscheidung bei Zielkonflikten - Ein PC-gestütztes Verfahren. (Zugleich Diss.). Wiesbaden.

von Nitzsch, R. (1993). "Analytic Hierarchy Process und Multiattributive Werttheorie im Vergleich." Wirtschaftswissenschaftliches Studium 22. Jahrgang, 1993: S. 111-117.

von Nitzsch, R. (2002). Entscheidungslehre. Stuttgart.

von Winterfeldt, D. und W. Edwards (1986). Decision Analysis and Behavioral Research. Cambridge.

Watson, S. R. und D. M. Buede (1987). Decision synthesis. The principles and practice of decision analysis. Cambridge.

Weber, K. (1993). Mehrkriterielle Entscheidungen. München.

Weber, M. (1983). Entscheidungen bei Mehrfachzielen. Wiesbaden.

Zangemeister, C. (1976). Nutzwertanalyse in der Systemtechnik. München.

Zelewski, S. und M. Peters (2006). "Multikriterielle Wirtschaftlichkeitsanalysen mithilfe des Analytic Hierarchy Process." WISU Das Wirtschaftsstudium 8-9, 2006: S. 1069-1075.

Zimmermann, H.-J. (2005). Operations Research - Methoden und Modelle. Für Wirtschaftsingenieure, Betriebswirte, Informatiker. Wiesbaden.

Zimmermann, H.-J. und L. Gutsche (1991). Multi-criteria-Analyse. Berlin.

Zionts, S. (1985). "Multiple Criteria Mathematical Programming: an Overview and Several Approaches" in Multiple Criteria Decision Methods and Applications. Hrsg.: G. Fandel und J. Spronk. Berlin, S. 85-98.